"十四五"职业教育国家规划教材

"十三五"职业教育国家规划教材

高等职业院校技能应用型教材

Altium Designer 14
原理图与PCB设计教程

刘　松　及　力　主　编

张智彬　张书源　副主编

U0225797

电子工业出版社·

Publishing House of Electronics Industry

北京·BEIJING

内 容 简 介

本书从实际出发，以Altium Designer软件（版本14.3.15）为基础，详细介绍了原理图和印制电路板（PCB）的设计过程。全书内容共11章，分为四部分，第一部分（包括第1章），主要介绍Altium Designer 14的基本操作界面、工程建立和文档管理。第二部分（包括第2章至第5章），主要介绍原理图绘制方法，元器件符号编辑和常用编辑功能，以及层次原理图设计等知识。第三部分（包括第6章至第9章），主要介绍PCB的绘制方法，如何绘制元器件的PCB封装等知识。第四部分（包括第10章和第11章），用两个具体的实例来展现PCB工程的全部设计过程，将第2章至第9章的知识融会贯通，此外还对Altium Designer设计和Protel 99 SE设计之间的互相转化做了详细介绍。第1～9章均配有针对性很强的练习题，便于读者复习。

本书结构合理、内容详尽、实例丰富、由浅入深，逐步引导读者熟悉原理图和PCB的绘制过程。

本书可作为高等院校、高等职业院校电子类相应课程的教材，也可供从事电路设计的工程人员参考。

图书在版编目（CIP）数据

Altium Designer 14 原理图与 PCB 设计教程 / 刘松，及力主编. —北京：电子工业出版社，2019.1
ISBN 978-7-121-35442-7

Ⅰ. ①A… Ⅱ. ①刘… ②及… Ⅲ. ①印刷电路—计算机辅助设计—应用软件—高等学校—教材 Ⅳ.①TN410.2

中国版本图书馆CIP数据核字（2018）第255429号

策划编辑：薛华强
责任编辑：程超群 　　文字编辑：薛华强
印　　刷：天津千鹤文化传播有限公司
装　　订：天津千鹤文化传播有限公司
出版发行：电子工业出版社
　　　　　北京市海淀区万寿路 173 信箱　　邮编100036
开　　本：787×1 092　1/16　印张：20.5　字数：578.6 千字
版　　次：2019 年 1 月第 1 版
印　　次：2024 年 6 月第 13 次印刷
定　　价：49.80 元

凡所购买电子工业出版社图书有缺损问题，请向购买书店调换。若书店售缺，请与本社发行部联系，联系及邮购电话：（010）88254888，88258888。

质量投诉请发邮件至 zlts@phei.com.cn，盗版侵权举报请发邮件至 dbqq@phei.com.cn。

本书咨询联系方式：（010）88254569，xuehq@phei.com.cn，QQ1140210769。

PREFACE 前言

　　随着电子科技的蓬勃发展，新型元器件层出不穷，电子线路变得越来越复杂，电路的设计工作已经无法单纯依靠手工来完成，电子线路的计算机辅助设计已经成为必然趋势，越来越多的设计人员使用快捷、高效的 CAD 设计软件来进行辅助电路原理图、印制电路板图的设计，打印各种报表。电路设计自动化（EDA，Electronic Design Automation）就是将电路设计中各种工作交由计算机来协助完成，如电路原理图（Schematic）的绘制、印制电路板（PCB）文件的制作、执行电路仿真（Simulation）等设计工作。

　　Altium Designer 是原 Protel 软件开发商 Altium 公司推出的一体化的电子产品开发系统，这套软件通过把原理图设计、电路仿真、PCB 绘制编辑、拓扑逻辑自动布线、信号完整性分析和设计输出等技术进行完美融合，为设计者提供了全新的设计解决方案，使设计者可以轻松进行设计。Altium Designer 除了全面继承包括 Protel 99 SE、Protel DXP 在内的先前一系列版本的功能和优点外，还增加了许多改进功能和很多高端功能。该平台拓宽了板级设计的传统界面，全面集成了 FPGA 设计功能和 SOPC 设计实现功能，从而允许工程设计人员能将系统设计中的 FPGA 与 PCB 设计及嵌入式设计集成在一起。

　　党的二十大报告中指出，"高质量发展是全面建设社会主义现代化国家的首要任务。""教育、科技、人才是全面建设社会主义现代化国家的基础性、战略性支撑。"教育系统要深刻领会党中央作出这一战略部署的深义和赋予教育的新使命、新任务，加快推进教育高质量发展，加快建设教育强国，办好人民满意的教育，有力强化现代化建设人才支撑，为全面推进中华民族伟大复兴贡献强大的教育力量。推进新时代教材建设，发挥好教材的育人作用，要突出思想性、体现时代性，充分反映习近平新时代中国特色社会主义思想，充分反映中国特色社会主义伟大实践，充分反映中国特色社会主义人才培养新要求。在教材建设中，我们要高举中国特色社会主义伟大旗帜，落实立德树人根本任务，推进教材建设的高质量发展，编写好教师和学生都满意的教材。

　　本书以 Altium Designer 软件（版本 14.3.15）为基础，详细介绍了在电子产品设计中非常重要的环节——原理图和 PCB 的设计过程。本书为案例型教材，书中所涉及的命令均通过实例操作进行介绍；在介绍操作步骤的同时，介绍命令的使用场合和使用条件，使读者对命令的应用有更深入的了解，且每个命令所选实例均可单独实现，避免了必须完成前面内容才能进行后续操作的烦琐关联；在编排顺序上，根据从易到难、由浅入深、循序渐进的原则和学生的学习特点进行精心安排，同时兼顾了 PCB 的设计流程和设计规律，逐步引导读者熟悉原理图和 PCB 的绘制过程；本书所选实例中，既有典型电路也有新型元器件，在 PCB 板图设计中，尽可能包含新的工艺和技术。第 1～9 章均配有针对性很强的练习题，便于边学边练。

本书内容共 11 章，分为四部分，各部分构成如下。

第 1 章即为第一部分，主要介绍 Altium Designer 14 的基本操作界面、工程建立和文档管理。

第 2 章至第 5 章为第二部分，详细介绍原理图的绘制方法，元器件符号编辑和常用编辑功能，以及层次原理图设计等知识。

第 6 章至第 9 章为第三部分，详细介绍 PCB 的绘制方法，如何绘制元器件的 PCB 封装等知识。

第 10 章至第 11 章为第四部分，用两个具体的实例来展现 PCB 工程的全部设计过程，将第 2 章至第 9 章的知识融会贯通。另外这部分内容还对 Altium Designer 设计和 Protel 99 SE 设计之间的互相转化展开详细介绍。

本书第 1 章、第 2 章、第 3 章、第 7 章由天津电子信息职业技术学院刘松编写，第 11 章及附录由及力编写，第 4 章、第 5 章和第 10 章由张智彬编写，第 6 章、第 8 章及书中的习题和素材由沈庆绪编写和制作，第 9 章由天津职业技术师范大学张书源编写。全书由刘松教授负责统筹和审校工作。

编　者

CONTENTS 目录

第1章 Altium Designer 使用基础

知识目标： 了解 Altium Designer 的功能；熟悉 Altium Designer 的窗口界面；熟悉 Altium Designer 的面板；掌握 Altium Designer 的文档管理方法。

技能目标： 能够理解 Altium Designer 的用途；能够区别 Altium Designer 软件版本的差异；能够认识 Altium Designer 的各种标签及按钮；能够创建工程项目和管理项目文件。

思政目标： 培养学生积极探索新鲜事物的兴趣，激发学生自主学习的潜力，引导学生养成举一反三的学习思维。学习宣传贯彻党的二十大精神，高举中国特色社会主义伟大旗帜，为全面建设社会主义现代化国家、全面推进中华民族伟大复兴而团结奋斗。

本章主要介绍有关 Altium Designer 使用的基础知识，包括软件的操作界面、工程的建立和维护、文件的编辑和辨识等内容。

本书所用软件的版本为 14.3.15，由于该软件从版本 10 开始各版本之间差别比较明显，所以建议读者使用本书所选用的软件版本。如果读者有了解各版本之间差异的需求，请自行查阅相关软件版本的 Release Note。

1.1 Altium Designer 简介

1. Altium Designer 简介

Altium Designer 是原 Protel 软件开发商 Altium 公司推出的一体化电子产品开发系统，主要运行于 Windows 操作系统。软件通过把原理图设计、电路仿真、PCB 编辑、拓扑逻辑自动布线、信号完整性分析和设计输出等技术进行完美融合，为设计者提供了全新设计解决方案，使设计者可以轻松进行设计。

Altium Designer 全面继承了包括 Protel 99 SE、Protel DXP 在内的之前一系列版本的功能和优点，并增加了许多改进功能和高端功能。该平台拓宽了板级设计的传统界面，全面集成了 FPGA 设计功能和 SOPC 设计实现功能，从而允许工程设计人员将系统设计中的 FPGA 与 PCB 设计及嵌入式设计集成在一起，因此 Altium Designer 对计算机系统要求更高。

2. 启动 Altium Designer

安装 Altium Designer 软件后直接双击 Altium Designer 图标即可启动软件。Altium Designer 14.3.15 的图标如图 1-1-1 所示。也可以通过开始菜单启动 Altium Designer 软件。

软件启动后，启动过程界面如图 1-1-2 所示。软件完全启动后，窗口界面如图 1-1-3 所示。

扫码看原图
图 1-1-1
图 1-1-1　Altium Designer 14.3.15 图标

扫码看原图
图 1-1-2　软件启动过程界面
图 1-1-2

3. 认识 Altium Designer 窗口界面

Altium Designer 软件启动后，窗口界面默认分为三大部分，分别为菜单栏和快捷按钮、面板区和面板标签、工作区和标签栏以及工作区标签，如图 1-1-3 所示。Altium Designer 软件的工作区默认显示 Home 界面，如果用户的计算机处于联网状态，Home 界面可以完全显示出来；如果用户的计算机处于离线状态，则在启动 Altium Designer 软件时会弹出如图 1-1-4 所示的对话框，提示用户无法找到 www.altium.com 网站，同时工作区标签切换至 blank 标签上，该标签为空标签，如

图 1-1-5 所示。此时，Home 标签因为没有联网而出现如图 1-1-6 所示的界面。

Altium Designer 软件具有人性化的界面设计。面板区既可以固定在软件界面中，又可以将其缩小为面板标签，目的是使用户在绘图过程中增大工作区视图面积。在图 1-1-3 中，Project 面板被默认固定在软件界面中。如图 1-1-7 所示，单击图中标黑框的图钉按钮，即可将面板调整为活动状态。在不使用面板时，在工作区单击，活动面板即缩小为标签，此时图钉按钮变为如图 1-1-8 所示状态。

图 1-1-3　Altium Designer 窗口界面

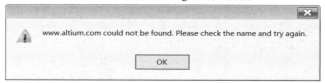

图 1-1-4　提示用户无法找到 www.altium.com 网站

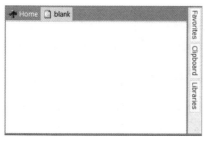

图 1-1-5　blank 空标签

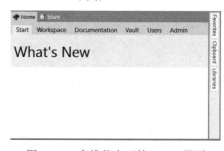

图 1-1-6　离线状态下的 Home 界面

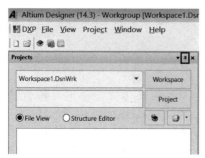

图 1-1-7　将固定面板变为活动状态

图 1-1-8　活动面板状态下图钉按钮状态

4．认识 Altium Designer 面板

Altium Designer 软件启动后，默认的面板一共有六个，分别是 Files 面板、Projects 面板、Navigator 面板、Favorites 面板、Clipboard 面板和 Libraries 面板。

（1）Files 面板。Files 面板的主要功能是给用户提供基本操作的快捷界面。Files 面板上有"Open a document"（打开一个文档）、"Open a project"（打开一个工程）、"New"（新建）、"New from existing file"（从已有的文件中新建）和"New from template"（从模板中新建），如图 1-1-9 所示。

（2）Projects 面板。Projects 面板中主要包括了"Workspace"（工作空间）和"Projects"的相关操作。这里，工作空间中可以包含一个工程，也可以包含很多工程。设置工作空间的目的是将一个比较庞大复杂的工程分成相对简单的模块，这样便于工程的管理和维护。Altium Designer 软件基本上是以工程为单位管理文件的。Projects 面板如图 1-1-10 所示。

（3）Navigator 面板。Navigator 面板是交互式访问导航面板。在没有打开任何工程的情况下，该面板是空面板，面板中没有任何内容，如图 1-1-11 所示。

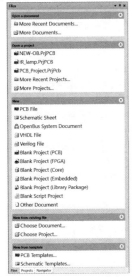

图 1-1-9　Files 面板　　　　　图 1-1-10　Projects 面板　　　　图 1-1-11　空的 Navigator 面板

打开一个工程文件中的原理图文件，如图 1-1-12 所示。在 Navigator 面板上单击 Show Signals 复选框，再单击【Interactive Navigation】按钮，鼠标指针会变为十字形，面板会变为如图 1-1-13 所示的样式，面板上显示了工程中所有原理图的元器件列表和元器件之间的连接网络，如图 1-1-14 所示。

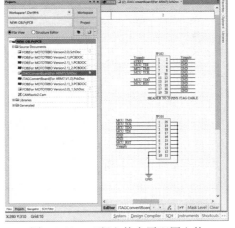

扫码看原图

图 1-1-12

图 1-1-12　工程文件中原理图文件

利用 Navigator 面板可以快速地访问元器件之间的连接关系和所处原理图的具体位置。该功能为在大型复杂的电路设计中快速定位元器件位置和查找元器件之间的连接关系提供了便利。

（4）Favorites 面板。该面板的功能是收藏常用的元器件、原理图或 PCB 等文件快捷方式，便于用户快速访问这些文件。例如，在图 1-1-12 中打开了工程中的一张原理图，单击 Favorites 面板标签后激活 Favorites 面板，如图 1-1-15 所示。

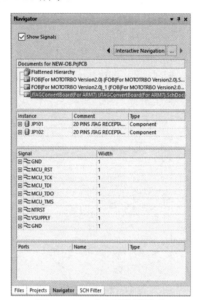

图 1-1-13　面板显示元器件列表和元器件之间的连接网络　　　图 1-1-14　打开原理图后 Navigator 面板　　　图 1-1-15　激活 Favorites 面板

在面板中右击，在弹出的菜单中选择 Add Current Document View 命令，如图 1-1-16 所示，弹出如图 1-1-17 所示的对话框，在对话框中直接单击【OK】按钮添加当前文档至 Favorites 面板中，如图 1-1-18 所示。

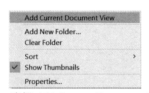

图 1-1-16　选择 Add Current Document View 命令　　　图 1-1-17　Add Current Document View 对话框

（5）Clipboard 面板。该面板的功能是存储当前编辑操作过程中的复制和剪切行为，便于用户召回以前的复制或剪切行为。该面板如图 1-1-19 所示。

（6）Libraries 面板。该面板的功能是访问、放置和查找元器件库中的元器件。该面板如图 1-1-20 所示。

图 1-1-18　添加当前文档至
Favorites 面板

图 1-1-19　Clipboard 面板

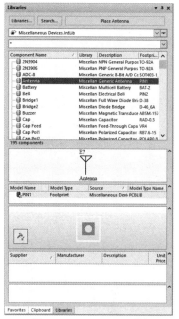

图 1-1-20　Library 面板

1.2　Altium Designer 文档管理

1. 工程项目与工作空间

（1）工程项目。Altium Designer 软件是依靠工程来管理文件的。工程是指一组相关文件和设置的集合。在创建具体 Altium Designer 相关文件之前，必须首先创建工程。

Altium Designer 软件所包含的工程基本上分为六类，分别是 PCB Project（PCB 工程）、FPGA Project（FPGA 工程）、Core Project（CPU 核工程）、Embedded Project（嵌入式设计工程）、Integrated Project（集成库工程）和 Script Project（脚本工程）。对于本书而言，PCB Project 和 Integrated Project 为常用工程。

在 Altium Designer 工程中包含了设计所需要的所有文件和相关配置。在 Altium Designer 软件中，工程文件的后缀一般以字母 Prj 开头。例如，PCB 工程文件的后缀为 PrjPcb，FPGA 工程文件的后缀为 PrjFpg。Altium Designer 工程文件本身为一个 ASCII 文本文件。在 Altium Designer 软件中，和工程无关的文件称之为"自由文件"，在软件中统一在 Free Documents 文件夹下进行管理，如图 1-2-1 所示。

（2）工作空间。工作空间是一个或多个工程的集合。设立工作空间的目的是基于复杂任务的分解，可以将一个复杂的设计分解成很多模块，每个模块都是一个独立的个体，针对每个模块都建立工程来完成其功能。同时，这些模块又都属于同一个复杂的设计，所以将这些独立的工程都置于一个工作空间下，这样便于任务的分解和管理。

在 Altium Designer 软件中，工作空间文件的后缀为 DsnWrk。工作空间的示例如图 1-2-2 所示。

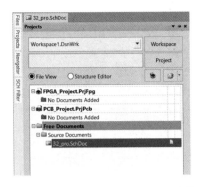
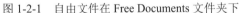

图 1-2-1　自由文件在 Free Documents 文件夹下

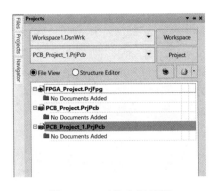

图 1-2-2　工作空间示例

2. 项目的建立、打开与关闭

（1）建立工程。本节以建立一个 PCB 工程为例，来说明建立工程的过程。执行菜单命令 New → Project，弹出如图 1-2-3 所示的 New Project 对话框。

① 确定工程类型。对话框中 Project Types 为工程的类型，本例选择 PCB Project 选项。

② 确定工程模板。对话框中 Project Templates 为工程的模板类型。这里所列出的模板类型都是标准化的 PCB 类型，如果设计中 PCB 不符合这些标准，则可选择<Default>选项。本例选择<Default>选项。

③ 确定工程名。对话框中 Name 文本框中是默认的工程名称，此处由于是 PCB 工程，所以默认的工程名称为 PCB_Project。本例工程名称选择默认名称。

④ 确定工程的存储路径。对话框中 Location 文本框为工程的存储路径。用户可以直接在文本框中输入存储路径，也可以单击【Browse Location】按钮，在浏览文件夹对话框中选择需要的存储路径。本例选择笔者所使用计算机的桌面为存储路径，如图 1-2-3 所示。

扫码看原图

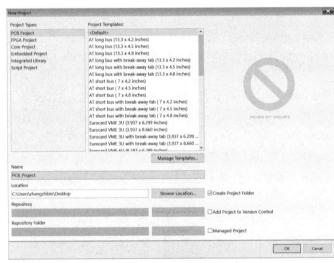

图 1-2-3

图 1-2-3　New Project 对话框

⑤ 选中 Create Project Folder 复选框。选中该项后，会为所建立的工程在存储路径下建立一个名称与工程名相同的文件夹。如不选中该项，则只建立工程，不建立文件夹。一般情况下，为了便于文件管理，该项需要选中。

对话框中 Add Project to Version Control 复选框的功能是将当前工程加入版本控制中去。一旦选中该项，Repository（贮藏）文本框即被激活。用户可以利用该功能去管理工程的版本信息。

对话框中 Managed Project 复选框的功能是在 Vault 中管理用户的工程文件。该功能需要用户注册 Vault 账号，并且该功能对用户是收费的。

一般情况下，默认是不选中 Add Project to Version Control 和 Managed Project 复选框的。

完成上述步骤后，单击【OK】按钮建立工程。建立工程后，Projects 标签如图 1-2-4 所示。建立的工程文件为 PCB_Project.PrjPcb。

（2）工程打开与关闭。要打开一个已经存在的工程只需执行菜单命令 File → Open Project 或单击 No Document Tools 工具栏上的 Open Any Existing Document 按钮或利用【Ctrl】+【O】组合键即可调出 Choose Document to Open 对话框，如图 1-2-5 所示。在该对话框中选择需要打开的工程文件，单击【打开】按钮即可打开工程。

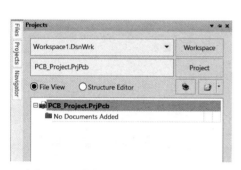

图 1-2-4　建立工程后的 Projects 标签

图 1-2-5　Choose Document to Open 对话框

要关闭一个已经打开的工程，需要在 Projects 标签中用鼠标右键单击工程名，如图 1-2-6 所示。在弹出的菜单中选择 Close Project 命令即可关闭工程，或在 Projects 标签中单击【Project】按钮，在弹出的菜单中选择 Close Project 命令，如图 1-2-7 所示。

图 1-2-6　选择 Close Project
命令关闭工程

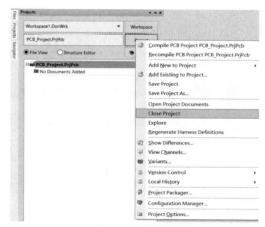

图 1-2-7　【Project】按钮关闭工程

3．项目中的文件管理

工程中的文件管理基本上包括七项操作，分别是新建文件、保存文件、打开文件、关闭文件、隐藏文件、查看文件所在路径和从工程中删除文件。

（1）新建文件。在工程中，执行菜单命令 File → New，在弹出的菜单中可以选择需要新建的文件，如图 1-2-8 所示。

（2）保存文件。保存文件有三个命令可选，分别是 Save（保存）、Save As（另存为）和 Save Copy As（保存文件复制为）。如图 1-2-9 所示，上述三个命令均在 File 菜单下。

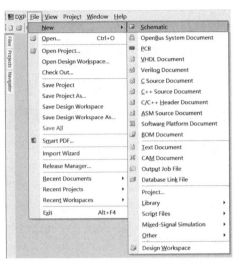

图 1-2-8   执行菜单命令 File → New 新建文件

扫码看原图

图 1-2-9

图 1-2-9   File 菜单下的三个保存命令

（3）打开文件。执行菜单命令 File → Open 或单击 No Document Tools 工具栏上的 Open Any Existing Document 按钮或利用【Ctrl】+【O】组合键即可调出 Choose Document to Open 对话框，如图 1-2-5 所示，选择需要打开的文件，单击【打开】按钮即可。

（4）关闭文件。执行菜单命令 File → Close 即可关闭当前文件。或在已打开的文件标签上单击鼠标右键，在调出的菜单中选择"Close+文件名称"的选项即可关闭当前的文件，如图 1-2-10 所示，关闭名为 Sheet1 的原理图文件。

（5）隐藏文件。在已打开的文件标签上单击鼠标右键，在弹出的菜单中选择"Hide+文件名称"的选项即可隐藏当前的文件，如图 1-2-11 所示，隐藏名为 Sheet1 的原理图文件。

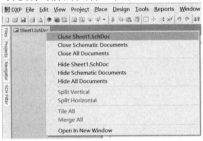

图 1-2-10   关闭名为 Sheet1 的原理图文件

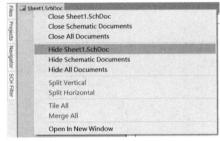

图 1-2-11   隐藏名为 Sheet1 的文件

（6）查看文件所在路径。在 Projects 标签中，在需要查看的文件上单击鼠标右键，在弹出的菜单中选择 Explore 命令，软件即可弹出文件所在的存储位置。例如，文件 Sheet1.SchDoc 保存在笔者所使用计算机的桌面上，在 Projects 标签中，在文件 Sheet1.SchDoc 上单击鼠标右键，在弹出的菜单中选择 Explore 命令，如图 1-2-12 所示。执行命令后，弹出如图 1-2-13 所示的界面，即为文件 Sheet1.SchDoc 所在的存储位置。

图 1-2-12　查看文件所在　　　　　图 1-2-13　文件 Sheet1.SchDoc 所存储的位置
　　　　　　　路径

（7）从工程中删除文件。在 Projects 标签中，在需要删除的文件上单击鼠标右键，在弹出的菜单中选择 Remove from Project 命令，即可将相应文件从工程中删除，但是文件本身并没有从计算机中删除。例如，将文件 Sheet1.SchDoc 从工程中删除，只需在文件 Sheet1.SchDoc 上单击鼠标右键，在弹出的菜单中选择 Remove from Project 命令，如图 1-2-14 所示，文件 Sheet1.SchDoc 即可从工程中删除。

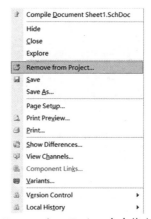

图 1-2-14　使用 Remove from Project 命令将文件从工程中删除

1.1　建立一个文件夹，在该文件夹下建立一个工程项目文件，项目名称自定。练习工程项目的关闭、打开。

1.2　在以上建立的工程项目中新建一个原理图文件，并对该文件练习关闭和打开。

1.3　练习将以上建立的原理图文件移出工程项目和导入工程项目的操作。

1.4　建立一个自由文档的原理图文件，并练习其关闭和打开。

1.5　打开 Altium Designer 软件，分别打开 Files 面板、Projects 面板、Navigator 面板、Favorites 面板、Clipboard 面板和 Libraries 面板，查看每个面板的功能。

第 2 章　绘制原理图

知识目标： 熟悉原理图编辑器界面；掌握原理图图纸设置方法；掌握原理图绘制的流程；熟悉元器件库；掌握元器件符号属性的编辑方法。

技能目标： 能够在已创建工程中建立原理图文件；能够认识原理图编辑器界面的各种标签和按钮；能够对原理图图纸进行各项参数设置；能够加载元器件库和放置元器件；能够绘制简易原理图；能够对元器件符号的属性进行编辑。

思政目标： 培养学生戒骄戒躁的学习态度，提高学生发现问题、解决问题的能力，引导学生养成遵守行业规范的操作习惯。党的二十大报告中指出，"教育、科技、人才是全面建设社会主义现代化国家的基础性、战略性支撑。""必须坚持科技是第一生产力、人才是第一资源、创新是第一动力。"鼓励学生坚定信心、努力提高自我能力，为祖国的人才强国战略贡献自己的力量。

Altium Designer 的主要特点之一就是有一个功能强大的原理图编辑器，使用简单、方便、实用。本章通过不同的实例，介绍在原理图编辑器中设置图纸、绘制原理图的基本方法，以及原理图中的一些编辑方法。

2.1　原理图图纸设置和画面管理

2.1.1　原理图编辑器界面

【例 2.1】　在指定文件夹下建立一个项目 ch2_1.PrjPcb，在该项目中设置原理图图纸为 A4 横放、可视栅格大小为 10mil，光标一次移动半个栅格，标题栏类型为标准型（Standard），显示图纸参考边框，启动电气栅格，电气栅格设置为 4。

1. 在工程项目中建立原理图文件

① 按照第 1 章中介绍的方法在指定路径下建立一个文件夹，在该文件夹下建立一个项目文件 ch2_1.PrjPcb，如图 2-1-1 所示为新建了一个名为 ch2_1.PrjPcb 的项目文件。

② 在图 2-1-1 所示 Projects 面板的项目文件名 ch2_1.PrjPcb 上单击鼠标右键，在弹出的快捷菜单中选择 Add New to Project → Schematic 命令，则在项目面板中出现了 Sheet1.SchDoc 的文件名，同时右边打开了一个原理图文件。

③ 执行菜单命令 File → Save，系统弹出保存原理图文件对话框，选择项目文件 ch2_1.PrjPcb 所在文件夹，并将该原理图文件命名为 li2-1.SchDoc，单击【保存】按钮。

> **注意**
>
> 在新建一个原理图文件后，必须执行保存命令，否则文件将不被保存。

图 2-1-2 为打开原理图文件后的编辑器界面。

2. 认识原理图编辑器窗口界面

（1）主菜单。在原理图编辑器中主菜单有 11 个菜单命令，即 File（文件菜单）、Edit（编辑菜单）、View（视图菜单）、Project（项目菜单）、Place（放置菜单）、Design（设计菜单）、Tools（工具菜单）、Simulator（仿真菜单）、Reports（报告菜单）、Window（窗口菜单）、Help（帮助菜单）。

这些菜单命令包含了原理图编辑器的所有功能，我们将在后续章节中通过具体实例陆续介绍有关命令的使用方法。

（2）工具栏。原理图编辑器提供了很多活动工具栏，这些工具栏中的命令都是一些常用命令，其中使用最多的是以下 3 个工具栏，分别是主工具栏 Schematic Standard、放置工具栏 Wiring 和实用工具栏 Utilities。

扫码看原图

图 2-1-2

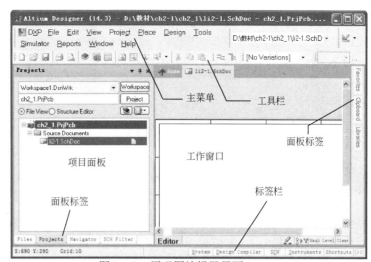

图 2-1-1　新建 ch2_1.PrjPcb
项目文件

图 2-1-2　原理图编辑器界面

① 主工具栏 Schematic Standard，如图 2-1-3 所示。该工具栏中的命令主要包括对文件的操作，如新建 ⬜ 、打开 📂 、保存 💾 、打印 🖨 、打印预览 🔍 ，各种画面显示命令及复制、剪切、粘贴等编辑命令。

图 2-1-3　Schematic Standard 工具栏

在图 2-1-3 所示的 Schematic Standard 所在标题栏区域按住鼠标左键并拖曳，可将工具栏拖曳到任意位置。

将鼠标指针移至图 2-1-4 所示位置，按住鼠标左键并拖曳，可将工具栏从放置处拖曳到编辑器画面的任何位置。

② 放置工具栏 Wiring，如图 2-1-5 所示，该工具栏中的放置对象都具有电气意义。

图 2-1-4　拖动工具栏的操作　　　　　图 2-1-5　Wiring 工具栏

③ 实用工具栏 Utilities ，如图 2-1-6 所示。Utilities 工具栏中的命令都是公用编辑命令，从图 2-1-6 中可以看出 Utilities 工具栏中每个图标旁边都有一个下拉箭头，表示还有下一级命令。

高级绘图工具图标 🖊 ▾：单击图标右侧的下拉箭头，出现高级绘图的各命令按钮，如图 2-1-7 所示。图中主要是文字标注和图形编辑等命令。展开其他图标的操作与此相同。

图 2-1-6　Utilities 工具栏　　　　　图 2-1-7　高级绘图工具

打开和关闭工具栏的方法是：执行菜单命令 View → Toolbars，然后在下一级菜单中选择相应名称即可。

3．图纸设置

【例 2.1】中要求的图纸设置内容均可在 Document Options 对话框中设置。

调出 Document Options 对话框的操作是执行菜单命令 Design → Options，或在图纸区域内单击鼠标右键，在弹出的快捷菜单中选择 Options → Document Options 命令，Document Options 对话框如图 2-1-8 所示。

（1）设置图纸为 A4。在图 2-1-8 的 Standard Style 区域中，单击 Standard Styles 右侧的下拉菜单按钮，选择 A4。

图 2-1-8 的 Custom Style 区域为自定义图纸尺寸。选中 Use Custom Style 复选框，则该区域设置有效。其中 Custom Width 为图纸宽度，Custom Height 为图纸高度。

扫码看视频

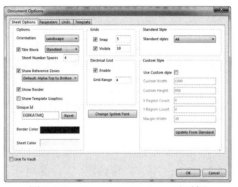

扫码看原图

图 2-1-8

图 2-1-8　Document Options 对话框

（2）设置图纸为横放。在图 2-1-8 的 Options 区域中单击 Orientation 右侧的下拉菜单按钮，选择 Landscape。Orientation 共有两个选项：Landscape（横放）、Portrait（竖放）。

（3）设置可视栅格为 10mil。图纸采用英制单位 mil。1mil = 1/1000 inch= 0.0254mm。

可视栅格的设置在图 2-1-8 Grids 区域中的 Visible 选项中进行。

选中 Visible 前的复选框，则图纸中显示栅格，在 Visible 后的文本框中输入 10 即可。

（4）设置光标一次移动半个栅格。光标一次移动距离在图 2-1-8 Grids 区域中的 Snap 选项中进行。将 Snap 的值设置为 5。

Snap 称为锁定栅格，即光标一次移动的距离。选中此项表示光标以 Snap 右边的设置值为单位移动。实际上，只要 Snap 的值设置为 Visible 值的一半，即可实现光标一次移动半个栅格。

（5）设置标题栏为标准型。在图 2-1-8 的 Options 区域中选中 Title Block 前的复选框表示显示标题栏，单击 Title Block 右侧的下拉菜单按钮，选择 Standard。

设置图纸标题栏 Title Block 时，下拉菜单中共有两个选项：Standard（标准型模式）、ANSI（美国国家标准协会模式），分别如图 2-1-9 和图 2-1-10 所示。

（6）显示图纸参考边框。参考边框即将图纸相互垂直的两边各自等分，竖边方向用大写英文字母编号，横边方向用数字编号，用这种方法对图幅分区，相当于在图纸上建立了一个坐标，如图 2-1-11 所示。

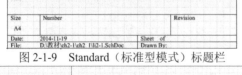
图 2-1-9　Standard（标准型模式）标题栏

图 2-1-10　ANSI（美国国家标准协会模式）标题栏

图 2-1-11　图纸参考边框

在图 2-1-8 的 Options 区域中选中 Show Reference Zones 复选框表示显示图纸参考边框，选中 Show Border 复选框表示显示图纸边框，两者都要选中。

在 Show Reference Zones 下拉菜单按钮的选项中，Default 选项表示数字和英文字母为从左到右、从上到下的增大方向。

（7）启动电气栅格。图 2-1-8 所示 Document Options 对话框中的 Electrical Grid 区域是电气栅格区域，选中 Enable 复选框，将 Grid Range 的值设置为 4，电气栅格的作用将在绘制原理图的过程中介绍。

2.1.2　画面管理

刚打开的原理图文件画面很小，可通过屏幕放大的操作来改变画面显示比例。

1．放大画面

执行菜单命令 View → Zoom In 或按【Page Up】键。

2．缩小画面

执行菜单命令 View → Zoom Out 或按【Page Down】键。

3．改变画面显示比例

执行菜单命令 View，在下一级菜单中直接选择显示比例即可。

4．显示全部内容

执行菜单命令 View → Fit All Objects 或单击 Schematic Standard 工具栏中的 图标，则图纸上的全部内容都显示在工作窗口中。

5．放大指定区域

下面以将原理图中的标题栏放大到屏幕中间为例介绍操作步骤。

执行菜单命令 View → Area 或单击 Schematic Standard 工具栏中的 图标，将十字形指针放在标题栏的一个顶点外侧单击，移动十字形指针到另一对角线位置，此时画出一个虚线框，如图 2-1-12 所示，将标题栏全部纳入在虚线框内后，在对角线位置再次单击（确定放大区域），则标题栏放大至充满工作窗口。

6．画面的移动

若要快速移动画面，除了与其他软件一样可通过拖曳水平和垂直滚动条实现，还可以按住鼠标右键，此时鼠标指针变成手形，如图 2-1-13 所示，按住鼠标右键并拖曳即可。

扫码看原图

图 2-1-12

图 2-1-12　放大指定区域

图 2-1-13　快速移动画面

7．刷新画面

如果在操作过程中，画面出现扭曲现象，可执行菜单命令 View → Refresh 或按【End】键，刷新画面。

注：【Page Up】键、【Page Down】键、【End】键在任何时候都有效。

2.2　绘制简单原理图

【例2.2】 在【例2.1】设置的图纸中绘制如图 2-2-1 所示电路原理图，其元器件属性见表 2-1。

注意：虽然在电路电子技术中，电阻阻值单位会用到Ω，电容容量单位会用到μF，但由于 Altium Designer 软件的限制，同时，按照相关软件操作惯例，在 Altium Designer 软件中进行元器件标注时，电阻阻值单位Ω可以不写，电容容量单位中的μ用小写字母 u 代替。此外，为了保障本书的可读性，书中的表格及电路图使用完整规范的元器件单位表示方法，在 Altium Designer 软件中进行绘图或标注时有所不同，请读者予以注意。

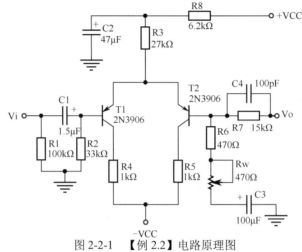

图 2-2-1　【例 2.2】电路原理图

表 2-1　【例 2.2】电路元器件属性列表

Design Item ID（元器件名称）	Designator（元器件标号）	Comment（元器件标注）	Footprint（元器件封装）
2N3906	T1	2N3906	TO-92A
2N3906	T2	2N3906	TO-92A
Res2	R1	100kΩ	AXIAL-0.4
Res2	R2	33kΩ	AXIAL-0.4
Res2	R3	27kΩ	AXIAL-0.4
Res2	R4	1kΩ	AXIAL-0.4
Res2	R5	1kΩ	AXIAL-0.4
Res2	R6	470Ω	AXIAL-0.4
Res2	R7	15kΩ	AXIAL-0.4
Res2	R8	6.2kΩ	AXIAL-0.4
Cap Pol2	C1	1.5μF	POLAR0.8
Cap Pol2	C2	47μF	POLAR0.8
Cap Pol2	C3	100μF	POLAR0.8
Cap	C4	100pF	RAD-0.3
RPot	Rw	470Ω	VR5
所有元器件均在 Miscellaneous Devices.IntLib 中			

2.2.1　加载元器件库

1. 集成库概念

（1）元器件的电气符号和封装。在电路板制作中，每个元器件都对应两种图形符号——原理图元器件符号和元器件封装。

原理图元器件符号是元器件的电气符号，在原理图中使用，如图 2-2-2 中所示的电阻符号。

元器件封装是指实际的电子元器件焊接到电路板时所指示的轮廓和焊点位置，它保证了元器件引脚与电路板上的焊盘一致。图 2-2-3 是插接式电阻及电阻的卧式安装示意图，图 2-2-4 是插接式电阻的封装符号。图 2-2-4 中两个焊盘的距离应与卧式安装示意图中两个引脚的距离一致，焊盘孔径应和实际引脚的直径相匹配。

图 2-2-2　电阻的电气符号　　　图 2-2-3　插接式电阻及电阻卧式安装示意图

（2）集成库概念。在 Altium Designer 中，这两种符号放在一个元器件库中，在调出一个元器件电气符号的同时，可以看到系统推荐的参考元器件封装，这种元器件库被称为集成库。图 2-2-5 所示就是元器件库 Miscellaneous Devices.IntLib 中二极管的电气符号和参考封装。

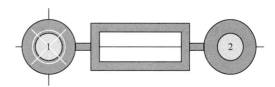

图 2-2-4　插接式电阻封装符号

集成库文件的扩展名是.IntLib。

在 Altium Designer 中常用元器件库有以下两种。

① 常用分立元器件库 Miscellaneous Devices.IntLib，包含了一般常用的分立元器件符号。

② 常用接插件库 Miscellaneous Connectors.IntLib，包含了一般常用的接插件符号。

集成库文件在系统中的存放路径是在安装路径下的\Altium\AD14\Library 文件夹中，安装路径可在 Library 面板中加载元器件库时看到，将在下面内容中介绍。

2．Library 面板

Library 面板主要用于加载（或移除）元器件库，就是将要使用的元器件库加载到原理图编辑器中；查找元器件符号并将其放置到原理图中。

（1）打开 Libraries 面板。在打开的原理图文件中，单击屏幕右下角的 System 标签，然后选择 Libraries，如图 2-2-6 所示，即可打开 Libraries 面板，打开的 Libraries 面板如图 2-2-5 所示。

如果面板处于自动隐藏方式，则在屏幕一侧显示面板标签，如图 2-2-7 所示，此时将鼠标指针放到标签上即可显示 Libraries 面板。

（2）Libraries 面板。在图 2-2-5 中可以分为六个区域。

区域 1：显示当前元器件库名称，单击库名称右侧的下拉菜单按钮，显示当前原理图中已加载的所有元器件库列表，在列表中选择任一库文件名，可将该元器件库的内容显示在 Libraries 面板的区域 3 中，如图 2-2-5 中目前显示的是 Miscellaneous Devices. IntLib 中的内容。

区域 2：元器件符号过滤选项区。可以设置元器件列表的显示条件，该条件支持通配符 "*"，"*" 表示任意字符，因此图 2-2-5 区域 3 中显示的是 Miscellaneous Devices. IntLib 中的所有内容。如在条件中输入 R*，则在区域 3 的元器件符号列表中显示所有元器件名为 R 开头的符号。

区域 3：元器件符号列表区。显示区域 1 元器件库文件中所有符合区域 2 过滤条件的元器件符号列表。

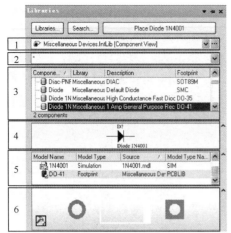
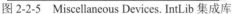

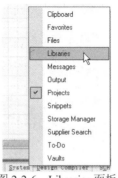

图 2-2-5　Miscellaneous Devices. IntLib 集成库　　图 2-2-6　Libraries 面板　　图 2-2-7　面板标签

区域 4：元器件符号图形显示。

区域 5：元器件封装名显示，显示区域 4 中元器件符号图形对应的参考元器件封装名。

区域 6：元器件符号封装图形显示，显示区域 5 中元器件封装名对应的元器件封装图形。

3．加载元器件库

元器件库分门别类地存放在安装路径下，若要在原理图中使用某个元器件库中的符号，首先要将其调入内存，这个操作被称为加载元器件库或装入元器件库。

【例 2.3】 将安装路径中 Altera 文件夹下的 Altera Cyclone III.IntLib 加载到原理图中。

① 单击图 2-2-5 中 Libraries 面板上部的【Libraries】按钮，系统弹出 Available Libraries 对话框，选择 Installed 标签，此时在 Installed Libraries 列表中显示系统默认加载的元器件库名称，列表下部"Library Path Relative To："右侧的文本框中显示的是系统默认的元器件库安装路径，如图 2-2-8 所示。

② 单击【Install】按钮右侧的下拉菜单按钮，在下拉菜单中选择 Install from file…，系统弹出打开对话框，如图 2-2-9 所示。

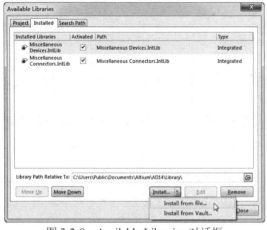

图 2-2-8　Available Libraries 对话框　　　　　　　图 2-2-9　打开对话框

③ 双击 Altera 文件夹将其打开，在图 2-2-10 中选择 Altera Cyclone III.IntLib 元器件库后单击【打开】按钮，返回 Available Libraries 对话框，此时 Altera Cyclone III.IntLib 元器件库已加入 Installed Libraries 列表中，如图 2-2-11。

④ 单击【Close】按钮关闭 Available Libraries 对话框，完成加载。

此时，Altera Cyclone III.IntLib 出现在 Libraries 面板的元器件库列表中，如图 2-2-12 所示。

4．移除元器件库

从原理图中移除已加载元器件库的操作是在图 2-2-11 所示的 Available Libraries 对话框中选中要移除的元器件库，单击【Remove】按钮即可。

图 2-2-10　Altera 文件夹

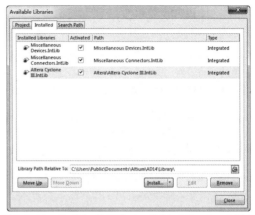

图 2-2-11　完成加载后的 Available Libraries 对话框

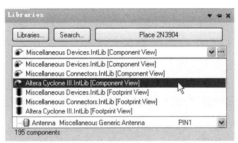

图 2-2-12　Altera Cyclone III. IntLib 出现在 Libraries 面板中

2.2.2　放置元器件符号

1．调整图纸画面大小

在原理图图纸上单击，使鼠标指针聚焦到图纸上，然后按【Page Up】键直到画面上显示栅格。如果图纸已能看到栅格，可省略这一步。

屏幕左下角的"X:285"和"Y:760"是鼠标指针当前在图纸中位置的坐标值，坐标原点在图纸左下角；"Grid:5"表示图纸设置的 Snap Grid 的值是 5，如图 2-2-13 所示。设置方法参见 2.1.1 节。

图 2-2-13　状态栏

如果未显示状态栏，可执行菜单命令 View → Status Bar 调出状态栏。

2．元器件属性

Altium Designer 中原理图元器件符号有四个主要属性。

（1）Design Item ID（元器件名称）。元器件符号在元器件库中的名字。如表 2-1 中电阻符号在元器件库中的名称为 Res2，每个元器件符号对应一个名称，但不会在原理图中显示出来。

（2）Designator（元器件标号）。元器件符号在原理图中的序号，如 R1、C1 等。每个元器件符号必须有元器件标号，且不能相同也不应为空。绘图时也可以先使用系统默认的标号如 R? 等，所有元器件符号均放置完毕后再使用系统的自动安排元器件标号功能统一安排元器件标号。

（3）Comment（元器件符号标注）。如电阻阻值、电容容量、集成电路芯片型号等不是必写项，可视绘图要求确定。

（4）Footprint（元器件封装）。元器件的外形名称，一个元器件可以有不同的外形，即可以有多种封装。元器件的封装主要用于印制电路板图，这一属性值在原理图中不显示。如果绘制的原理图需要转换成印制电路板图，在元器件属性中必须输入该项内容。关于元器件封装的概念将在第 6 章中介绍。

3. 放置元器件符号

由于 Altium Designer 对原理图元器件符号定义了四个属性，在放置元器件符号前应首先确定这四个属性，特别是元器件名 Design Item ID。但是对于初学者，往往不清楚符号的元器件名，为方便读者学习，本书涉及的原理图均配有元器件属性列表。

下面就按照表 2-1 所示元器件符号属性，介绍放置元器件符号的操作。

（1）第一种方法。具体操作过程如下。

① 执行菜单命令 Place → Part 或按两下【P】键或在 Wiring 工具栏中单击放置元器件符号图标 ，弹出 Place Part 放置元器件符号对话框，如图 2-2-14 所示。

② 将表 2-1 中 R1 的属性值分别输入到各自对应项中，其中 Physical Component 中输入表 2-1 中第一项 Design Item ID 的值。输入完毕单击【OK】按钮，鼠标指针变成十字形，且元器件符号随十字形指针移动。

③ 此时可按【空格】键旋转方向，按【X】键水平翻转，按【Y】键垂直翻转，确定方向后，在适当位置单击，放置好一个符号。此时仍有一个电阻符号随十字形指针移动，可继续放置，若单击鼠标右键则继续弹出 Place Part 对话框，重复上述步骤放置其他元器件符号，直至单击【Cancel】按钮退出。

④ 如果符号放置后仍然需要移动或改变方向，可在元器件符号上按住鼠标左键拖曳进行移动；或在符号上按住鼠标左键后按【空格】键旋转方向，按【X】键水平翻转，按【Y】键垂直翻转，以改变方向。

按照同样的方法可以放置其他元器件符号。

注：如果因为软件版本不同，调出元器件符号中的封装与表 2-1 中所示不同，可选择默认，对原理图绘制无任何影响。

上文所介绍的放置元器件符号的方法虽然操作方便，但在实际使用时必须注意，元器件名 Design Item ID 在输入时不能出现任何字符错误，否则系统将提示找不到该元器件符号的信息。如 C1 的元器件名称为 Cap Pol2，如果输入时 Cap 与 Pol2 之间没有空格，系统就会提示找不到。

（2）第二种方法。下面以放置电容 C1 为例介绍另一种方法。

① 打开 Libraries 面板，在图 2-2-5 的区域 1 中选择 Miscellaneous Devices. IntLib（C1 所在元器件符号库）。

② 在区域 2 中输入 C*（Cap Pol2 的开头字母），则在元器件符号浏览区中显示所有 C 开头的元器件符号。

③ 从列表中选择 Cap Pol2，单击【Place Cap Pol2】按钮，如图 2-2-15 所示，鼠标指针变成十字形，且元器件符号随十字形指针移动。接着可按照第一种方法中"③"介绍的内容进行放置元器件符号的操作。

这种方法的优点是查找速度快，且不必输入符号的全名称，避免由于名称输入错误找不到符号，前提是必须知道符号所在的元器件库和大致名称。

（3）第三种方法。对于常用元器件符号如电阻、电容、集成电路等符号，可以单击 Utilities 工具栏中常用元器件图标 中的下拉菜单按钮，从中选择某个元器件符号，然后按【Tab】键，在弹出的元器件属性对话框中按元器件属性要求进行设置。关于元器件属性的编辑请参见 2.3.1 节。

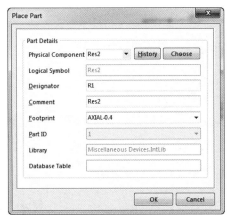

图 2-2-14　放置元器件符号对话框

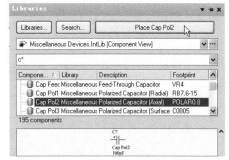

图 2-2-15　第二种放置元器件方法

（4）第四种方法。如果电路图中有多个相同的符号，可在放置了一个对象之后，复制选中对象图标进行放置，下面以放置多个电阻为例介绍操作步骤。

① 放置一个电阻，然后单击该电阻将其选中，如图 2-2-16 所示。

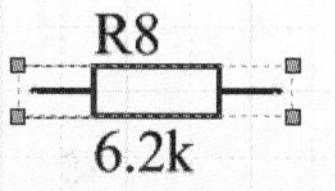

② 单击 Schematic Standard 工具栏的复制选中对象图标 。

③ 此时一个与选中电阻符号完全相同的电阻符号粘在十字形指针上，

图 2-2-16　选中电阻

按【Tab】键，在弹出的元器件属性对话框中按属性要求设置后，在适当位置单击将其放置好。

这个命令使放置重复图形操作变得非常简单。

4．编辑已放置好的元器件符号

（1）移动。若元器件符号已放置在图纸上，但位置不合适，可在符号上按住鼠标左键并拖曳。

（2）改变方向。在已放置好的元器件符号上按住鼠标左键，再按【空格】键、【X】键、【Y】键改变方向。

（3）移动元器件标号或标注。对于已放置好的元器件符号，有时元器件标号或标注的位置不合适，需要单独移动。移动方法是在元器件标号或标注上按住鼠标左键并拖曳。

> **注意**
>
> 是在元器件标号或标注上按住鼠标左键，不要在元器件符号上按住鼠标左键。

（4）改变元器件标号或标注方向。在元器件标号或标注上按住鼠标左键，再按【空格】键、【X】键、【Y】键。

（5）编辑元器件属性。双击器件符号，在弹出的属性对话框中进行修改，操作方法见 2.3.1 节。

2.2.3　绘制导线

在绘制导线前，应将元器件符号按照图 2-2-1 所示放置到适当位置，效果如图 2-2-17 所示。

① 执行菜单命令 Place → Wire 或在 Wiring 工具栏中单击放置导线图标 ，鼠标指针变为十字形，在十字形指针中心有一个“×”形图标，如图 2-2-18 所示。

② 将鼠标指针移到 C2 引脚端点处，此时鼠标指针中心的“×”形图标变大且呈红色，如图 2-2-19 所示，单击确定导线的起点。

③ 拖曳十字形指针并在电阻 R8 引脚的左端点处单击，此时仍处于画线状态，将十字形指针移至其他位置可继续绘制其他导线，也可单击鼠标右键退出。

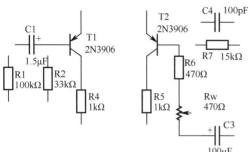

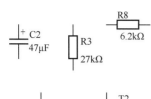
扫码看视频

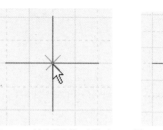

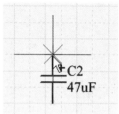

图 2-2-17　放置元器件符号到适当位置　图 2-2-18　绘制导线时的十　　图 2-2-19　绘制导线时十字形
　　　　　　　　　　　　　　　　　　　　字形指针　　　　　　　　　指针移到元器件符号引脚端点处

观察刚绘制的导线，可以看到导线经过 R3 上部引脚端点，在连接处自动产生了一个节点，这是因为导线具有电气特性。

④ 如果在画线过程中需要拐弯，在拐弯处单击即可。

> **提　示**
>
> ① 在 Altium Designer 软件中导线具有电气意义，切不可用普通直线代替。
>
> ② 绘制导线时，导线上不应有多余节点，如图 2-2-20 中电阻 R8 左引脚处的节点。多余节点产生的主要原因是导线与导线或导线与元器件符号引脚重叠。
>
>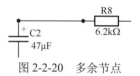
> 图 2-2-20　多余节点
>
> ③ 避免出现多余节点的方法是在绘制导线状态下，将十字形指针移至元器件符号引脚或另一导线的端点处，十字形指针中心的"×"形图标变大且呈红色时单击，则不会产生多余节点。这种现象是因为在图 2-1-8 所示的 Document Options 对话框中选中了 Electrical Grid 电气栅格选项 Enable，如果未启动电气栅格，不会出现上述现象。
>
> ④ 对于多余节点不应简单删除，应找出产生的原因，从根本上加以消除。

2.2.4　放置电源和接地符号

电源、接地符号还包括图 2-2-1 中的输入、输出符号。

以放置接地符号为例，介绍操作步骤。

第一种方法：

① 执行菜单命令 Place → Power Port 或在 Wiring 工具栏中单击接地符号图标 ⏚，则会出现一个接地符号附着在十字形指针上并随之移动。

② 按【Tab】键，弹出 Power Port 电源符号属性对话框，如图 2-2-21 所示，具体说明如下。

- Net：电源、接地符号的网络标号，如电源符号中的 VCC、+5V 等，对于接地符号在本书中一定要输入 GND，无论其是否显示。网络标号是各网络、元器件之间电气连接的标识。
- Style：电源、接地符号的各种显示形式，单击右侧的下拉菜单按钮，显示图 2-2-21 所示的几种符号形式列表，图 2-2-22 所示为常用选项的显示形式。
- Color：电源、接地符号的显示颜色，单击 Color 旁的颜色块，在弹出的调色板中选择所需要的颜色即可。

③ 在属性对话框的 Net 中输入 GND，单击 Style 旁的下拉菜单按钮，从中选择 Power Ground，取消勾选 Show Net Name 右侧复选框，单击【OK】按钮。该操作可使接地符号放置在原理图中时不显示 GND 字符。

图 2-2-1 中电源（VCC）、输入（Vi）、输出（Vo）等符号的设置为：在 Net 中输入相应的名称，在 Style 中选择 Circle 即可。

④ 按【空格】键旋转方向，单击进行放置，单击鼠标右键退出放置状态。

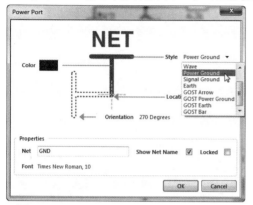

图 2-2-21   Power Port 电源符号属性对话框

扫码看原图

图 2-2-21

图 2-2-22   常用电源、接地符号显示形式

> ⚠ **注 意**
>
> 无论是电源、接地、输入、输出符号，符号中的 Net 值均不能为空，尤其是在该原理图需要转换成印制电路板图时。

第二种方法：

① 单击 Utilities 工具栏中 ⊥ ▾ 图标右侧的下拉菜单按钮，在下拉菜单中选择相应的电源、接地符号形式，按【Tab】键在 Power Port 电源符号属性对话框中修改属性。

② 单击进行放置。

至此，一张简单的电路原理图绘制完毕。

2.3　元器件符号属性和导线属性编辑

在绘制电路图过程中，有时需要修改元器件的标号、标注、封装形式，甚至修改元器件的图形符号，有时需要修改显示字体的大小或颜色，这就是元器件符号及其标号等属性编辑。

2.3.1　编辑元器件符号属性

1. 元器件符号的属性编辑

元器件符号的属性编辑在 Component Properties 元器件符号属性对话框中进行，如图 2-3-1 所示，调出该对话框的方法有四种。

第一种方法：在放置元器件符号过程中，当符号处于浮动状态时，按【Tab】键。

第二种方法：双击已经放置好的元器件符号。

第三种方法：在元器件符号上单击鼠标右键，在弹出的快捷菜单中选择 Properties 选项。

第四种方法：执行菜单命令 Edit → Change，用十字形指针单击对象。

其他对象的属性对话框均可采用这几种方法调出，读者可参考此操作。

在 Component Properties 元器件属性对话框中主要包括以下几块区域。

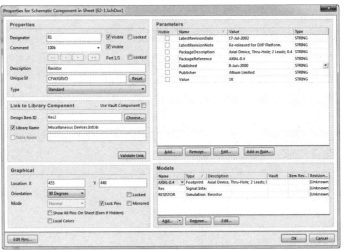

图 2-3-1

图 2-3-1　Component Properties 元器件属性对话框

（1）"Properties"区域。

● Designator：元器件符号在原理图中的标号如图中的 R1，可直接对其进行修改。选中后面的 Visible 复选框，显示该标号，否则不显示。

● Comment：元器件符号标注，可以是电阻阻值、电容容量、集成电路型号等元器件符号的简单说明或注释（如图中的 100k），可直接对其进行修改。选中后面的 Visible 复选框，显示该标注，否则不显示。

● Description：元器件符号描述。

● Unique Id：该符号在本设计文档中的 ID，是唯一编号，由系统随机而定。

● Type：元器件符号类型。

（2）"Link to Library Component"区域。

● Design Item ID：符号在元器件符号库中的名称。可在此项中选择其他元器件符号，方法一是直接在 Design Item ID 右侧的文本框中输入新的元器件符号名称，二是在元器件库中进行选择。在元器件库中进行选择的操作方法如下。

单击 Design Item ID 最右侧的【Choose...】按钮，系统弹出 Browse Libraries 浏览元器件库对话框，如图 2-3-2 所示，在 Component Name 元器件符号列表中选择需要的元器件符号名称，则该符号出现在对话框右侧的文本框中，单击【OK】按钮，此符号将替换原来的符号出现在原理图中。

如果图 2-3-2 中 Libraries 旁显示的元器件符号库中没有需要的符号，可以单击其右侧的下拉菜单按钮，从已加载的元器件库列表中选择其他元器件库，然后再从 Component Name 元器件列表中选择元器件。

如果已加载的元器件库列表中没有需要的元器件库，可以单击其右侧的【...】按钮，做加载元器件库操作，加载完毕再进行选择。

● Library Name：元器件符号所在的元器件库名称。

（3）"Graphical"区域。

● Location X、Y：元器件符号在图中的坐标值。

● Orientation：元器件符号的旋转角度。选中后面 Mirrored 复选框，则符号呈镜像方式显示。

● Mode：元器件符号模型。

其中，Show All Pins On Sheet 的含义是显示该元器件符号的所有引脚内容。如果选中该复选框，则该元器件符号所有被隐藏的引脚、被隐藏的引脚名或引脚号全部被显示，建议不要选中该项。

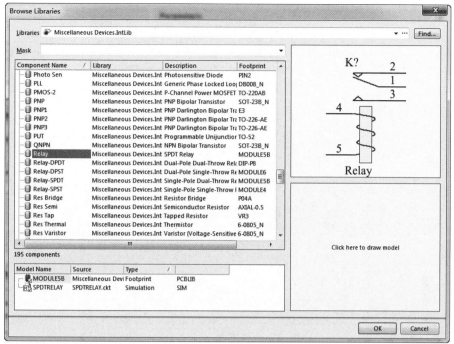

图 2-3-2 Browse Libraries 浏览元器件库对话框

Lock Pins 的含义是锁定引脚，如果取消该项的选中状态，则该元器件符号的引脚可以随意移动，而不是随着元器件符号整体移动，建议保留该项的选中状态。

（4）"Parameters"区域。元器件参数列表区域，一般情况下，需要取消 Value 前的选中状态。

（5）"Models"区域。元器件模型列表，包括如元器件仿真、信号完整性和元器件封装等内容。

【例 2.4】 将图 2-2-1 中电容 C4 的封装 RAD-0.3 改为 RAD-0.2。

① 双击电容 C4，调出电容 C4 的属性对话框，如图 2-3-3 所示。

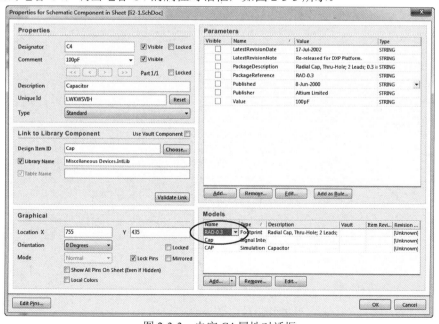

扫码看原图

图 2-3-3

图 2-3-3 电容 C4 属性对话框

② 在 Models 区域中单击 RAD-0.3 将其选中，然后单击该区域中的【Edit】按钮，系统弹出 PCB Model 对话框，如图 2-3-4 所示。

图 2-3-4　PCB Model 对话框

③ 在 PCB Model 对话框的 PCB Library 区域中选中 Any 单选框，在 Footprint Model 区域中单击 Name 右侧的【Browse】按钮，系统弹出 Browse Libraries 对话框，如图 2-3-5 所示。

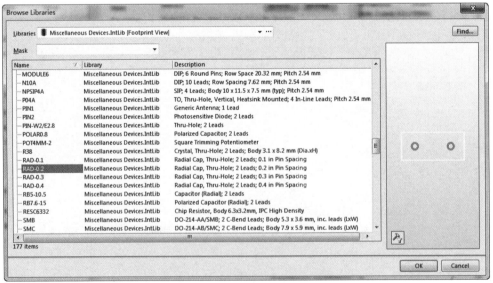

图 2-3-5　Browse Libraries 对话框

④ 在 Browse Libraries 对话框的元器件封装列表中选择 RAD-0.2，单击【OK】按钮返回 PCB Model 对话框，单击【OK】按钮返回电容 C4 属性对话框，此时在原来显示 RAD-0.3 的位置已显示 RAD-0.2，单击【OK】按钮，关闭属性对话框。

如果在 Browse Libraries 对话框的元器件封装列表中没有要选择的封装名，可以在该对话框中选择其他元器件库，或通过加载其他元器件库的方法进行查找。

2．元器件标号的显示属性编辑

要修改元器件标号的显示属性如标号的字体、字号、颜色等参数，可通过以下操作进行。

（1）双击元器件标号如 R1，注意只是双击元器件符号的标号而不是双击元器件符号本身，系统弹出 Parameter Properties 对话框，如图 2-3-6 所示。

（2）单击 Color 旁的颜色块，可修改元器件标号的颜色；单击 Font 旁的 Times New Roman.10，系统弹出字体对话框，如图 2-3-7 所示，可以选择字体、字形和字号，选择完毕单击【确定】按钮，返回 Parameter Properties 对话框，单击【OK】按钮，修改完毕。

对元器件标注的显示属性进行编辑操作，其过程与上述步骤相同。

图 2-3-6　Parameter Properties 对话框

图 2-3-7　字体对话框

2.3.2　编辑导线属性

双击任意导线，系统弹出 Wire 属性对话框，如图 2-3-8 所示。

单击 Color 旁的颜色块，可以修改导线颜色。

单击 Wire Width 旁的下拉菜单按钮，可选择导线的粗细，共有四个选项：Smallest（最细）、Small（细）、Medium（中粗）和 Large（最粗）。

2.3.3　全局编辑

全局编辑功能在原理图修改中非常方便，下面通过几个实例介绍全局编辑功能的操作方法，其他参数的全局编辑可参照这些方法进行。

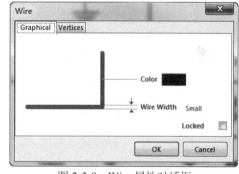

图 2-3-8　Wire 属性对话框

1．元器件属性的全局编辑

【例 2.5】 将图 2-2-1 中所有电阻的封装改为 AXIAL-0.3。

① 将鼠标指针移至 R1 电阻符号上并右击，在弹出的菜单中选择 Find Similar Objects，系统弹出 Find Similar Objects 对话框，在对话框中单击 Current Footprint 栏目右侧的 Any，Any 右侧出现一个下拉菜单按钮，从中选择匹配条件为 Same，同时选中 Select Matching 前的复选框，如图 2-3-9 所示。

② 单击【Apply】按钮后再单击【OK】按钮，系统弹出 SCH Inspector 对话框，如图 2-3-10 所示，将其中的 AXIAL-0.4 改为 AXIAL-0.3，然后按【Enter】键，再关闭 SCH Inspector 对话框。

③ 此时只有符合条件的对象（本例中为电阻）被选中，电路图的其他对象变为掩膜状态，如图 2-3-11 所示。

④ 单击屏幕右下角的【Clear】按钮，清除掩膜状态，使窗口显示恢复正常。

检查电路中的电阻，每个电阻的封装都变成了 AXIAL-0.3。

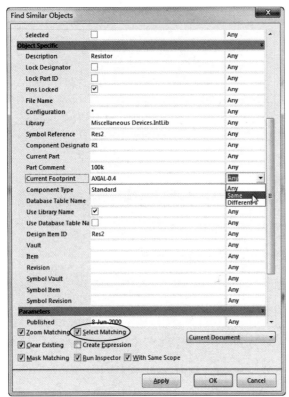

图 2-3-9　Find Similar Objects 对话框

图 2-3-10　SCH Inspector 对话框

2．字符属性的全局编辑

【例 2.6】　将图 2-2-1 中所有元器件标号的字号改为 14，字形为斜体。

① 将鼠标指针移至任意元器件标号上并右击，在弹出的菜单中选择 Find Similar Objects 选项，系统弹出 Find Similar Objects 对话框，在 Font 栏目中选择匹配条件为 Same，如图 2-3-12 所示。

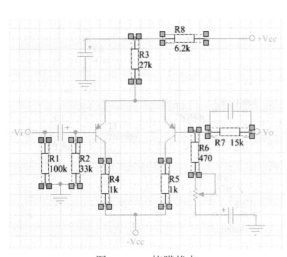

图 2-3-11　掩膜状态

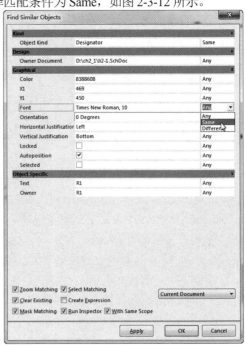

图 2-3-12　Find Similar Objects 对话框

② 单击【Apply】按钮后再单击【OK】按钮，系统弹出 SCH Inspector 对话框，如图 2-3-13 所示，单击 Font 右侧【…】按钮，系统弹出字体对话框，如图 2-3-14 所示。

③ 在字形中选择"斜体"，在大小中选择"14"，单击【确定】按钮返回 SCH Inspector 对话框后将其关闭。

④ 此时所有元器件标号的字体变为斜体，字号变为 14，整个电路图变成掩膜状态，单击屏幕右下角的【Clear】按钮清除掩膜状态，使窗口显示恢复正常。

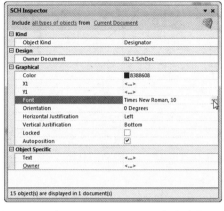

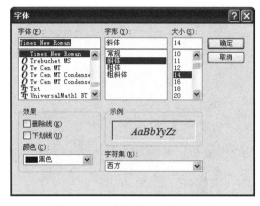

图 2-3-13　在 SCH Inspector 对话框中选择 Font　　　　图 2-3-14　在字体对话框中设置

2.4　创建元器件清单和原理图打印

2.4.1　创建元器件清单

元器件清单主要用于管理一个电路或一个项目中的所有元器件符号，包括元器件符号名称、标号、标注、封装等内容。

【例 2.7】　根据图 2-2-1 产生元器件清单，清单中的栏目和显示顺序为 LibRef（元器件符号名称）、Designator（元器件标号）、Comment（元器件标注）、Footprint（元器件封装）、Quantity（数量）。具体操作步骤如下。

① 打开图 2-2-1 所在原理图文件。

② 执行菜单命令 Reports → Bill of Materials，弹出 Bill of Materials 对话框，如图 2-4-1 所示。

扫码看视频

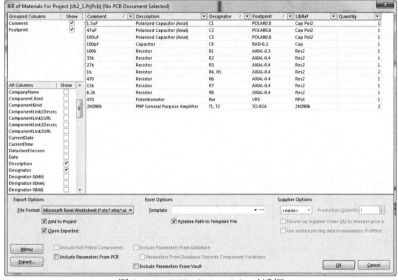

扫码看原图

图 2-4-1

图 2-4-1　Bill of Materials 对话框

在图 2-4-1 中，元器件清单中的栏目是 Comment、Description（元器件描述）、Designator、Footprint、LibRef、Quantity。与要求相比，目前的显示栏目中多了 Description，显示顺序也与要求不同。

③ 改变列表中的显示栏目。在列表中去掉 Description。

在 Bill of Materials 对话框的左侧 All Columns 区域中去掉 Description 后面的√。改变后的元器件清单如图 2-4-2 所示。

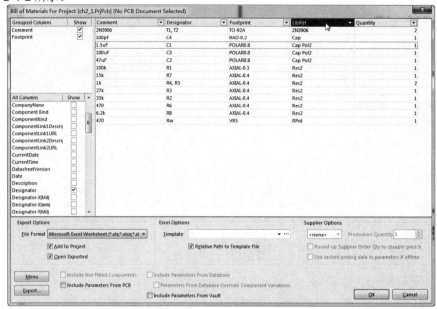

图 2-4-2

图 2-4-2　修改显示项目后的元器件清单

如果要增加显示项目，只需在 All Columns 区域中勾选相应项目即可。

④ 改变显示栏目的顺序。在图 2-4-2 所示 LibRef 栏目名称上按住鼠标左键（如图 2-4-2 中箭头所指）向左移动，直到代表栏目位置的上下箭头出现在列表栏目名称的最左端，如图 2-4-3 中的上下箭头所示，松开鼠标左键即可，其他栏目的显示顺序可按此方法进行调整。

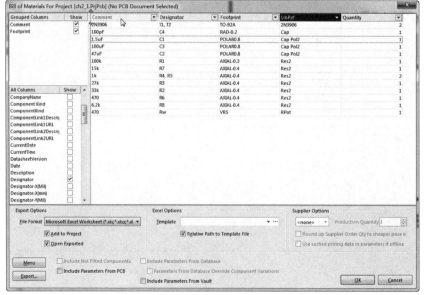

图 2-4-3

图 2-4-3　修改项目的显示顺序

调整后的元器件清单如图 2-4-4 所示。

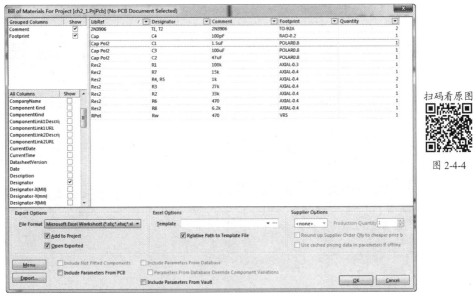

扫码看原图

图 2-4-4

图 2-4-4　调整后的元器件清单

⑤ 元器件清单的后处理。单击图 2-4-1 中的【Menu】按钮，在弹出的快捷菜单中选择 Report，预览元器件清单，如图 2-4-5 所示。

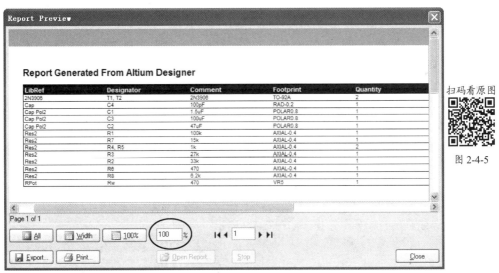

扫码看原图

图 2-4-5

图 2-4-5　元器件清单预览

修改图 2-4-5 中的百分比，可改变显示比例。修改方法：直接输入百分比数值，然后按【Enter】键。

单击图 2-4-5 中的【Close】按钮，关闭预览。

在图 2-4-1 中选中 Add to Project 选项和 Open Exported 选项后，单击【Export...】按钮，保存元器件清单的同时将其在 Excel 中打开，如图 2-4-6 所示。

⑥ 单击【OK】按钮，关闭图 2-4-1 对话框。

此时元器件清单加入原理图所在项目中，如图 2-4-7 所示。

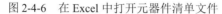

LibRef	Designator	Comment	Footprint	Quantity
Cap Pol2	C1	1.5uF	POLAR0.8	1
Cap Pol2	C2	47uF	POLAR0.8	1
Cap Pol2	C3	100uF	POLAR0.8	1
Cap	C4	100pF	RAD-0.2	1
Res2	R1	100k	AXIAL-0.4	1
Res2	R2	33k	AXIAL-0.4	1
Res2	R3	27k	AXIAL-0.4	1
Res2	R4, R5	1k	AXIAL-0.4	2
Res2	R6	470	AXIAL-0.4	1
Res2	R7	15k	AXIAL-0.4	1
Res2	R8	6.2k	AXIAL-0.4	1
RPot	Rw	470	VR5	1
2N3906	T1, T2	2N3906	TO-92A	2

图 2-4-6　在 Excel 中打开元器件清单文件

图 2-4-7　元器件清单加入项目中

2.4.2　原理图打印

【例 2.8】　打印图 2-2-1 所示电路图。

1. 页面设置

执行菜单命令 File → Page Setup，系统弹出 Schematic Print Properties 原理图打印属性对话框，如图 2-4-8 所示。

"Printer Pager"区域：打印纸张设置。

● Size：设置打印纸张尺寸。

● Portrait：垂直方向打印。

● Landscape：水平方向打印。

"Scaling"区域：打印比例设置。

● Scale Mode：打印比例选择。主要包括 Fit Document On Page（自动充满页面）和 Scaled Print（设置打印比例）。

● Scale：如果在 Scale Mode 中选择了 Scaled Print，则需要在 Scale 中输入具体比例。

"Corrections"区域：设置缩放比例。

如果在 Scale Mode 中选择了 Scaled Print，则需要在 Correction 中输入具体缩放比例。缩放比例需在 X 和 Y 之后的文本框中分别输入。

"Margins"区域：用于设置页边距。

"Color Set"区域：打印颜色设置。包括 Mono（单色打印）、Color（彩色打印）和 Gray（灰度打印）。

2. 打印预览

在图 2-4-8 中单击【Preview】按钮，或在原理图编辑器界面执行菜单命令 File → Printer Preview，系统显示打印预览效果，如图 2-4-9 所示。

图 2-4-8　Schematic Print Properties 原理图打印属性对话框

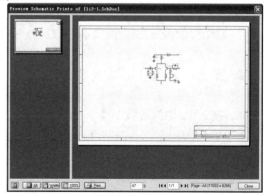

图 2-4-9　原理图打印预览

3．打印设置

在图2-4-9中单击【Print】按钮，或在原理图编辑器界面执行菜单命令 File → Printer，系统弹出打印设置对话框，如图2-4-10所示。

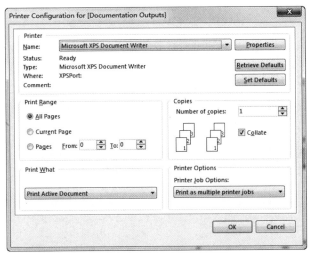

图2-4-10 打印设置对话框

"Printer"区域：打印机设置。

● Name：选择打印机名称。

● 【Properties】按钮：单击该按钮，进行打印机属性设置。

"Print Range"区域：打印页数设置。包括 All Pages（全部打印）、Current Page（打印当前页）和 Pages（打印指定页）。

"Copies"区域：设置打印份数。

4．打印

设置完毕后在图2-4-10中单击【OK】按钮打印。

2.5 在原理图中快速查找元器件符号和网络连接

在绘制原理图过程中，有时需要分门别类地查看某些内容，如图中已放置了哪些元器件符号，这些元器件符号的标号如何等。对于这些要求，如果在整张原理图中逐一查找，显然不现实。而且如果要在一张图幅很大、元器件很多的电路图中迅速查找某一个元器件符号，单纯通过放大和移动画面的方法既费时又费力。

为此 Altium Designer 中的 Navigator 导航面板提供了快速、简单、有效地分类查找方法。

2.5.1 快速查找元器件符号

① 在一个工程项目中打开一个已经绘制完毕的原理图文件。

② 单击屏幕右下方的 Design Compiler，在弹出的快捷菜单中选择 Navigator 选项，调出 Navigator 导航面板，如图2-5-1所示。

③ 在导航面板中显示原理图中的所有元器件符号和连接。Instance 的区域显示原理图中所有元器件的标号和标注等，Net/Bus 的区域显示原理图中所有网络连接。

在图2-5-1元器件标号列表区域中单击要查找的元器件标号如 C1，则 C1 显示在工作窗口，其他元器件符号则呈掩膜状态，如图2-5-2所示。

④ 单击工作窗口右下角的【Clear】按钮，清除掩膜状态。

2.5.2　快速查找网络连接

查找网络连接的方法与查找元器件符号的方法相同。

① 按照快速查找元器件符号的方法调出 Navigator 导航面板。

② 在 Net/Bus 的区域中单击要查找的网络名称如 GND，则 GND 网络的连接情况显示在工作窗口，其他元器件符号和网络则呈现掩膜状态，如图 2-5-3 所示。

③ 单击工作窗口右下角的【Clear】按钮，可清除掩膜状态。

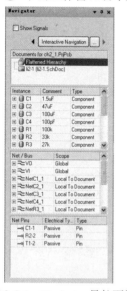

扫码看原图

图 2-5-1

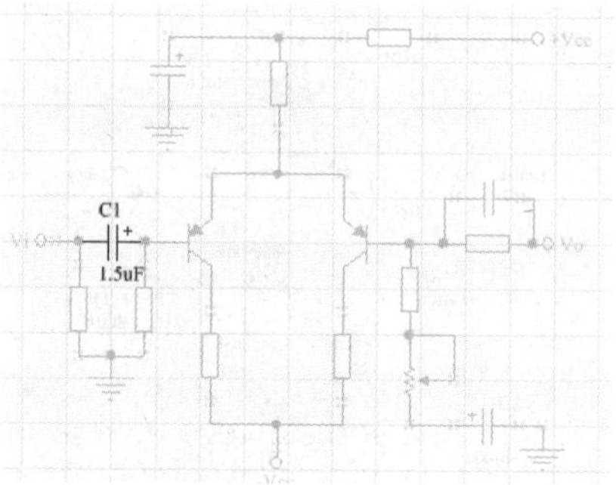

图 2-5-2　显示 C1

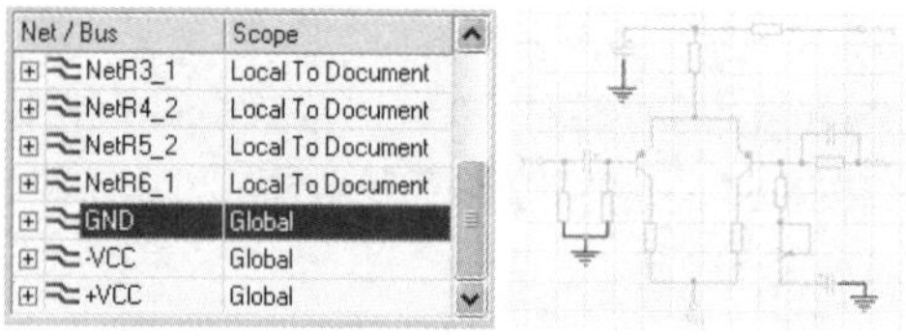

图 2-5-1　Navigator 导航面板

图 2-5-3　显示 GND 网络

2.6　在元器件符号库中查找元器件符号

Altium Designer 中元器件库众多，而且元器件符号的名称多数是使用者不熟悉的，在绘制原理图时怎样快速查找到这些符号是使用者经常遇到的问题。本节介绍两种经常用到的查找方法，精确查找和模糊查找。

2.6.1　精确查找

精确查找即通过已知符号名称进行查找。

【例 2.9】　查找元器件符号 EP3C5F256C7，并将其放置到原理图中。

① 打开一个原理图文件。

② 打开 Libraries 面板，单击面板上【Search】按钮，系统弹出 Libraries Search 对话框，如图 2-6-1 所示。

③ 在对话框上部文本框中输入要查找的元器件符号名称，如 EP3C5F256C7，如图 2-6-1 所示，在查找符号类型 Search In 右侧的下拉菜单按钮中选择 Components，在查找范围中选择 Libraries on path，即在右侧 Path 区域设置的路径中查找，在 Path 区域中选中 Include Subdirectories（所有子文件夹）复选框。

④ 单击【Search】按钮系统开始查找，查找结果在 Libraries 面板中显示，如图 2-6-2 所示。图 2-6-2 中显示查找到两个符号 EP3C5F256C7 和 EP3C5F256C7N，符号在 Altera Cyclone III.IntLib 元器件库中。

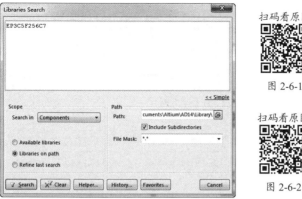

扫码看原图

图 2-6-1　Libraries Search 对话框

图 2-6-2　查找结果

⑤ 单击【Place EP3C5F256C7】按钮，如果该元器件符号所在元器件库尚未加载，则系统弹出询问是否加载该符号所在元器件库的 Confirm 对话框，如图 2-6-3 所示，单击【Yes】按钮加载该元器件库并将符号放置到原理图中。

2.6.2　模糊查找

Altium Design 支持模糊查找。例如，在图 2-6-1 所示对话框中，可将 EP3C5F256C7 改为输入*3C*C7，即将多数字符以通配符"*"代替，如图 2-6-4 所示为搜索结果。这样可使查找变得简单。

从图 2-6-4 中可以看出查找结果范围变大，列表中显示所有名称中包括 3C 和 C7 的元器件符号，从中找出所需符号即可。

扫码看原图

图 2-6-4

图 2-6-3　Confirm 对话框

图 2-6-4　模糊查找结果

2.1　绘制如题图 2-1 所示电路图，元器件属性如题表 2-1 所示。

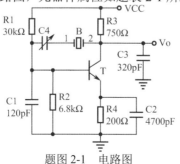

题图 2-1　电路图

题表 2-1　题图 2-1 元器件符号属性列表

Design Item ID（元器件名称）	Designator（元器件标号）	Comment（元器件标注）	Footprint（元器件封装）
Res2	R1	30kΩ	默认
Res2	R2	6.8kΩ	默认
Res2	R3	750Ω	默认
Res2	R4	200Ω	默认
Cap	C1	120pF	默认
Cap	C2	4700pF	默认
Cap	C3	320pF	默认
Cap Var	C4		默认
QNPN	T		默认
XTAL	B		默认
所有元器件符号均在 Miscellaneous Devices.IntLib 中			

2.2　绘制如题图 2-2 所示电路图，元器件属性如题表 2-2 所示。

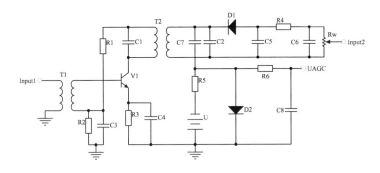

题图 2-2　电路图

题表 2-2　题图 2-2 元器件属性列表

Design Item ID（元器件名称）	Designator（元器件标号）	Comment（元器件标注）	Footprint（元器件封装）
Res2	R1、R2、R3、R4、R5、R6		默认
Cap	C1、C2、C3、C4、C5、C6、C7、C8		默认
Trans	T1、T2		默认
Diode	D1、D2		默认
RPot	Rw		默认
QNPN	V1		默认
Battery	U		默认
所有元器件符号均在 Miscellaneous Devices.IntLib 中			

2.3　绘制如题图 2-3 所示电路图，元器件属性如题表 2-3 所示。

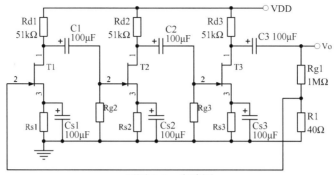

题图 2-3 电路图

题表 2-3 题图 2-3 元器件属性列表

Design Item ID（元器件名称）	Designator（元器件标号）	Comment（元器件标注）	Footprint（元器件封装）
Res2	Rd1	51kΩ	默认
Res2	Rd2	51kΩ	默认
Res2	Rd3	51kΩ	默认
Res2	Rs1		默认
Res2	Rs2		默认
Res2	Rs3		默认
Res2	Rg1	1MΩ	默认
Res2	Rg2		默认
Res2	Rg3		默认
Res2	R1	40Ω	默认
Cap Pol2	C1、C2、C3、Cs1、Cs2、Cs3	100μF	默认
JFET-N	T1、T2、T3		默认
所有元器件符号均在 Miscellaneous Devices.IntLib 中			

2.4 绘制如题图 2-4 所示电路图，元器件属性如题表 2-4 所示。

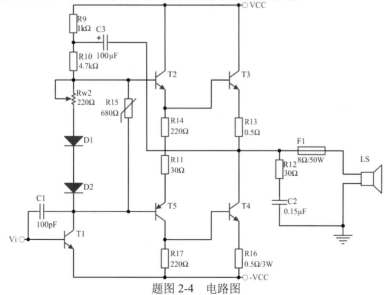

题图 2-4 电路图

题表 2-4　题图 2-4 元器件属性列表

Design Item ID （元器件名称）	Designator （元器件标号）	Comment （元器件标注）	Footprint （元器件封装）
Res2	R9	1kΩ	默认
Res2	R10	4.7kΩ	默认
Res2	R11	30Ω	默认
Res2	R12	30Ω	默认
Res2	R13	0.5Ω	默认
Res2	R14	220Ω	默认
Res2	R16	0.5Ω/3W	默认
Res2	R17	220Ω	默认
Cap	C1	100pF	默认
Cap	C2	0.15μF	默认
Cap Pol2	C3	100μF	默认
2N3904	T1、T2、T3、T4		默认
2N3906	T5		默认
Diode	D1、D2		默认
RPot	Rw2	220Ω	默认
Fuse 1	F1	8Ω/50W	默认
Speaker	LS		默认
Res Varistor	R15	680Ω	默认
所有元器件均在 Miscellaneous Devices.IntLib 中			

第3章 原理图元器件符号编辑

知识目标：掌握创建元器件符号库的方法；熟悉元器件符号编辑器界面；掌握元器件符号绘制方法；掌握为元器件符号添加封装的方法；掌握多部件元器件符号绘制的方法。

技能目标：能够在项目中创建元器件符号库；能够认识元器件符号编辑器界面的各种标签和按钮；能够绘制元器件符号；能够为元器件符号添加封装模型；能够绘制多部件元器件符号；能够将自己绘制的元器件符号应用到项目中。

思政目标：培养学生敢于尝试的学习态度，鼓励学生在解决问问题过程中要用到发散思维，引导学生养成严谨细致、注重细节的操作习惯。坚持党对教育事业的全面领导，坚持把立德树人作为根本任务，坚持以人民为中心发展教育，坚持把服务中华民族伟大复兴作为教育的重要使命。

本章主要介绍在 Altium Designer 中如何对原理图中的元器件符号进行编辑，同时还介绍了元器件集成库的相关概念和使用方法。

3.1 原理图元器件符号库、集成库概念

电路原理图是由众多元器件符号连接而成的。在 Altium Designer 中，原理图中的元器件符号通过元器件库的形式进行分类管理，这样做有利于用户快捷准确地定位所需要的原理图元器件符号。

在 Altium Designer 中，后缀是 SchLib 的文件为原理图元器件符号库文件。

由于绘制电路原理图的过程中通常需要用到大量的原理图元器件符号，其中很多原理图元器件符号是通用的，所以在 Altium Designer 中提供了一种名为元器件集成库的库文件供用户使用。集成库中一般包含了元器件的符号、PCB 封装和仿真模型。

在 Altium Designer 中，后缀是 IntLib 的文件为元器件集成库文件。

3.2 库文件包和元器件符号库

Altium Designer 中，集成库是通过编译原理图元器件符号库和 PCB 封装库生成的。集成库文件的创建过程首先是创建库文件包，在库文件包内添加原理图元器件符号库和 PCB 封装库，然后编译库文件包，编译后生成集成库文件。

3.2.1 创建库文件包

1．创建库文件包

执行菜单命令 File → New → Project，弹出如图 3-2-1 所示的 New Project 对话框。在对话框的 Project Types 下的列表中选择 Integrated Library。

在 New Project 对话框中的 Name 文本框中输入要创建的库文件包的名称，本例应用"New_Integrated_Library"作为库文件包的名称，然后在 Location 文本框中确定库文件包所存储的路径，本例应用"E:\Altium Designer 原理图与 PCB 设计"作为库文件包的存储路径，其他选项采用默认设置，如图 3-2-2 所示。设置完成后，单击【OK】按钮完成创建。

2．在库文件包中添加元器件符号库文件

这部分内容主要解决怎样将已有的原理图库文件和 PCB 库文件添加到库文件包中。

注：在进行下列操作之前，计算机中应事先存有相应的原理图库文件（后缀为 SchLib）和 PCB 库文件（后缀为 PcbLib）。

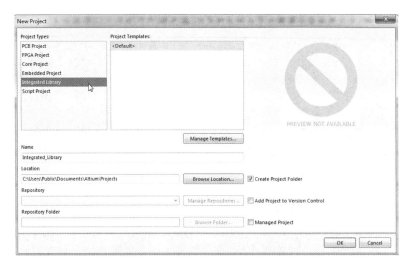

图 3-2-1

图 3-2-1　New Project 对话框

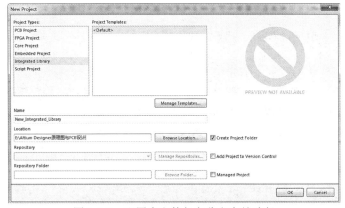

图 3-2-2　配置库文件包名称和存储路径

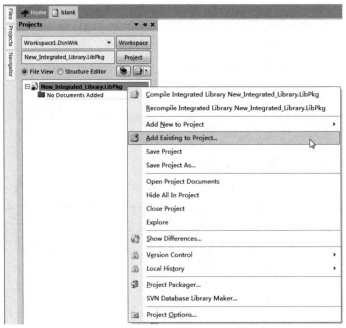

图 3-2-3　向工程添加库文件

如图 3-2-3 所示，在左侧的工程目录中右击工程名"New_Integrated_Library. LibPkg"，在弹出的菜单中选择"Add Existing to Project"项，弹出如图 3-2-4 所示的对话框。

图 3-2-4　选择文件添加至工程

单击对话框右下角的下拉菜单按钮，选择"All files(*.*)"选项，如图 3-2-5 所示。此时会出现如图 3-2-6 所示的对话框。在对话框中选择原理图库文件"power_amp.SCHLIB"和 PCB 库文件"电机控制电平转换板.PcbLib"，单击【打开】按钮即可向库文件包中添加库文件。添加文件后，工程组织形式如图 3-2-7 所示。

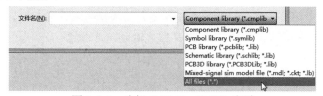

图 3-2-5　选择"All files(*.*)"选项

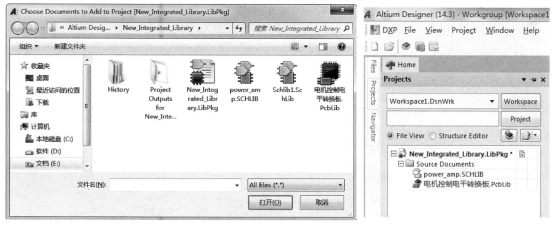

图 3-2-6　选择"All files(*.*)"后对话框　　　图 3-2-7　向库文件包添加库文件后
工程组织形式

3.2.2　直接在项目中创建元器件符号库

这部分内容主要解决怎样在库文件包中创建新的元器件符号库。

创建新的库文件包后，执行菜单命令 File → New → Library → Schematic Library 创建原理图元器件库文件，创建文件后的工程目录结构如图 3-2-8 所示。这样就在库文件包中添加了一个空白的原理图元器件库文件。文件名采用系统默认的名称"Schlib1.SchLib"。

执行菜单命令 File → New → Library → PCB Library 创建 PCB 库文件，创建文件后的工程目录结构如图 3-2-9 所示。这样就在库文件包中添加了一个空白的 PCB 库文件。文件名采用系统默认的名称"PcbLib1.PcbLib"。

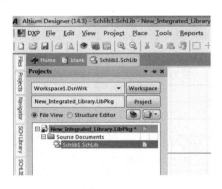
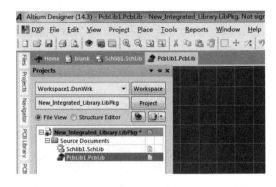

图 3-2-8　创建原理图元器件库文件后工程目录结构　　图 3-2-9　创建 PCB 库文件后工程目录结构

3.3　元器件符号编辑器

3.3.1　工作窗口

创建原理图元器件符号库后，自动弹出原理图元器件符号编辑窗口。如果工作窗口是关闭状态的，可以在工程标签中双击图 3-2-8 所示的文件"Schlib1.SchLib"，打开如图 3-3-1 所示的原理图元器件符号编辑窗口。

扫码看原图

图 3-3-1

图 3-3-1　原理图元器件编辑窗口

工作窗口中黑线的交叉点为坐标原点（0,0），默认栅格大小是 10 个单位，如图 3-3-2 所示。图中，鼠标指针所处的位置就是坐标原点，坐标及栅格大小在软件界面的左下角给出。

在绘制原理图元器件符号的过程中应注意，在同一个工作窗口下任何位置绘制的符号均属于同一个元器件。

3.3.2　SCH Library 面板

在创建原理图元器件符号库后，在软件左侧的标签栏中多出一项 SCH Library 标签，如图 3-3-3

所示。在该标签中可以对符号库中的元器件进行管理和相关参数的编辑。

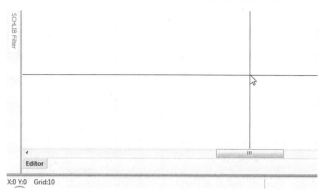

图 3-3-2　编辑窗口中的坐标原点

单击 SCH Library 标签，弹出如图 3-3-4 所示的 SCH Library 面板。面板主要分为五个区域，分别是 Components 区域、Alias 区域、Pins 区域、Model 区域和 Supplier 区域。

（1）Components 区域主要用来管理和编辑库文件中的元器件符号。

（2）Alias 区域主要用来设置选中元器件符号的别名。

（3）Pins 区域主要用来管理和编辑当前元器件符号的管脚。

（4）Model 区域主要用来为当前元器件添加、删除和编辑封装或各种仿真模型。图 3-3-5 给出了 Model 区域可添加的模型。

Footprint 是元器件的 PCB 封装；PCB3D 是元器件的 PCB 三维视图；Simulation 是元器件的仿真模型；Ibis Model 是一种基于 V/I 曲线的对 I/O BUFFER 快速准确建模的方法，是反映芯片驱动和接收电气特性的一种国际标准，提供一种标准的文件格式来记录如驱动源输出阻抗、上升/下降时间及输入负载等参数，非常适合做振荡和串扰等高频效应的计算与仿真模型；Signal Integrity 是元器件的信号完整性模型。

（5）Supplier 区域用来添加、删除和管理元器件生产厂商、功能描述和售价等商用信息。

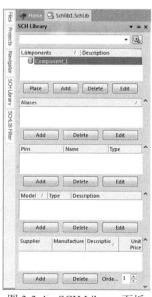

扫码看原图　　扫码看视频

图 3-3-4

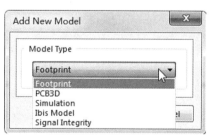

图 3-3-3　SCH Library 标签　　图 3-3-4　SCH Library 面板　　图 3-3-5　Model 区域可添加的模型

3.3.3 有关参数设置

在原理图元器件符号编辑窗口打开的情况下，执行菜单命令 Tools → Document Options 弹出如图 3-3-6 所示的 Library Editor Workspace 对话框。

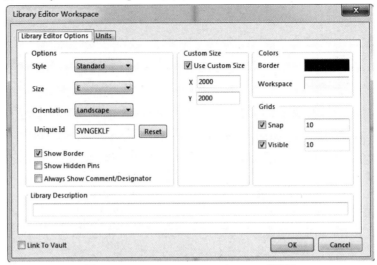

图 3-3-6　Library Editor Workspace 对话框

Library Editor Workspace 对话框中有两个标签，开启对话框后默认标签是 Library Editor Options。Library Editor Options 标签中共分为六个区域，分别是 Options 选项框、Custom Size 选项框、Colors 选项框、Grids 选项框和 Library Description 编辑框。

1. Options 选项框

（1）Style（图纸风格标准）。该项为文档图纸的风格选项，一般采用默认设置，即 Standard（国际标准）。该项还可以选择为美国国家标准，即 ANSI。

（2）Size（图纸尺寸大小）。该项为文档图纸的大小选项。该项的配置参数有"A4""A3""A2""A1""A0""A""B""C""D"和"E"等常用的图纸大小尺寸。软件还支持 OrCAD 的相关图纸尺寸大小。

（3）Orientation（图纸方向）。该项是设置图纸方向的选项。其中 Landscape 是横向图纸，Portrait 是纵向图纸。

（4）Unique Id（库的 ID 号）。该项一般由软件自动产生，该 ID 号类似于库的身份证信息，是一个唯一的编号。

（5）Show Border（显示边界）。该复选框的功能是显示文档的边界线。创建库文件后，该选项默认是选中的。

（6）Show Hidden Pins（显示隐藏的管脚）。该复选框的功能是显示元器件中具有隐藏属性的管脚。创建库文件后，该选项默认是不选的。

（7）Always Show Comment/Designator（总是显示）。该复选框的功能是总是显示元器件符号的注释和标号。创建库文件后，该选项默认是不选的。

2. Custom Size 选项框

该选项框中允许用户自行定义图纸的大小。如果选中复选框 Use Custom Size，则在 X 与 Y 编辑框中就可以定义图纸大小了。创建库文件后，该选项默认是选中的，X 和 Y 的值均为 2000。

3. Colors 选项框

在该选项框中，用户可以自行定义边框和工作区的颜色。

4．Grids 选项框

该选项框的功能是设置捕获栅格和可视栅格的大小。选中 Snap 和 Visible 复选框后就可以进行编辑了。捕获栅格和可视栅格的默认值均为 10。

5．Library Description 编辑框

用户可以在 Library Description 编辑框中添加对库的相关描述和注释信息。

Library Editor Workspace 对话框中 Unit 标签的功能是确定绘制图纸时所用的单位。如图 3-3-7 所示，在 Unit 标签中主要分为两部分，Imperial Unit System 是英制单位系统，Metric Unit System 是公制单位系统。

如果选择了 Use Imperial Unit System 复选框，则原理图元器件库的绘制单位为英制单位。在 Imperial unit used 下拉菜单中选择所需要的英制单位，图 3-3-8 给出了可用的英制单位。其中 Mils 为千分之一英寸，Inches 为英寸，Dxp Defaults 为软件系统定义的英制单位（Mils 或 Inches），Auto-Imperial 为单位由软件自动选择。该值默认为 Dxp Defaults。若选择英制单位为绘图的基本单位，则一般选择 Mils 作为绘图单位。公制与英制单位的转换关系为 100mils=2.54mm。

如果选择了 Use Metric Unit System 复选框，则原理图元器件库的绘制单位为公制单位。在 Metric unit used 下拉菜单中选择所需要的公制单位，图 3-3-9 给出了可用的公制单位。其中 Millimeters 为毫米，Centimeters 为厘米，Meters 为米，Auto- Metric 为单位由软件自动选择。该值默认为 Millimeters。

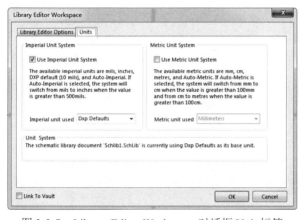

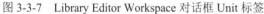

图 3-3-7　Library Editor Workspace 对话框 Unit 标签

图 3-3-8　可用的英制单位选项

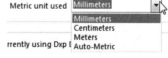

图 3-3-9　可用的公制单位选项

Library Editor Workspace 对话框左下角有一个 Link To Vault 复选框，该复选框的功能是让用户连接腾云公司的设计数据管理系统。Altium 的 Vault 可以存放标准化的统一元器件库，也可以存放特定功能的原理图模块，并且都具备版本及生命周期管理的功能。通过 Altium Designer 及 Vault 的无缝连接可以为用户轻松实现这些功能。Altium 数据保险库通过严格的版本控制，实现可追溯性并记录使用信息（where-used）；可以通过设计复用缩短设计周期；同时在设计过程中采用智能的供应链信息降低风险，避免设计完成后再进行修改而付出高昂代价。

3.4　元器件符号绘制

创建原理图元器件符号库后，软件默认在库文件中建立一个名称为 Component_1 的元器件，如图 3-4-1 所示。本例将新建的元器件符号命名为"24C02"，形状为矩形，管脚共有 8 个，24C02 的元器件外观如图 3-4-2 所示。

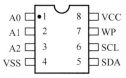

图 3-4-1　元器件库中默认元器件 Component_1　　　　图 3-4-2　芯片 24C02 元器件外观

在上述条件基础上执行菜单命令 Tools → New Component 或通过在图 3-4-1 中单击【Add】按钮弹出 New Component Name 对话框，如图 3-4-3 所示。在对话框中输入新建的元器件符号的名称"24C02"，单击【OK】按钮即可创建一个新的元器件符号。创建后，SCH Library 面板如图 3-4-4 所示。

在空白的工作区中执行菜单命令 Place → Rectangle 或单击 Utilities 工具栏上 Place 图标按钮，如图 3-4-5 所示，在下拉的菜单中选择 Place Rectangle 图标按钮，如图 3-4-6 所示。此时鼠标指针变为十字形，并在指针上附着一个 5×5（电气栅格）的矩形图形，如图 3-4-7 所示。放置矩形外形的元器件符号时需要确定矩形的两个对角顶点坐标。首先确定左下角顶点的位置，如图 3-4-8 所示，在合适的位置上（一般选择工作区的中心位置，即工作区十字线附近）单击确定顶点位置。此时十字形指针跳转到矩形形状的对角顶点上。由于本例需要绘制的元器件的管脚有 8 个，故矩形大小选择 6×6（电气栅格）即可容纳所有管脚。拖曳鼠标指针，观察矩形大小满足 6×6（电气栅格）之后，单击确定对角顶点，此时鼠标指针还是十字形，并附着矩形图形，如图 3-4-9 所示。这是为了方便用户继续编辑元器件符号，如果此时已经完成了元器件符号的外形绘制，单击鼠标右键取消编辑即可。

图 3-4-3　New Component Name
对话框

图 3-4-4　新建元器件符号后
SCH Library 面板

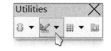

图 3-4-5　Utilities 工具栏上
的 Place 图标按钮

元器件外形轮廓绘制完毕后进行放置引脚的操作。执行菜单命令 Place→Pin 或单击 Utilities 工具栏 Place 图标按钮下拉选择框中的 Place Pin 图标按钮，如图 3-4-10 所示。此时鼠标指针变为十字形，并附着编号为 0 的元器件管脚，如图 3-4-11 所示。

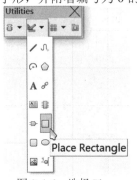

图 3-4-6　选择 Place
Rectangle 图标按钮

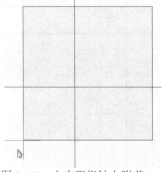

图 3-4-7　十字形指针上附着 5×5
矩形图形

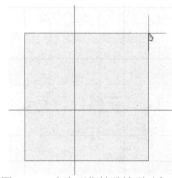

图 3-4-8　十字形指针跳转到对角顶
点上

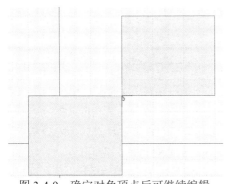
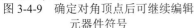

图 3-4-9　确定对角顶点后可继续编辑
元器件符号

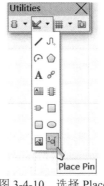

图 3-4-10　选择 Place
Pin 图标按钮

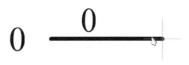

图 3-4-11　附着元器件管脚的
十字形指针

需要注意的是，元器件管脚的两端，一端带有十字形的指针，另一端带有数字序号 0。带有十字形指针的一端具有电气连接特性，在原理图绘制过程中可以连接导线，带数字序号的另一端则不具有电气特性，无法连接导线。因此，在放置引脚过程中，一定要注意带有十字形指针的一端应指向外侧。

按快捷键【X】将附着管脚的十字形鼠标指针水平翻转，再按【Tab】键调出如图 3-4-12 所示的管脚属性对话框。在对话框中的 Display Name 属性中按照图 3-4-2 所示的管脚顺序输入第一个管脚的名称"A0"，在 Designator 属性中输入管脚序号"1"，单击【OK】按钮进行确认，确认后的管脚变为如图 3-4-13 所示的样式。

移动鼠标指针至如图 3-4-14 的位置，单击放置管脚。管脚放置完毕后，鼠标指针仍为十字形，并附着管脚，其序号自动加 1。由于管脚名称的最后一个字符是数字（管脚名称为 A0），则管脚名称上的数字也自动加 1，如图 3-4-15 所示，这样可以省去编辑管脚名称的操作。依次放置管脚 2 和管脚 3，如图 3-4-16 所示。放置管脚 4 的时候，需要采用编辑管脚 1 名称的方法修改管脚 4 的名称为 VSS，然后放置管脚 4。采用上述方法依次放置管脚 5 至管脚 8，如图 3-4-17 所示。放置完毕后，单击鼠标右键取消放置管脚状态。管脚的属性编辑界面也可以在放置管脚后，双击相应管脚调出。

图 3-4-12　管脚属性对话框

扫码看原图　　扫码看视频

图 3-4-12

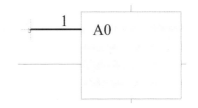

图 3-4-13　修改管脚属性后鼠标指针样式

图 3-4-14　在图示的位置放置管脚

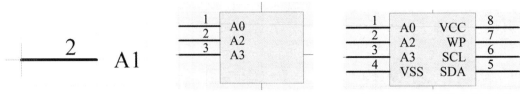

图 3-4-15 管脚名称最后一个   图 3-4-16 依次放置   图 3-4-17 元器件管脚放置完毕

字符自动加 1   管脚 2 和管脚 3

管脚放置完毕后，单击"SCH Library"标签，然后双击芯片 24C02 或选中芯片 24C02 后单击【Edit】按钮弹出如图 3-4-18 所示的 Library Component Properties 对话框。在对话框的 Default Designator 文本框中输入"U?"。此文本框中的内容说明了芯片默认的标识，由于芯片在原理图中一般以 U 来标识，故此处应输入"U?"。在 Default Comment 编辑框中输入"24C02"。此编辑框中的内容为芯片的具体信号说明。这两个编辑框中的内容属性均是可见的（Visible 复选框被选中）。编辑完成后，单击【OK】按钮进行确认。

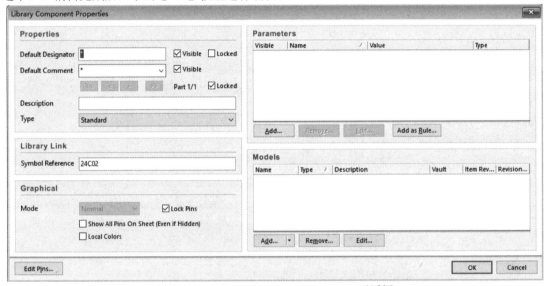

图 3-4-18 Library Component Properties 对话框

至此，元器件 24C02 绘制完毕。若要在原理图中放置该元器件，只需在"SCH Library"标签中选中该元器件，再单击【Place】按钮即可将该元器件放置到原理图中。

3.5 从其他库文件中复制元器件符号

如果要对已有元器件库中元器件符号进行修改，最好将其复制到另外的元器件库中或在同一个库中新建另一个画面。本节主要介绍从其他库文件中复制元器件符号的操作，复制完成后再根据要求进行修改。

单击打开图标按钮，如图 3-5-1 所示。在弹出的 Choose Document to Open 对话框中选择一个原理图库文件。这里选择了一个笔者计算机上的原理图库文件，如图 3-5-2 所示。单击【打开】按钮打开名为 89C51_StartKit 的原理图库文件。

图 3-5-1 单击打开图标按钮

扫码看原图

图 3-5-2

图 3-5-2　Choose Document to Open 对话框

　　单击"SCH Library"标签，在元器件列表中选择名称为 74LVC1G74DP 的元器件，如图 3-5-3 所示。此时库文件界面显示 74LVC1G74DP 的原理图封装形式，如图 3-5-4 所示。利用【Ctrl】+【A】组合键全选元器件 74LVC1G74DP 的原理图符号，再利用【Ctrl】+【C】组合键执行复制操作。切换至前面所建的原理图库文件 Schlib1.SchLib，单击"SCH Library"标签，在元器件列表中选择名称为"Component_1"的元器件，如图 3-5-5 所示。利用【Ctrl】+【V】组合键执行粘贴操作，此时鼠标指针变为十字形，并附着 74LVC1G74DP 的原理图符号，如图 3-5-6 所示。在合适的位置单击放置 74LVC1G74DP 元器件符号，至此完成从其他原理图库中复制原理图元器件符号的操作，如图 3-5-7 所示。复制后，再进行其他编辑即可。

图 3-5-3　选择"74LVC1G74DP"

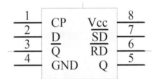

图 3-5-4　74LVC1G74DP 元器件的原理图封装

图 3-5-5　选择"Component_1"

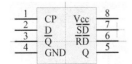

图 3-5-6　十字形指针附着元器件原理图封装　　图 3-5-7　放置复制的 74LVC1G74DP 的原理图元器件符号

　　本例中元器件的管脚 3、6 和 7 的字符上端有一条横线，意味着这些信号都是低电平有效。74LVC1G74DP 是单 D 触发器带异步置位和复位端。元器件的管脚 3 为反向输出端，管脚 6 为异步复位端，管脚 7 为异步置位端。下面对这种低电平有效的管脚画法做简要介绍。

在绘制元器件 74LVC1G74DP 管脚 3 时，执行菜单命令 Place → Pin，鼠标指针变为十字形并附着管脚，按【Tab】键弹出 Pin Properties 对话框，在对话框的 Designator 文本框中输入数字"3"，在 Display Name 文本框中输入"Q\"，如图 3-5-8 所示。此时，Q 字符的上端就出现一条横线，然后在适当的位置放置管脚即可。管脚 6 和管脚 7 的绘制也是如此。

如果仍要保持管脚名称字符的原样而显示出管脚是低电平有效的，可以为管脚后端添加符号。在图 3-5-8 中的 Display Name 文本框中输入"Q"，在 Symbols 框架内的 Outside Edge 选择菜单中选择 Dot，如图 3-5-9 所示，此时在管脚后端出现的圆圈表示低电平有效。参照此法将管脚 3、管脚 6 和管脚 7 均修改为后端加圆圈的形式，如图 3-5-10 所示。另外 74LVC1G74DP 为 D 触发器，触发器有时钟输入端 CP，如管脚 1，需要为管脚 1 添加时钟功能说明。双击图 3-5-10 中的管脚 1，弹出 Pin Properties 对话框，在 Symbols 框架内的 Inside Edge 选择菜单中选择 Clock，如图 3-5-11 所示，在管脚 1 的后端，芯片的内部多出一个三角形。此三角形说明该管脚为时钟输入端。图 3-5-12 为修改时钟管脚后的 74LVC1G74DP 元器件符号。

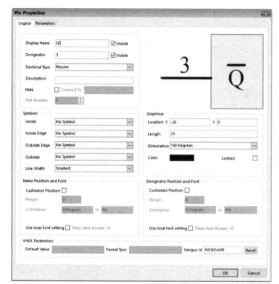

图 3-5-8　Pin Properties 对话框

图 3-5-9　为管脚后端添加圆圈

图 3-5-8

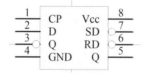

图 3-5-10　反向管脚均修改为后端为圆圈的形式

图 3-5-9

元器件的管脚还可以修改其长度。如在图 3-5-8 中，Graphical 框架下 Length 文本框中的 20 代表当前管脚长度为 20mil，此值可以根据需要进行修改。例如，将 74LVC1G74DP 的管脚修改为 30mil，效果如图 3-5-13 所示。

3.6　为元器件符号添加封装模型

第 2 章曾经介绍 Altium Designer 中原理图元器件符号有四个主要属性，其中之一是元器件封装，这是一个与 PCB 板图设计有关的属性，一般在绘制原理图放置元器件符号时进行设置，本节内容就是为在上一节绘制的元器件符号添加封装模型。

关于封装的概念和有关绘制的内容将分别在第 6 章和第 9 章中介绍，这里不再赘述。

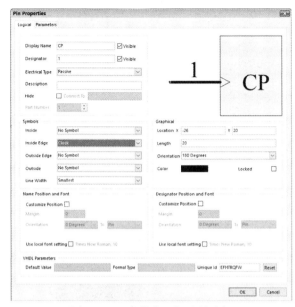

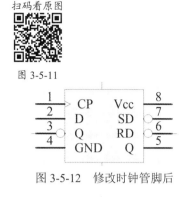

图 3-5-11

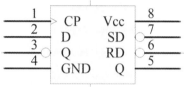

图 3-5-12　修改时钟管脚后

图 3-5-11　为管脚添加时钟功能

图 3-5-13　将管脚长度修改为 30mil 后

3.6.1　元器件封装与原理图符号的关系

元器件原理图符号只是该元器件的功能性说明符号，有时为了绘制原理图方便，元器件的管脚顺序可以根据需要随意改变。如图 3-6-1 所示，a 图为 ATMEL 官方给出的 51 单片机符号，b 图为自行绘制的原理图符号，可见两者的管脚顺序并不一致，甚至隐藏了 VCC 和 GND 两个管脚。但只要管脚顺序号和实际元器件封装上的管脚顺序号能够一一对应，在绘制 PCB 图时就不会出现错误。

PCB 封装为实际元器件的外观，包括元器件的实际外形尺寸、管脚焊盘形式和焊盘的大小。元器件的 PCB 封装有很多，但绝大部分封装都是标准的，是 PCB 设计软件提供的。用户可以根据需求利用软件提供的标准封装进行 PCB 绘制，这给用户绘制 PCB 提供了极大的便利。

另外，同一个元器件所对应的封装也会有所不同，例如 3.4 节所绘制的元器件 24C02 就有两种封装形式，一种为 DIP（双列直插式封装）8 封装形式，而另一种为 SO（SOIC 的简称，小外形集成电路封装）8 封装形式，分别如图 3-6-2 和 3-6-3 所示。

3.6.2　为元器件符号添加封装模型的具体方法

本节以 3.4 节所绘制的元器件 24C02 为例说明如何为元器件符号添加封装模型。

本例所需封装模型存放在 Protel 99 SE 版本下的数据库文件中，因此操作步骤分为两部分。一是将 PCB 封装库文件从数据库文件中分离出来，二是将所需封装添加到 24C02 属性中。

单击"SCH Library"标签，在元器件列表中选择名称为"24C02"的元器件，如图 3-6-4 所示，单击【Add】按钮，弹出 Add New Model 对话框，如图 3-6-5 所示。该对话框 Model Type 下拉菜单中默认为 Footprint（封装）。单击【OK】按钮，弹出 PCB Model 对话框，如图 3-6-6 所示。

1. 从 Protel 99 SE 数据库文件中分离所需 PCB 封装库文件

早期 Protel 99 SE 软件所提供的 PCB 封装库是以数据库形式出现的。数据库类似于一个容器，其中包含了很多具体的 PCB 封装库。在这些 PCB 封装库中，Advpcb.ddb 数据库中所包含的封装库为较常用的标准 PCB 封装库，虽然一般不再使用 Protel 99 SE 软件，但是可以使用这个标准 PCB 封装库，已备其他软件使用。Altium Designer 软件是向下兼容的，同样支持 Protel 99 SE 软件格式的 PCB 封装库。要使用这个标准 PCB 封装库，必须将其从 Advpcb.ddb 中导出。

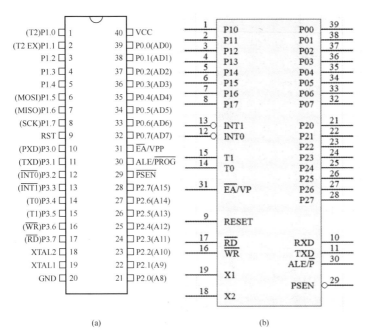

图 3-6-2　DIP8 封装形式

(a)　　　　　　　　　　　　(b)

图 3-6-1　ATMEL 官方给出的 51 单片机的符号（a）
和自行绘制的原理图符号（b）

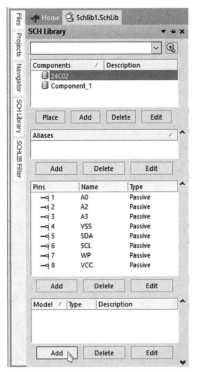

图 3-6-4　单击【Add】按钮为元器件符号添加封装

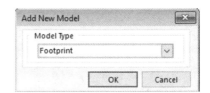

图 3-6-5　Add New Model 对话框

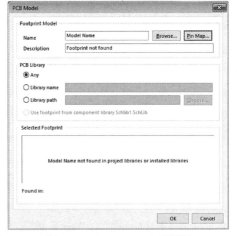

扫码看原图

图 3-6-6

图 3-6-6　PCB Model 对话框

下面介绍在 Protel 99 SE 软件中将 Advpcb.ddb 数据库中的 PCB 封装库的导出过程。

打开 Protel 99 SE 软件，执行菜单命令 File → Open，在弹出的对话框中选择 Advpcb.ddb 数据库，如图 3-6-7 所示。Advpcb.ddb 数据库的相对路径为..\..\Design Explorer 99 SE\Library\Pcb\Generic Footprints。其中，路径..\..\为用户安装 Protel 99 SE 软件的路径。

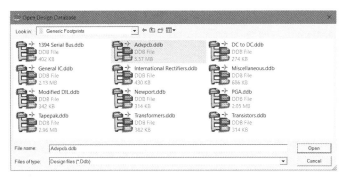

图 3-6-7 选择 Advpcb.ddb 数据库

打开 Advpcb.ddb 数据库后，选择 PCB 库文件 PCB Footprints.lib，如图 3-6-8 所示。执行菜单命令 File → Export，弹出 Export Document 对话框，如图 3-6-9 所示。单击【Save】按钮确认文件导出，导出的路径为 Advpcb.ddb 数据库所在的路径。此时 PCB 库文件 PCB Footprints.lib 作为一个独立的文件可以被其他软件所使用。

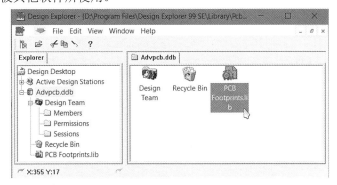

图 3-6-8 选择 PCB 库文件 PCB Footprints.lib

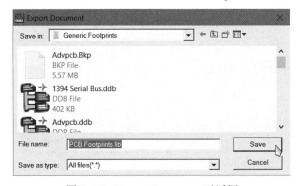

图 3-6-9 Export Document 对话框

2．为元器件符号添加封装属性

回到图 3-6-6，单击【Browse】按钮，弹出如图 3-6-10 所示的 Browse Libraries 对话框。单击【Find】按钮左侧【…】按钮，弹出如图 3-6-11 所示的 Available Libraries 对话框。在对话框中选择 Installed 标签，如图 3-6-12 所示。单击【Install】按钮，在弹出的下拉菜单中选择 Install from file，如图 3-6-13 所示。进入路径..\..\Design Explorer 99 SE\Library\Pcb\Generic Footprints，选择从 Advpcb.ddb 数据库导出的 PCB 库文件 PCB Footprints.lib。此处必须在如图 3-6-14 所示的 Open 对话框 Files of type 下拉菜单中选择 All Files(".")选项，这样库文件 PCB Footprints.lib 才能显示出来。

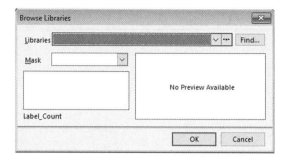

图 3-6-10　Browse Libraries 对话框

图 3-6-11　Available Libraries 对话框

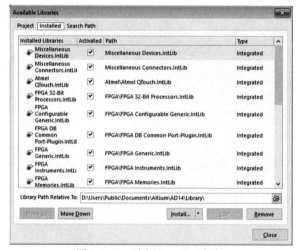

图 3-6-12　选择 Installed 标签

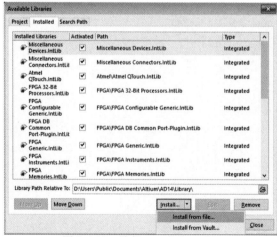

图 3-6-13　选择 Install from file

扫码看原图

图 3-6-14

图 3-6-14　在 Files of type 下拉菜单中选择 All Files(".")选项

单击【Open】按钮，确认安装。此时在已安装的库文件中多出 PCB Footprints.lib 这一项，如图 3-6-15 所示。单击【Close】按钮关闭对话框。此时 Browse Libraries 对话框变为如图 3-6-16 所示的样式，库 PCB Footprints.lib 被选中，列表中给出了库 PCB Footprints.lib 中所包含的所有 PCB 元器件封装，同时还给出了相应 PCB 封装的图示。在封装列表中选择 PCB 封装 DIP8，单击【OK】按钮，如图 3-6-17 所示。回到 PCB Model 界面后，单击【OK】按钮。至此，完成为元器件 24C02 添加 PCB 封装 DIP8 的操作。

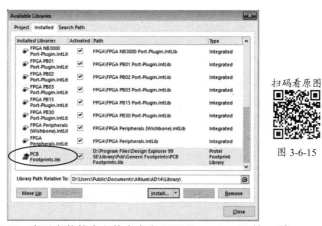

扫码看原图

图 3-6-15

图 3-6-15　在已安装的库文件中多出 PCB Footprints.lib 这一项

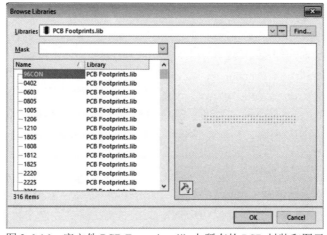

图 3-6-16　库文件 PCB Footprints.lib 中所有的 PCB 封装和图示

按照上述操作步骤还可以为元器件 24C02 添加 PCB 封装 SO-8。如图 3-6-18 所示，在封装列表中选择封装 SO-8，然后单击【OK】按钮，回到 PCB Model 界面后，单击【OK】按钮，这样就为元器件 24C02 添加了两种封装，即 DIP8 和 SO-8。

元器件添加封装后，在 SCH Library 标签的 Model 列表中可以观察到用户所添加的封装，如图 3-6-19 所示。

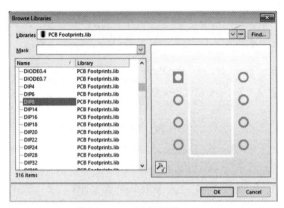

图 3-6-17　选择封装 DIP8

扫码看原图

图 3-6-17

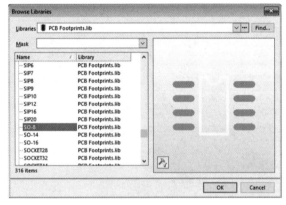

图 3-6-18　选择封装 SO-8

扫码看原图

图 3-6-18

扫码看原图

图 3-6-19

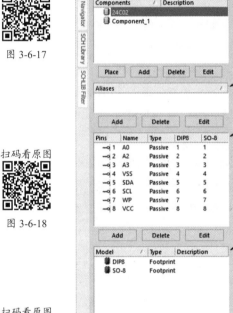

图 3-6-19　在 Model 列表中可以观察到用户所添加的封装

3.7　检查元器件符号

完成元器件符号绘制和添加封装后，需要利用软件提供的工具对元器件符号进行检查，目的是判断所创建的元器件符号是否完整。

执行菜单命令 Reports → Component Rule Check，弹出如图 3-7-1 所示的 Library Component Rule Check 对话框。在该对话框中可以对元器件符号的两部分内容进行检查，分别是重复性（Duplicate）检查和缺失性（Missing）检查。检查的每项都是以复选框的形式出现。

重复性检查包含了两项内容，分别是元器件名称（Component Name）重复性检查和元器件管脚（Pins）重复性检查。

缺失性检查包含了六项内容，分别是元器件描述（Description）缺失性检查、元器件管脚名称（Pin Name）缺失性检查、元器件封装（Footprint）缺失性检查、元器件管脚序号（Pin Number）缺失性检查、元器件默认标识（Default Designator）缺失性检查和元器件管脚（Missing Pins in Sequence）缺失性检查。此处，元器件管脚缺失性检查是指管脚顺序序列中缺少管脚。

例如，元器件 24C02 共有 8 个管脚，但是用户在绘制过程中丢失了其中某个管脚，这种情况就属于元器件管脚缺失。

用户可以根据具体的需要对元器件符号的属性有选择地进行检查。本例使用软件默认的检查项目进行检测，如图 3-7-1 所示。单击【OK】按钮，软件会生成一个名为 Schlib1.ERR 的报表，如图 3-7-2 所示。从报表的内容可以看出，针对 Schlib1.SchLib 库中的元器件符号进行的检查项目没有任何错误。如果对图 3-7-1 所示对话框中的所有项目进行检查，则会生成如图 3-7-3 所示的报表。从报表中可以看出元器件 Component_1 没有封装和元器件描述，元器件 24C02 没有元器件描述。

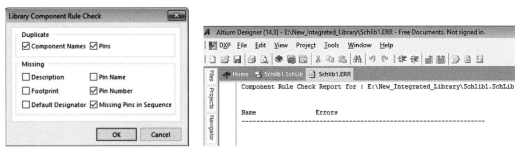

图 3-7-1　Library Component Rule Check 对话框　　　　图 3-7-2　Schlib1.ERR 报表

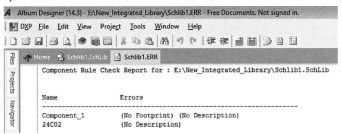

图 3-7-3　对所有项目进行检查后生成的报表

针对报表给出的错误提示，对错误进行修改。为 24C02 元器件添加元器件描述（EEPROM），如图 3-7-4 所示。将元器件 Component_1 重命名为 DS1302 并添加相应的信息，如图 3-7-5 所示。为元器件 DS1302 添加封装 DIP8。

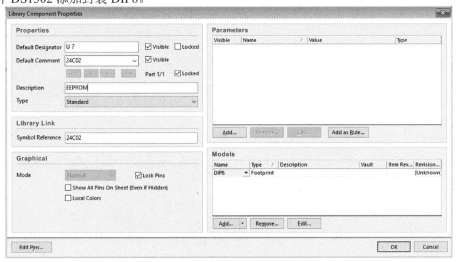

图 3-7-4　为元器件 24C02 添加描述

重新对元器件库 Schlib1.SchLib 进行所有项目的检查，所得报表如图 3-7-6 所示。报表显示没有错误。

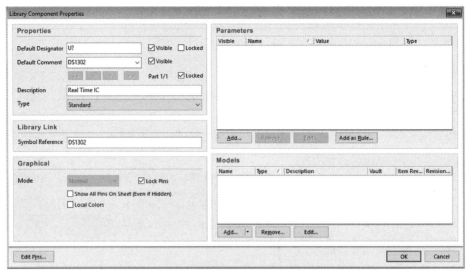

图 3-7-5　为元器件 Component_1 添加相应的信息

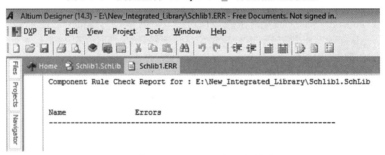

图 3-7-6　修改错误后重新生成的检查报表

3.8　生成报表

原理图元器件库可生成的报表不仅有检查报表，而且还包括元器件符号报表、库列表和库的完整报告三种报表。

3.8.1　元器件符号报表

在库文件 Schlib1.SchLib 中选择元器件 24C02，执行菜单命令 Reports → Component，生成元器件 24C02 的可用信息报表，如图 3-8-1 所示。

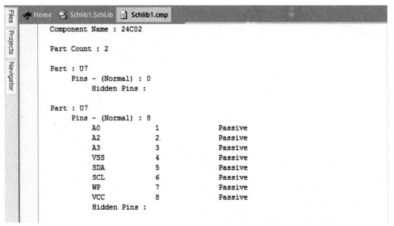

图 3-8-1　元器件 24C02 的可用信息报表

报表的内容包含了元器件的名称、管脚数目、管脚名称和管脚属性等有用信息。

3.8.2 生成完整报表

执行菜单命令 Reports → Library List，该操作会生成如图 3-8-2 和图 3-8-3 所示的两个报表。这两个报表均给出了原理图库 Schlib1.SchLib 中所包含的元器件属性信息。

图 3-8-2 Schlib1.csv 报表

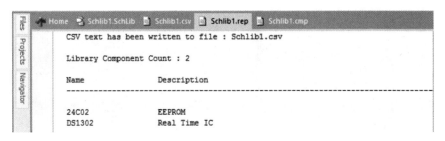

图 3-8-3 Schlib1.rep 报表

若要获得原理图库 Schlib1.SchLib 完整的信息报表，则需要执行菜单命令 Reports → Library Report，弹出如图 3-8-4 所示的 Library Report Settings 对话框。在该对话框中，用户可以对要生成的详细报表内容进行设定。设定内容包括以下信息。

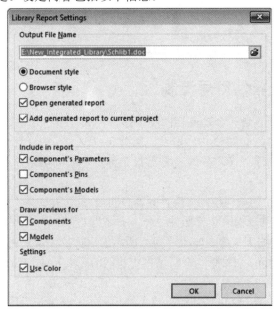

图 3-8-4 Library Report Settings 对话框

（1）Output File Name 文本框。该文本框中可以输入生成报表的名称和存储的路径。

（2）Document style 单选框。若选择了该项，则生成的报表为 word 格式的文件。

（3）Browser style 单选框。若选择了该项，则生成的报表为 html 格式的文件。

（4）Open generated report 复选框。若选择了该项，则生成报表后立即打开报表。

（5）Add generated report to current project 复选框。若选择了该项，则在生成报表之后会将报表加入当前的工程中去。

（6）Component's Parameters 复选框。若选择了该项，则在生成报表中包含了元器件的参数信息。

（7）Component's Pins 复选框。若选择了该项，则在生成的报表中包含了元器件的管脚信息。

（8）Component's Models 复选框。若选择了该项，则在生成的报表中包含元器件的封装信息。

（9）Components 复选框。若选择了该项，则在生成的报表中绘制元器件的原理图外观。

（10）Models 复选框。若选择了该项，则在生成的报表中绘制元器件的封装外观。

（11）Use Color 复选框。若选择了该项，则在生成的报表中，元器件的各种外观均用彩色绘制。

此处选择软件默认的报表设定，单击【OK】按钮，生成如图 3-8-5 所示的详细参数报表。

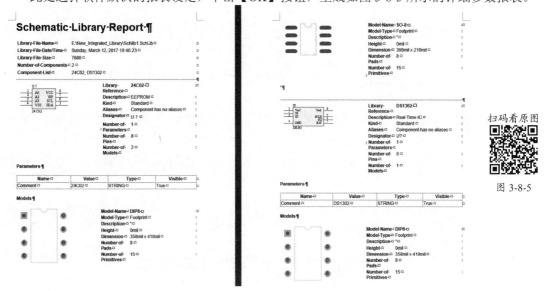

图 3-8-5　完整的详细参数报表

3.9　多部件元器件符号绘制

有很多集成元器件中包含多个功能相同的电路，例如，经典的运算放大器 LM324 中包含四路功能相同的运算放大器，如图 3-9-1 所示。类似于 LM324 的元器件一般被称为多部件元器件，在绘制这类元器件的原理图符号时会将其每个部件都绘制出来，目的是让用户绘制的原理图可读性提高。

本节以 LM324 为例说明如何绘制多部件元器件符号。

按照 3.4 节所述的方法新建一个元器件符号，命名为 LM324，如图 3-9-2 所示。利用图 3-9-3 所示的工具栏上绘制直线的工具绘制如图 3-9-4 所示的运算放大器外观。双击所绘制的直线，弹出如图 3-9-5 所示的 PolyLine 对话框。在对话框中将线的宽度修改为 Small，如图 3-9-6 所示，单击【OK】按钮。

首先参照图 3-9-1 绘制编号为 1 的运算放大器。为了能够绘制运算放大器的正负符号，需要将图纸的栅格尺寸设置为 2。如图 3-9-7 所示，选择 Set Snap Grid，在弹出的 Choose a snap grid size 对话框中输入 2，即可将图纸的栅格尺寸改变，如图 3-9-8 所示。

利用绘制直线的工具绘制正负符号，并放置在如图 3-9-9 所示的位置上。接下来利用绘制直线工具放置管脚引线，如图 3-9-10 所示。按照 3.4 节所述的方法放置管脚，如图 3-9-11 所示。其中第 4 引脚的引脚名 Display Name 为 V+，第 11 引脚的引脚名 Display Name 为 GND。

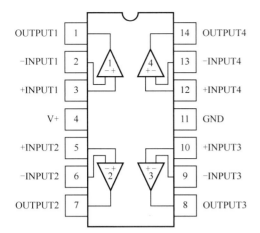

图 3-9-1　LM324 原理图

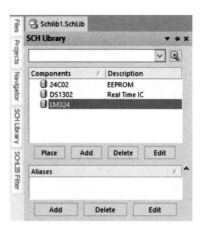

图 3-9-2　新建一个名称为 LM324 的元器件符号

图 3-9-3　绘制直线工具

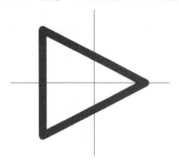

图 3-9-4　运算放大器外观

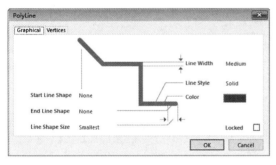

图 3-9-5　PolyLine 对话框

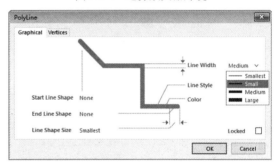

图 3-9-6　将线的宽度修改为 Small

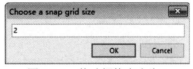

图 3-9-7　选择菜单 Set Snap Grid

图 3-9-8　修改栅格大小为 2

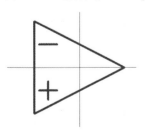

图 3-9-9　放置正负符号

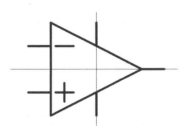

图 3-9-10　放置管脚引线

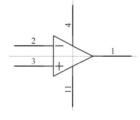

图 3-9-11　放置管脚

> **注 意**
>
> 管脚引线只是图形不是管脚，没有电气特性。

这里需要注意的是，绘制运算放大器的管脚，一般只出现管脚序号而不出现管脚名称，故应将所有管脚名称的可见属性去除，即不选中 Display Name 和 Visible 之间的复选框，如图 3-9-12 所示。至此，完成运算放大器第一部分元器件符号的绘制。

绘制 LM324 中编号为 2 的运算放大器。执行菜单命令 Tools → New Part，此时观察 SCH Library 标签中元器件符号 LM324 的变化，如图 3-9-13 所示。其中符号 LM324 中出现了 Part A 和 Part B 两个组件，这两个组件同属于一个元器件符号。

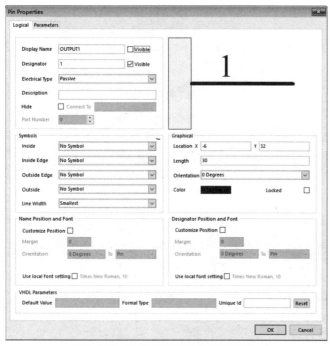

扫码看原图 　扫码看原图

图 3-9-12 　图 3-9-13

图 3-9-12　去除管脚名称的可见属性　　图 3-9-13　LM324 元器件符号中出现两个组件

切换至组件 Part A，按【Ctrl】+【A】组合键全选元器件符号，按【Ctrl】+【C】组合键复制元器件符号。切换至组件 Part B，按【Ctrl】+【V】组合键进行粘贴操作。由于四路运算放大器共用电源与地线（管脚 4 与管脚 11），故在其他三个组件中，电源管脚和接地管脚可以不再出现。单击管脚 4，选中管脚 4，按【Delete】键删除。利用同样的方法删除管脚 11，如图 3-9-14 所示。

接下来需要修改管脚序号。双击管脚 2，弹出如图 3-9-15 所示的 Pin Properties 对话框。按照图 3-9-1 编号为 2 的运算放大器符号修改管脚名称和序号，管脚名称的可见属性仍旧保持不可见，

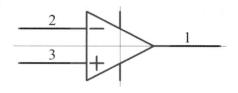

图 3-9-14　删除管脚 4 和 11

如图 3-9-16 所示。单击【OK】按钮。按照同样的方法修改其他两个管脚，如图 3-9-17 所示。

按照上述方法，依次绘制编号为 3 和 4 的运算放大器。绘制完毕后，SCH Library 标签上 LM324 符号下会出现 Part A、Part B、Part C 和 Part D 四个组件，如图 3-9-18 所示。可在图中的 Pin 窗口中观察到 LM324 符号中所有的管脚序号和名称。

扫码看原图

图 3-9-15

图 3-9-15　Pin Properties 对话框

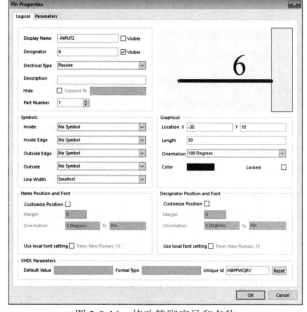

图 3-9-16　修改管脚序号和名称

扫码看原图

图 3-9-16

扫码看原图

图 3-9-18

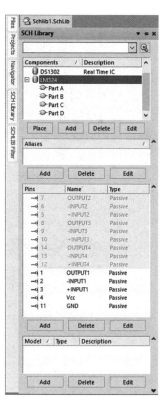

图 3-9-18　LM324 符号下的四个组件

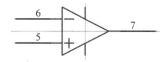

图 3-9-17　编号为 2 的运算放大器组件

　　双击符号名称 LM324，弹出 Library Component Properties 对话框。在该对话框中修改 Default Designator、Default Comment 和 Description 属性，如图 3-9-19 所示。最后单击【OK】按钮，至此完成元器件符号 LM324 的绘制。

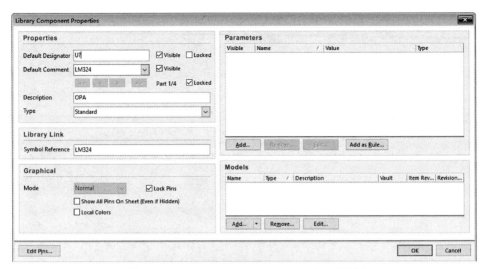

图 3-9-19　Library Component Properties 对话框

3.10　使用自己绘制的元器件符号

有多种方法可以在原理图中使用自己绘制的元器件符号。

3.10.1　在原理图中加载元器件库

新建一个项目，在项目中新建一个原理图文件。按照 2.2.1 节加载元器件库中介绍的方法在 Libraries 面板添加原理图元器件库 Schlib1.SchLib，加载后的 Libraries 面板如图 3-10-1 所示，可以观察到已经绘制的元器件符号。

在新建原理图文件中，双击图 3-10-1 所示元器件符号 24C02，鼠标指针变为十字形并附着元器件符号 24C02，如图 3-10-2 所示。在原理图的合适位置上单击，放置元器件符号，此时鼠标指针还会保持着十字状态并附着元器件符号 24C02，处于放置状态。单击鼠标右键可以取消放置状态。采用这种方法可以直接在原理图中放置元器件符号。

放置后的元器件符号中标号处为U?，将其改为确切的元器件标号U1，如图3-10-3所示。修改方法参见第 2 章。

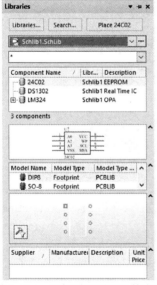

图 3-10-1　添加原理图元器件库后

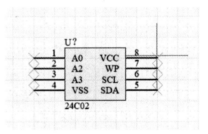

图 3-10-2　十字形的鼠标指针
附着元器件符号 24C02

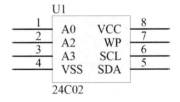

图 3-10-3　将标号 U？修改为 U1

3.10.2　直接从库文件中放置

可以从库文件中直接放置符号到原理图。打开元器件符号库 Schlib1.SchLib，单击 SCH Library 标签，在标签中选择元器件符号 LM324。单击【Place】按钮，如图 3-10-4 所示。此时鼠标指针变为十字形并附着符号 LM324 的 Part A，且软件界面也切换至已打开的原理图文件上，如图 3-10-5 所示。在原理图合适的位置单击，放置元器件符号，此时鼠标指针继续保持十字形，但所附着的符号自动变为 Part B，如图 3-10-6 所示。若继续放置元器件符号，鼠标指针上的元器件符号会自动变为 Part C，继而变为 Part D。放置 Part D 后若继续放置元器件符号，则鼠标指针上所附着的元器件符号变回为 Part A，如图 3-10-7 所示。

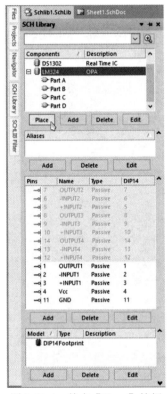

图 3-10-4　单击【Place】按钮

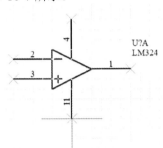

图 3-10-5　十字形的鼠标指针附着 LM324 的 Part A 符号

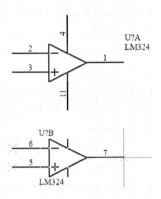

图 3-10-6　放置元器件符号后鼠标指针保持十字形，但所附着的符号变为 Part B

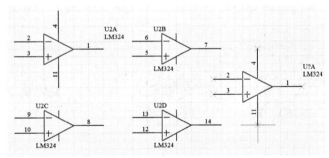

图 3-10-7　放置 LM324 的所有组件

其中 A、B、C、D 分别代表了多部件符号中的单元号，是系统自动加上的。

与上一小节的 U1 相同，将标号处的 U? 改为确切标号 U2。

3.10.3　放置多部件符号中的指定单元

在放置多部件符号时，会遇到放置多部件符号中指定单元的情况。下面就以 LM324D 为例说明如何放置指定单元。

在 Schlib1.SchLib 界面中，单击标签 SCH Library，如图 3-10-8 所示，单击元器件 LM324 名称前的"+"号，列出如图 3-10-9 所示的四个组成部分 Part A～Part D。若此时需要放置元器件中的 B 单元，则单击 Part B 将其选中，单击【Place】按钮，鼠标即变为十字形并附着 B 单元符号，如图 3-10-10 所示。在原理图中的合适位置单击，放置 LM324 的 B 单元符号，并将 U? 修改为 U3，如图 3-10-11 所示。

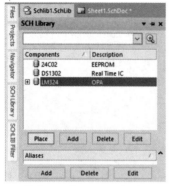

图 3-10-8　单击元器件 LM324 名称前的"+"号

图 3-10-9　LM324 四个组成部分

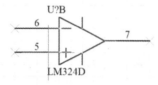

图 3-10-10　十字形鼠标指针附着 LM324 的 B
单元符号

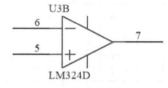

图 3-10-11　放置元器件 LM324 的 B 单元符号并将
U? 修改为 U3

3.10.4　更新原理图文件中元器件符号

如果对库文件中的符号进行了修改，并不需要在原理图中重新放置已经修改过的元器件，只需要对相应的原理图进行更新操作即可。例如，将 LM324 的 Default Comment 修改为 LM324D，在 SCH Library 标签中右击 LM324，在弹出的菜单中选择 Update Schematic Sheets 命令，如图 3-10-12 所示。此时会弹出如图 3-10-13 所示的 Information 提示框。该提示框中的信息说明了在一个原理图中共更新了五个元器件，单击【OK】按钮。切换至原理图文件，此时所有 LM324 元器件符号的 Default Comment 均被更新为 LM324D，如图 3-10-14 所示。

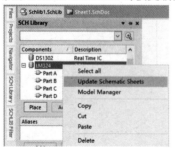

扫码看原图

图 3-10-12

图 3-10-12　选择 Update Schematic Sheets 命令

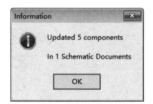

图 3-10-13　Information 提示框

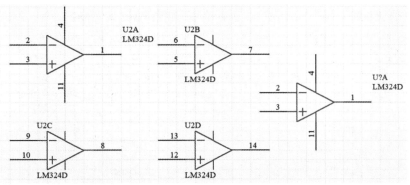

图 3-10-14　元器件符号 LM324 的 Default Comment 被更新为 LM324D

3.11　创建当前原理图文档的元器件符号库

单击 Projects 标签，右击 New_Integrated_Library.LibPkg，在弹出的下拉菜单中选择 Compile Integrated Library New_Integrated_Library.LibPkg，对库文件进行编译，如图 3-11-1 所示。若编译过程中没有错误，则 Libraries 标签自动弹出，如图 3-11-2 所示，单击集成库文件下拉菜单按钮，在下拉选项中选择集成库文件 New_Integrated_ Library.IntLib，用户会看到软件生成的集成元器件符号库 New_Integrated_Library.IntLib 所包含的所有元器件符号和 PCB 封装，如图 3-11-3 所示。

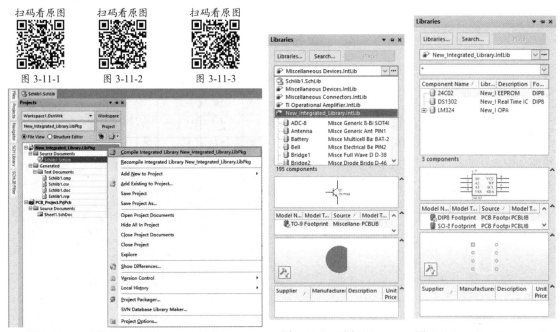

图 3-11-1　选择 Compile Integrated Library New_Integrated_Library.LibPkg

图 3-11-2　选择 New_Integrated_Library.IntLib

图 3-11-3　New_Integrated_Library.IntLib 中的具体内容

练习题

3.1　绘制如题图 3-1 所示的元器件符号（提示：可使用 Miscellaneous Devices.IntLib 中的 Dpy Blue-CC 符号进行修改）。

3.2　绘制如题图 3-2 所示的元器件符号。

3.3 绘制如题图 3-3 所示的复合式元器件符号，并命名为 74AC08B。此元器件由四个单元组成，分别为 Part A、Part B、Part C 和 Part D。要求：每个单元都要有第 7 和第 14 引脚，并将其隐藏。引脚属性如下：

Display Name	Designator	Electrical Type	Length
1	1	Input	20
2	2	Input	20
3	3	Output	20
4	4	Input	20
5	5	Input	20
6	6	Output	20
9	9	Input	20
10	10	Input	20
8	8	Output	20
12	12	Input	20
13	13	Input	20
11	11	Output	20
GND	7	Input	20
VCC	14	Input	20

题图 3-1　绘制元器件符号　　题图 3-2　绘制元器件符号　　题图 3-3　四个单元构成的元器件符号

3.4 新建一个工程文件，在工程下绘制如题图 3-4 所示的电路图，在工程下新建一个原理图库文件，并在其中绘制 LM393 元器件符号，绘制完成后将其放置到原理图中，进行原理图的绘制。电路图中其他元器件符号可在 Miscellaneous Devices.IntLib 和 Miscellaneous Connector.IntLib 库中找到。

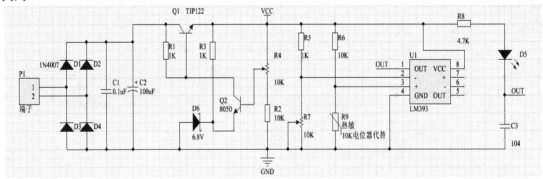

题图 3-4　绘制电路图

第4章 原理图编辑器常用编辑功能

知识目标：掌握原理图编辑器中对象编辑的操作方法；掌握绘图工具的使用方法；掌握改变对象叠放层次的操作方法。

技能目标：能够在原理图编辑器中进行对象的选择、复制、粘贴、移动等操作；能够利用绘图工具绘制直线、标注文字、绘制各种图形和曲线；能够改变不同对象的叠放顺序。

思政目标：培养学生力学笃行的学习态度，倡导学生在学习过程中做到温故知新，引导学生养成勤学好问的学习习惯。更加自觉地用习近平新时代中国特色社会主义思想武装头脑、指导实践。深刻把握好习近平新时代中国特色社会主义思想的世界观和方法论。坚持自信自立，坚持守正创新，坚持问题导向，将思想伟力转化为引领爱学、肯学、好学的实践动力。

本章主要介绍 Altium Designer 中针对原理图的常用编辑功能。主要内容为对象的编辑、绘图工具的使用和其他相关的编辑功能。

4.1 对象的复制、粘贴、删除和移动

4.1.1 选择对象

1. 通过菜单命令选择对象

（1）Edit → Select → Inside Area 命令。此命令的作用是选中虚线框内所有对象。

以选择图 4-1-1 中的 R1 和 R4 两个电阻为例。

① 执行菜单命令 Edit → Select → Inside Area，鼠标指针变为十字形，如图 4-1-1 所示。

② 在适当位置单击，移动鼠标指针将产生一个矩形虚线框，将电阻 R1 和 R4 完全包含在矩形虚线框内，如图 4-1-2 所示。

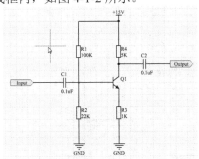

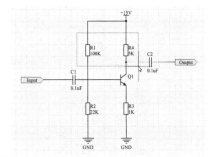

图 4-1-1　鼠标指针变为十字形　　　　　图 4-1-2　矩形虚线框完全包含电阻 R1 和 R4

③ 在对角线位置再次单击，即可选中这两个电阻，如图 4-1-3 所示。电阻被选中后，其外围会产生一个虚线边框并多出四个方形的焦点，这四个焦点的作用是用来拖曳对象的。

对应这条命令的快捷按钮如图 4-1-4 所示，单击这个快捷按钮同样能完成上述操作。

（2）Edit → Select → Outside Area 命令。此命令的作用与 Edit → Select → Inside Area 命令相反，用于选中矩形虚线框外的所有对象。

例如，要选择图 4-1-1 中除电容 C1 以外的所有对象，执行 Edit → Select → Outside Area 命令后，按（1）的步骤操作，将电容 C1 完全包含在矩形虚线框中，则将图 4-1-1 中除电容 C1 外的所有对象选中，如图 4-1-5 所示。

（3）Edit → Select → Touching Rectangle 命令。此命令的作用是选中触碰到矩形选择框的所有对象。以选择电容 C1、电阻 R1、电阻 R2、三极管 Q1 以及它们之间的连接导线为例。

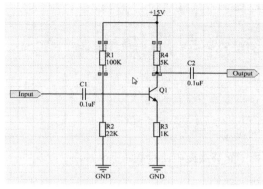

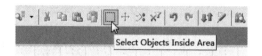

图 4-1-3　选中两个电阻　　　　　　　　　图 4-1-4　Select Objects Inside Area 快捷按钮

① 执行菜单命令 Edit → Select → Touching Rectangle 后，按（1）的步骤操作。

② 注意鼠标指针移动过程中，矩形虚线框必须覆盖上述元器件和导线，如图 4-1-6 所示。

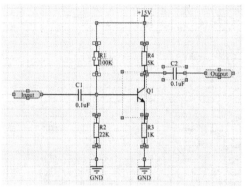

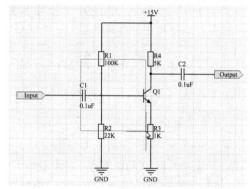

图 4-1-5　选中除电容 C1 外的所有对象　　　　图 4-1-6　矩形虚线框覆盖要选择的对象

命令执行结果如图 4-1-7 所示。

（4）Edit → Select → Touching Line 命令。此命令的作用是选择直线经过的所有对象。

以选择图 4-1-8 中电阻 R2、三极管 Q1 和电容 C2 为例。

① 执行菜单命令 Edit → Select → Touching Line。

② 在电阻 R2 左下方单击，然后向原理图右上方移动鼠标指针，使直线穿过电阻 R2、三极管 Q1 和电容 C2，如图 4-1-8 所示。

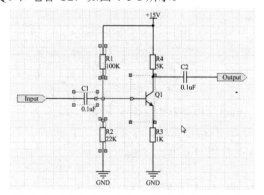

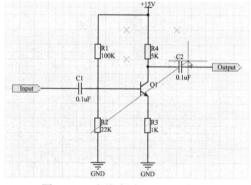

图 4-1-7　选中 R1、R2、C1、Q1 和它们之间的连接导线　　　图 4-1-8　直线穿过 R2、Q1 和 C2

③ 在终点处单击，则将这三个对象全部选中，如图 4-1-9 所示。

（5）Edit → Select → All 命令。此命令的作用是选中当前原理图中的所有对象。

该命令对应的快捷键是【Ctrl】+【A】组合键。

执行 Edit → Select → All 命令或按下【Ctrl】+【A】组合键后，全选的效果如图 4-1-10 所示。

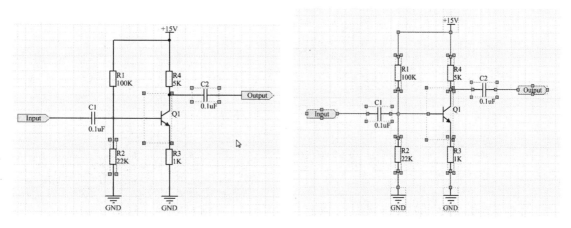

图 4-1-9　选中 R2、Q1 和 C2　　　　　　图 4-1-10　选中电路原理图中的所有对象

（6）Edit → Select → Connection 命令。此命令的作用是选择"连接"或"连线"对象，即连接电路元器件的导线。以选择连接电容 C1、电阻 R1、电阻 R2 和三极管 Q1 的导线为例。

① 执行菜单命令 Edit → Select → Connection。

② 将鼠标指针移至如图 4-1-11 所示的导线上并单击，则与该导线连接的所有导线均被选中，如图 4-1-12 所示。

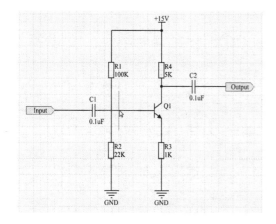
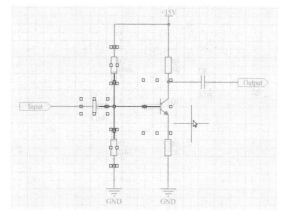

图 4-1-11　选择连接 C1、R1、R2 和 Q1 的导线　　　　图 4-1-12　选中连接导线

③ 右击退出选择状态，此时原理图如图 4-1-13 所示。

在图 4-1-13 中，被选中的导线显示为高亮，原理图其他地方处于掩膜状态。

此时，鼠标指针仍然为十字形，即软件目前仍然处于选择连接导线状态，用户此时可以选择其他连接导线。也可右击取消选择状态。取消选择连接导线状态后，在原理图空白处单击，则可清晰地看出所选导线呈现高亮状态，如图 4-1-13 所示。

取消掩膜状态的操作是单击右下角的【Clear】按钮，如图 4-1-14 所示。

（7）Edit → Select → Toggle Selection 命令。此命令的作用是选择多个对象。

以选择端口 Input、端口 Output、网络 GND、网络 +15V、电容 C1 与端口 Input 的连接导线以及电容 C2 与端口 Output 的连接导线为例。

① 执行菜单命令 Edit → Select → Toggle Selection。

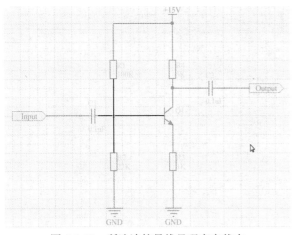

图 4-1-13　所选连接导线呈现高亮状态　　　　　　图 4-1-14　【Clear】按钮

② 鼠标指针变为十字形，将鼠标指针移至端口 Input 上单击，选中该对象。

③ 此时鼠标指针仍为十字形，可继续选择其他对象即依次单击其他对象，如图 4-1-15 所示。

④ 右击退出选择状态。

2. 通过鼠标操作选择对象

通过简单的鼠标操作即可选择对象，这种方法比菜单命令操作简单易行，但这种操作无法完成菜单命令操作中的复杂功能。

（1）选择单一对象。将鼠标指针移至任意对象上，单击即可选择该对象。例如，要选择电阻 R1，只需将鼠标指针移至电阻 R1 上，单击即可，如图 4-1-16 所示。

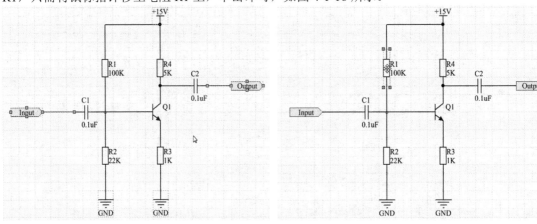

图 4-1-15　利用 Toggle Selection 命令选择多个对象　　　　图 4-1-16　选择单一对象

这种选择对象的方法只能选中一个对象，不能同时选中多个对象。

（2）选择多个对象。按住【Shift】键后依次在欲选对象上单击，即可选择多个对象。

（3）通过拖曳选择框选择多个对象。以选择图 4-1-17 中的电阻 R2 和电阻 R3 为例。

① 将鼠标指针移至电阻 R2 左上方，按住鼠标左键不放并向电阻 R3 右下方拖曳，此时鼠标指针会变为十字形，同时出现矩形虚线选择框，如图 4-1-17 所示。

② 当矩形虚线框完全包含电阻 R2 和 R3 后，释放鼠标左键即可选中两个电阻，如图 4-1-18 所示。

读者可根据实际情况合理选择操作方法，力求使用最少步骤达到所需的效果。

3. 取消选择状态

通过菜单命令可以取消对象的选择状态。以图 4-1-10 为例介绍使用命令取消对象的选中状态。

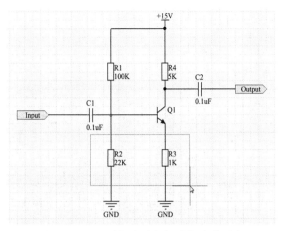

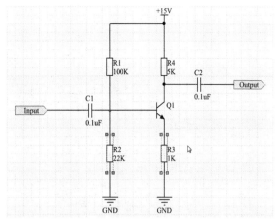

图 4-1-17　通过拖曳选择框选择多个对象　　　　　图 4-1-18　选中 R2 和 R3

（1）Edit → DeSelect → Inside Area 命令。该命令的功能是取消虚线框内所有对象的选中状态。例如，要取消图 4-1-10 中电阻 R2 和 R3 的选中状态，则按以下步骤操作。

① 执行菜单命令 Edit → DeSelect → Inside Area，鼠标指针变为十字形。

② 在适当位置单击，然后移动鼠标指针将产生一个矩形虚线框，将电阻 R2 和 R3 完全包含在矩形虚线框内，如图 4-1-19 所示。

③ 在对角线位置再次单击，即可取消 R2 和 R3 这两个电阻的选中状态，如图 4-1-20 所示。

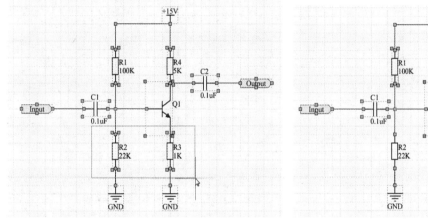

图 4-1-19　矩形虚线框完全包含电阻 R2 和 R3　　　图 4-1-20　电阻 R2 和 R3 已经被取消选中状态

（2）Edit → DeSelect → Outside Area 命令。该命令的功能是取消虚线框外所有对象的选中状态。例如，要取消端口 Input 以外的所有元器件的选中状态，则按以下步骤操作。

① 执行菜单命令 Edit → DeSelect → Outside Area，鼠标指针变为十字形。

② 在适当位置单击，然后移动鼠标指针将产生一个矩形虚线框，将端口 Input 完全包含在矩形虚线框内且只包含端口 Input，如图 4-1-21 所示。

③ 在对角线位置再次单击，即可取消端口 Input 外其他对象的选中状态，如图 4-1-22 所示。

（3）Edit → DeSelect → Touching Rectangle 命令。该命令的功能是取消触碰到矩形选择框的所有对象的选中状态。

例如，取消电阻 R2、R3、GND 网络标号以及它们之间的连接导线的选中状态，步骤如下。

① 执行菜单命令 Edit → DeSelect → Touching Rectangle，鼠标指针变为十字形。

② 在适当位置单击，然后移动鼠标指针将产生一个矩形虚线框，使矩形虚线框完全覆盖电阻 R2、R3、GND 网络标号以及它们之间的连接导线，如图 4-1-23 所示。

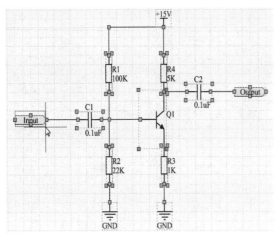
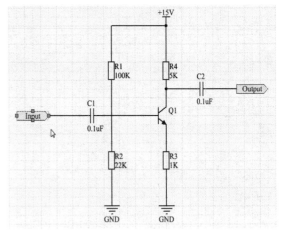

图 4-1-21　虚线框只包含端口 Input　　　　　图 4-1-22　取消端口 Input 外其他对象的选中状态

③　在矩形虚线框覆盖了要取消选中状态的对象后，再次单击即可取消其选中状态，如图 4-1-24 所示。

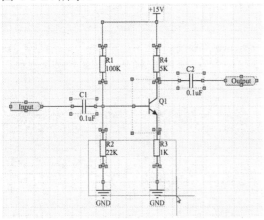
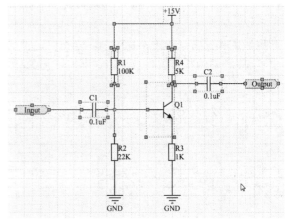

图 4-1-23　矩形虚线框覆盖要取消选中状态的对象　　　图 4-1-24　取消选中状态

（4）Edit → DeSelect → Touching Line 命令。此命令作用是取消直线经过的所有对象的选中状态。操作方法与 Edit → Select → Touching Line 命令相同，区别为操作结果是取消选中状态。

（5）Edit→DeSelect→All On Current Document 命令。此命令的作用是取消当前文档中所有对象的选中状态。执行该命令后，当前文档内的所有对象都恢复至未选中状态。

此命令的对应快捷按钮如图 4-1-25 所示，单击这个快捷按钮同样能完成上述操作。

（6）Edit → DeSelect → All Open Document 命令。此命令的作用是取消所有已打开文档中所有对象的选中状态。

如图 4-1-26 和图 4-1-27 所示，原理图 Sheet1.SchDoc 和 Sheet2.SchDoc 是两个处于打开状态的文档，其中所有的对象都处于选中状态。执行菜单命令 Edit → DeSelect → All Open Document 后，上述两个文档中的所有对象都恢复到未选中状态，如图 4-1-28 和图 4-1-29 所示。

（7）Edit → DeSelect → Toggle Selection 命令。此命令的作用是取消多个对象的选中状态。

例如，取消图 4-1-10 中 R1～R4 四个电阻的选中状态，则按以下步骤操作。

①　执行菜单命令 Edit → DeSelect → Toggle Selection。

②　鼠标指针变为十字形，将鼠标指针移至电阻 R1 上并单击，则取消 R1 的选中状态。

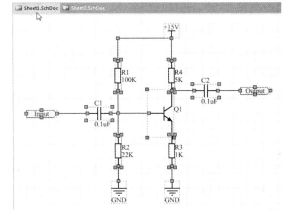

图 4-1-26　Sheet1.SchDoc 文档中的所有对象
处于选中状态

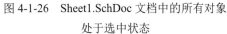

图 4-1-25　DeSelect All On Current Document
快捷按钮

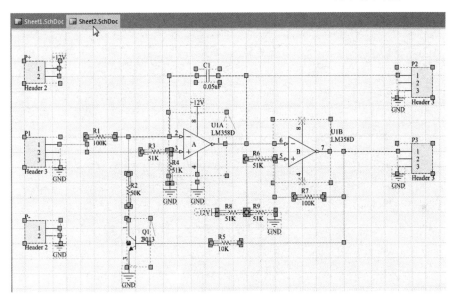

图 4-1-27　Sheet2.SchDoc 文档中的所有对象处于选中状态

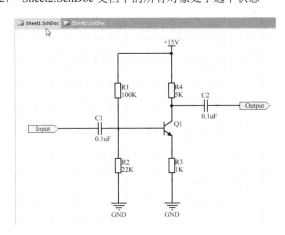

图 4-1-28　Sheet1.SchDoc 文档中的所有对象恢复到未选中状态

③ 此时鼠标指针仍为十字形，依次在电阻 R2～R4 上重复步骤②即可取消 R2～R4 的选中状态，如图 4-1-30 所示。

④ 单击鼠标右键退出选择状态。

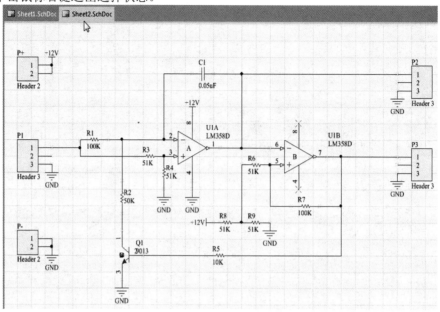

图 4-1-29　Sheet2.SchDoc 文档中的所有对象恢复到未选中状态

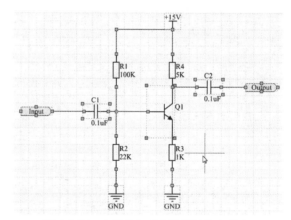

图 4-1-30　电阻 R1～R4 取消被选中状态

4.1.2　复制

Altium Designer 中的复制命令有两个，分别是 Copy 和 Copy As Text。要在原理图中复制对象，必须选中要复制的对象，否则两个复制命令都是无效的，如图 4-1-31 所示。

（1）Edit → Copy 命令。按照 4.1.1 节所述的方法选中一个对象，执行 Edit → Copy 命令，此时该对象已经被复制到粘贴板上了。利用【Ctrl】+【C】组合键同样可以将选中的对象复制到粘贴板上。

若同时选中多个对象，执行该指令后，这些对象同时被复制到粘贴板上。

（2）Edit → Copy As Text 命令。此命令的字面意义是复制为文本。如果使用该命令对元器件对象操作，则执行命令后，元器件属性中的 Designator 项的内容被复制到粘贴板上；如果使用该命令对端口对象操作，则执行命令后，端口对象属性中 Name 项的内容被复制到粘贴板上；如果使用该命令对网络标签对象操作，则执行命令后，网络标签对象属性中 Net 项的内容被复制到粘贴板上；如果使用该命令对文本对象操作，则执行命令后，文本对象属性中 Text 项的内容被复制到粘贴板上。

该命令可以同时复制多个对象的文本信息。

例如，在图 4-1-32 中，执行菜单命令 Edit → Select → Toggle Selection，选中端口 Input、文本 Circuit_1、网络标签 GND 和电容 C1。执行菜单命令 Edit → Copy As Text，此时端口 Input 的 Name 项内容、文本对象 Circuit_1 的 Text 项内容、网络标签 GND 的 Net 项内容和电容 C1 的 Designator 项内容就被复制到粘贴板上了。

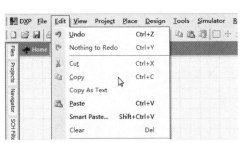

图 4-1-31　未选中对象时复制命令是无效的

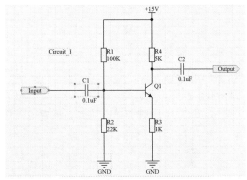

图 4-1-32　演示命令 Edit → Copy As Text

本节只介绍将相关的对象复制到粘贴板上的方法，有关对象被复制后的粘贴操作，在 4.1.3 节会详细说明。

4.1.3　粘贴

粘贴命令是与复制命令相对应的，下面通过两个例子来说明粘贴操作。

（1）粘贴对象。按照 4.1.2 节（1）所述的方法复制图 4-1-1 中的电阻 R2，然后执行菜单命令 Edit → Paste 或利用【Ctrl】+【V】组合键，此时鼠标指针变为十字形，十字指针下方附有一个复制出来的电阻 R2，如图 4-1-33 所示。

将鼠标指针移至适当的位置并单击，电阻 R2 即被放置到当前原理图上，如图 4-1-34 所示，此时复制出来的电阻 R2 和原电阻 R2 重名，所以在这两个电阻的右侧各有一条红线用于提醒。

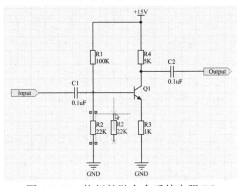

图 4-1-33　执行粘贴命令后的电阻 R2

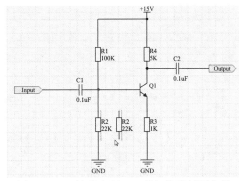

图 4-1-34　粘贴电阻 R2 到当前原理图文档

（2）粘贴文本。按照 4.1.2 节（2）所述的方法，复制端口 Input、文本 Circuit_1、网络标签 GND 和电容 C1 四个对象的文本信息。

在 Altium Designer 工程中执行菜单命令 File → New → Text Document，新建一个空白的文本文档，切换到文本文档标签，如图 4-1-35 所示。

在空白的文本文档内执行菜单命令 Edit → Paste 或利用【Ctrl】+【V】组合键，即可将复制的文本信息粘贴至文本文档中，如图 4-1-36 所示。

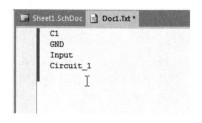

图 4-1-35　新建空白的文本文档　　　　　　　　　　图 4-1-36　粘贴文本信息

4.1.4　智能粘贴

智能粘贴是 Altium Designer 的高级功能。在原理图编辑界面中执行菜单命令 Edit → Smart Paste 或利用【Shift】+【Ctrl】+【V】组合键可以调出 Smart Paste 对话框，如图 4-1-37 所示。

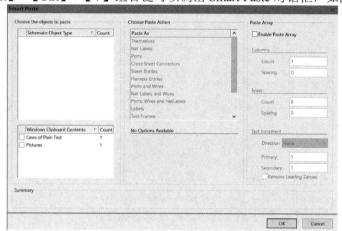

扫码看原图

图 4-1-37

图 4-1-37　Smart Paste 对话框

由于智能粘贴功能强大，操作比较复杂，很多功能不是很常用。受篇幅所限，本节只介绍智能粘贴中常用功能的使用方法。

在未复制任何对象的情况下，Smart Paste 对话框中的操作命令处于未激活状态。在执行智能粘贴之前必须要对对象进行复制操作。

Smart Paste 对话框包含了四个框架，分别是 Choose the objects to paste（选择需要粘贴的对象）、Choose Paste Action（选择粘贴操作）、Paste Array（阵列粘贴）和 Summary（概要）。

本节以 51 单片机最小系统原理图（见图 4-1-38）为例，说明智能粘贴的基本功能。

1.　粘贴网络号

在图 4-1-38 中选择接口 P0～P3 及其网络标号，如图 4-1-39 所示。利用【Ctrl】+【C】组合键执行复制操作。执行菜单命令 Edit → Smart Paste，弹出 Smart Paste 对话框，如图 4-1-40 所示。在 Choose the objects to paste 框架内 Schematic Object Type 列表中列出了所复制的所有元素名称及数量。在 Choose Paste Action 框架内的 Paste As 列表内选择"Net Labels"选项；在 Choose the objects to paste 框架内的 Schematic Object Type 列表中只选中"Net Labels"一项，其他配置均保持默认状态，如图 4-1-40 所示。单击【OK】按钮，此时鼠标指针变为十字形并附着 P0～P3 接口中的所有网络标号，如图 4-1-41 所示。在合适的位置单击，至此，完成了网络标号的智能粘贴操作。

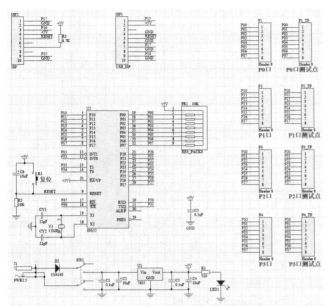

图 4-1-38　51 单片机最小系统原理图

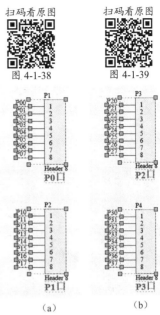

图 4-1-38　　　　图 4-1-39

（a）　　　　　　　（b）

图 4-1-39　选择接口 P0～P3
及其网络标号

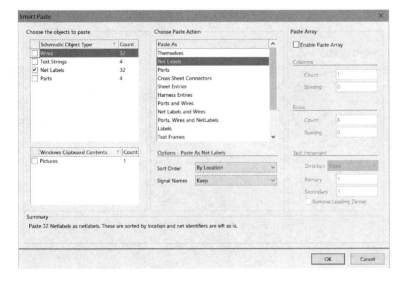

图 4-1-40　粘贴网络标号配置

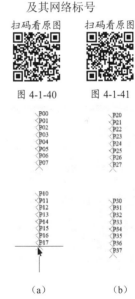

图 4-1-40　　　　图 4-1-41

（a）　　　　　　　（b）

图 4-1-41　十字形指针附着 P0～
P3 接口中的所有网络标号

2. 粘贴端口

在图 4-1-38 中选择接口 P0 及其网络标号，如图 4-1-42 所示。利用【Ctrl】+【C】组合键执行复制操作。执行菜单命令 Edit → Smart Paste，弹出 Smart Paste 对话框，如图 4-1-43 所示。在图 4-1-43 中还保留着上一次智能粘贴操作的历史选项，只是 Choose the objects to paste 框架内 Schematic Object Type 列表中列出的项目数量有所变化。对要粘贴的内容进行配置，如图 4-1-44 所示，单击【OK】按钮，此时鼠标指针变为十字形并附着带有网络标号 P00～P07 的端口和线段，如图 4-1-45 所示。在合适的位置单击，至此，完成了端口的智能粘贴操作。

扫码看原图

图 4-1-43

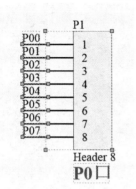

图 4-1-42　选择接口 P0 及其网络标号

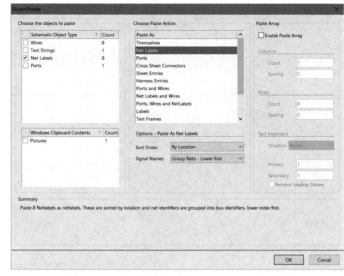

图 4-1-43　复制对象后的 Smart Paste 对话框

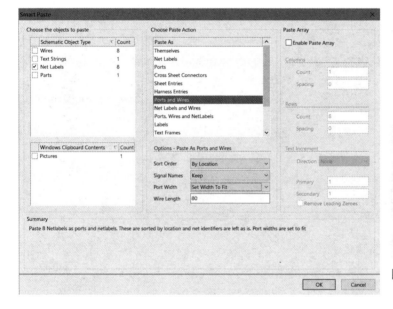

图 4-1-44　粘贴端口选项配置

扫码看原图

图 4-1-44

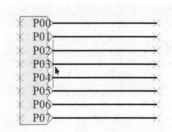

图 4-1-45　十字形指针附着带有网络标号 P00～P07 的端口和线段

3. 阵列粘贴

阵列粘贴功能是为了绘制数量众多且重复的对象时使用的。例如，要在图 4-1-38 中绘制 4×4 的矩阵键盘就可以使用阵列粘贴功能。

在图 4-1-38 中选择按键 K1，并复制按键 K1。执行菜单命令 Edit → Smart Paste，弹出 Smart Paste 对话框，在对话框中 Paste Array 框架内选中 Enable Paste Array 复选框，如图 4-1-46 所示。Paste Array 框架内包含行（Rows）列（Columns）配置，配置的内容有元器件数量（Count）和元器件间距（Spacing），另外还有元器件的标号增加配置。在这里需要粘贴 4 行×4 列按键，故在行列配置中的元器件数量编辑框中填写数值 4，在元器件间距编辑框中填写数值 90。在 Text Increment 框架内的 Direction 选项中选择 Vertical First（垂直优先），其他配置采用默认值。配置后的对话框如图 4-1-47 所示，单击【OK】按钮。此时鼠标指针变为十字形且附着 4×4 个行列排列的按键，如图 4-1-48 所示。由于复制的按键是竖向的，故粘贴的按键阵列也是竖向的。在鼠标指针为十字形时按【空格】键将按键阵列旋转 90°，在合适的位置单击，放置 4×4 键盘阵列，如图 4-1-49 所示。至此，利用阵列粘贴功能快速地绘制完毕 4×4 阵列键盘。这里有一点不足，复制出的阵列按键中的第一个按键的标号与复制源相同，需要更改复制源按键的标号，这样图 4-1-49 所示的按键 K1 下就不会出现错误提示红线了。

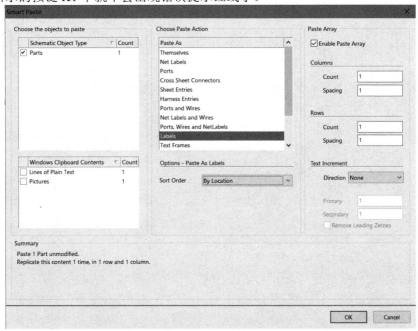

图 4-1-46　在对话框中 Paste Array 框架内选中 Enable Paste Array 复选框

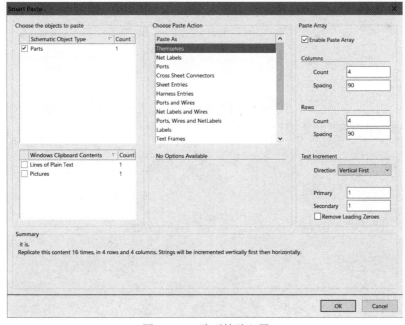

图 4-1-47　阵列粘贴配置

4.1.5　特殊粘贴

特殊粘贴通常在 PCB 编辑和 PCB 库编辑过程中使用。在 PCB 编辑界面或 PCB 库编辑界面中必须复制一个对象后再执行菜单命令 Edit → Paste Special 才可以弹出 Paste Special 对话框，如

图 4-1-50 所示。若没有复制任何对象，则该菜单无效，如图 4-1-51 所示。

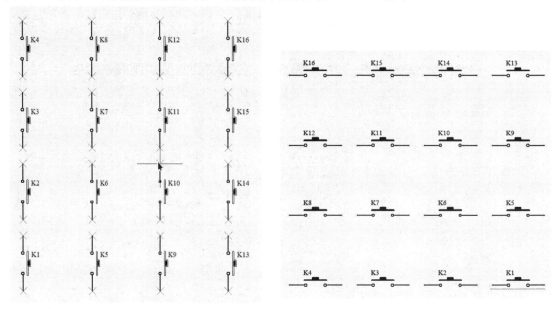

图 4-1-48　十字形指针附着 4×4 个按键　　　　　图 4-1-49　粘贴后的 4×4 矩阵键盘

Paste Special 对话框包含了 Paste attributes（粘贴属性）框架，框架内包含了四个属性，分别为 Paste on current layer（在当前层粘贴）、Keep net name（保持网络标号不变）、Duplicate designator（复用元器件标号）和 Add to component class（添加元器件类）。选择粘贴属性后，单击【Paste Array】按钮则弹出 Setup Paste Array 对话框，如图 4-1-52 所示。在该对话框中可以进行元器件对象的阵列粘贴，该功能类似于智能粘贴中的阵列粘贴。

图 4-1-50　Paste Special 对话框

图 4-1-51　未复制对象时，特殊粘贴菜单无效

Setup Paste Array 对话框包含四个框架，分别是 Placement Variables（放置变量）、Array Type（本列形状属性）、Circular Array（圆形阵列）和 Linear Array（线形阵列）。其中，Placement Variables 框架包含两个参数，分别是 Item Count（粘贴数量）和 Text Increment（元器件标号增加的步进数值）；Array Type 框架包含两个单选框，分别是 Circular（圆形阵列）和 Linear（线形阵列）；Circular Array 框架包含了是否需要匹配对象旋转的角度复选框和具体的旋转角度值；Linear Array 框架包

含了粘贴对象的X轴和Y轴的间距。

特殊粘贴多用在绘制元器件的 PCB 封装上。例如，要绘制运算放大器 F007 的封装图，就可以利用特殊粘贴功能。F007 的 PCB 封装如图 4-1-53 所示。在 PCB 库编辑界面中放置一个焊盘，并复制这个焊盘。执行菜单命令 Edit → Paste Special 弹出 Paste Special 对话框，如图 4-1-54 所示，采用图中默认的属性配置。单击【Paste Array】按钮弹出 Setup Paste Array 对话框，对话框中的参数配置如图 4-1-55 所示。

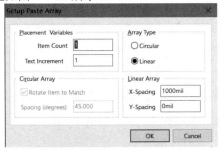

图 4-1-52　Setup Paste Array 对话框

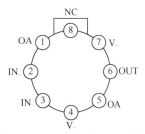

图 4-1-53　F007 的 PCB 封装

图 4-1-54　Paste Special 对话框

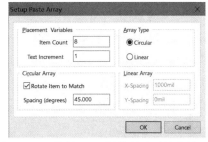

图 4-1-55　绘制 F007 封装所需要的参数配置

在图 4-1-55 中，单击【OK】按钮，此时鼠标变为十字形，在 PCB 编辑界面中的原点处单击，确认圆心，再次在坐标（0,100mil）的位置单击，即一次绘制出 8 个焊盘，删除复制源的焊盘，如图 4-1-56 所示。按照图 4-1-53 为焊盘外加轮廓线，完成 F007 封装图的绘制，如图 4-1-57 所示。

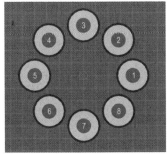

图 4-1-56　利用特殊粘贴一次绘制出 F007 的 8 个焊盘

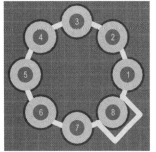

图 4-1-57　绘制完毕的 F007 封装图

4.1.6　删除

本节介绍如何实现对象的删除操作。

删除对象的基本操作可以用两种方法实现。一种方法是执行菜单命令 Edit → Delete；另一种方法是先选中需要删除的对象，然后按【Delete】键。这两种方法的区别是：第一种方法一次只能删除一个对象，而第二种方法一次可以删除多个对象。

1. 通过菜单命令删除对象

如图 4-1-1 所示的电路，需要删除电路中的 Input 和 Output 两个端口对象。执行菜单命令

Edit → Delete，鼠标指针变为十字形，将鼠标指针移至端口 Input 上，如图 4-1-58 所示，单击后即可将 Input 端口删除，如图 4-1-59 所示。此时鼠标指针仍为十字形，这表明软件仍处于删除命令状态。将鼠标指针移至端口 Output 上，单击后即可将 Output 端口删除，如图 4-1-60 所示。单击鼠标右键即可取消删除对象命令状态。

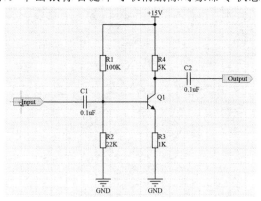

图 4-1-58　执行菜单命令后鼠标指针变为十字形并移至端口 Input 上

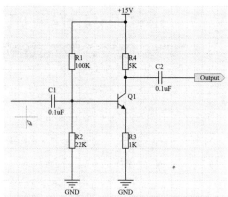

图 4-1-59　删除端口 Input 后，鼠标指针仍为十字形

2. 通过【Delete】键删除对象

如图 4-1-1 所示的电路，需要将端口 Input 和 Output 都删除。利用 4.1.1 节所述的方法选中端口 Input 和 Output（执行菜单命令 Edit → Select → Toggle Selection，鼠标指针变为十字形，分别在端口 Input 和 Output 上单击），如图 4-1-61 所示。按【Delete】键即可将两个端口同时删除，如图 4-1-62 所示。

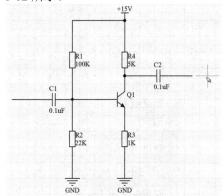

图 4-1-60　删除端口 Output

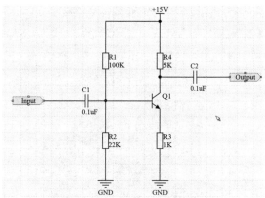

图 4-1-61　同时选中端口 Input 和 Output

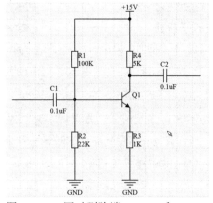

图 4-1-62　同时删除端口 Input 和 Output

4.1.7　移动

通过菜单命令和快捷键可以实现对象的移动操作。另外，通过拖曳鼠标也能实现简单的对象移动操作。

1. 通过菜单命令移动对象

（1）Edit → Move → Drag 命令。此命令的功能是将对象拖曳移动。如果被拖曳的对象带有电气属性，则在拖曳过程中，该对象的电气连接不会改变，只是对象的位置发生变化。

例如，要将图 4-1-1 中电阻 R3 下方的接地符号向下拖曳移动，操作如下。

① 执行菜单命令 Edit → Move → Drag，鼠标指针变为十字形，如图 4-1-63 所示。

② 将鼠标指针移至电阻 R3 下方的接地符号上并单击，此时鼠标指针变为如图 4-1-64 所示的形状。

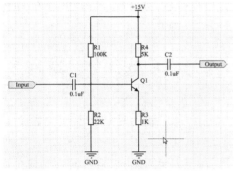
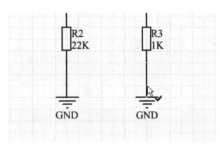

图 4-1-63　鼠标指针变为十字形　　　　图 4-1-64　在被拖曳对象上单击后的效果

③ 向下移动鼠标，在移动过程中鼠标指针变为十字形，接地符号跟随鼠标指针移动。移动鼠标到合适的位置时，鼠标指针又变回图 4-1-64 所示的形状，此时单击确定接地符号的新位置，同时，与接地符号连接的导线也被延长，如图 4-1-65 所示，鼠标指针恢复十字形。最后，右击取消拖曳状态。

（2）Edit → Move → Move 命令。该指令的作用是移动对象到新位置。该指令与 Drag 命令的不同点在于使用 Move 命令会改变原对象的电气连接。例如，要将图 4-1-1 中电阻 R3 下方的接地符号向下移动，操作如下。

① 执行菜单命令 Edit → Move → Move，鼠标指针变为十字形。

② 将鼠标指针移至电阻 R3 下方的接地符号上并单击，此时鼠标指针仍然保持十字形，接地符号附着在十字形鼠标指针上。

③ 向下移动鼠标，接地符号跟随鼠标指针一起移动，但与之连接的导线并不随之移动，如图 4-1-66 所示。移动鼠标到合适的位置并单击，确定接地符号的新位置。最后，右击取消移动状态。

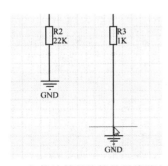
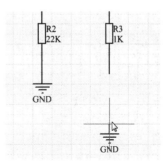

图 4-1-65　与接地符号连接的导线随之被延长　　　图 4-1-66　与接地符号连接的导线并不随之移动

（3）Edit → Move → Move Selection 命令。该命令的功能是移动选中的对象。该命令只有在选中对象后才有效。执行此命令会改变被移动对象的电气连接。该命令的快捷按钮如图 4-1-67 所示。

例如，要移动图 4-1-1 中的电阻 R2 和 R3，操作如下。

① 选中图 4-1-1 中的电阻 R2 和 R3，执行菜单命令 Edit → Move → Move Selection，此时鼠标指针变为十字形，如图 4-1-68 所示。

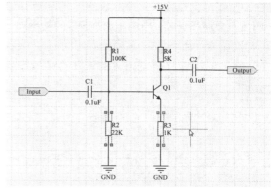

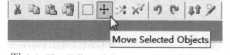

图 4-1-67　Edit → Move → Move Selection
命令的快捷按钮

图 4-1-68　执行 Edit → Move → Move Selection
后的鼠标指针

② 单击，则十字形指针会自动移至距离指针最近的对象上，如图 4-1-69 所示。

③ 移动鼠标，移动过程中电阻 R2 和 R3 会附着在十字形指针上。当鼠标指针移至合适的位置时，单击确认新位置，如图 4-1-70 所示。在空白处单击，取消选中状态。

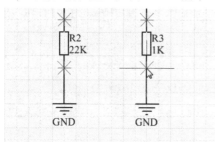

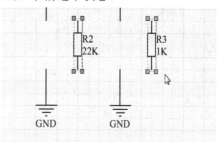

图 4-1-69　十字形指针自动移至距指针最近的 R3 上

图 4-1-70　移动电阻 R2 和 R3 到新位置

（4）Edit → Move → Move Selection by X,Y…命令。该命令的功能是按给定的坐标移动选中的对象。该命令只有在选中对象后才有效。

例如，利用该命令移动电阻 R2 和 R3，操作如下。

① 选中图 4-1-1 中的电阻 R2 和 R3，将鼠标指针移至电阻 R2 下方管脚的顶点上，观察软件左下角的状态栏，即可得到电阻 R2 下方管脚顶点的坐标，图 4-1-1 中电阻 R2 下方管脚顶点的坐标为（530,370），单位是 mil，如图 4-1-71 所示。

执行菜单命令 Edit → Move → Move Selection by X,Y…，此时软件会弹出 Move Selection by X,Y 对话框，如图 4-1-72 所示。

② X 后的文本框用于设置 X 轴的坐标值，此处填写 50，Y 后的文本框用于设置 Y 轴的坐标值，此处保持不变，单击【OK】按钮或直接按【Enter】键。此时，电阻 R2 和 R3 会向原理图的右侧平移 50mil，如图 4-1-73 所示。

③ 采用①中的方法读取电阻 R2 下方管脚顶点坐标，此时坐标为（580,370），单位是 mil。

注意：要向原理图的左侧移动对象，则 X 坐标需要填写负值；向原理图的右侧移动对象，则 X 坐标需要填写正值；要向原理图的上方移动对象，则 Y 坐标需要填写正值；向原理图的下方移动对象，则 Y 坐标需要填写负值。

移动对象到新位置后，在原理图空白处单击，取消选中状态。

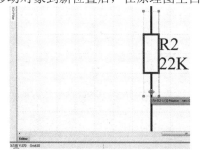

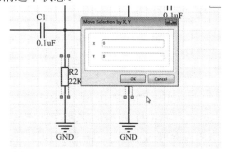

图 4-1-71　读取电阻 R2 下方管脚顶点的坐标　　　　图 4-1-72　Move Selection by X,Y 对话框

（5）Edit → Move → Drag Selection 命令。该命令的功能是拖曳被选中的对象。与 Edit → Move → Drag 命令不同的地方是，此命令可以同时拖曳多个对象，而 Edit → Move → Drag 命令只能拖曳一个对象。需要注意，Edit→More→Drag Selection 命令在对象被选中时才有效。

（6）Edit → Move → Move to Front 命令。原理图编辑器/原理图库编辑器会自动对对象、文本和图像进行分层堆栈管理。该命令的功能是将位于堆栈底层的对象移至最上层。

例如，图 4-1-1 中，绘制电阻 R1、电阻 R2、电容 C1 和三极管 Q1 四个元器件的交叉连线时，需要在连线交叉处手动放置电气节点，放置节点后，该节点会被自动置于连线的下层（连接线覆盖节点），如图 4-1-74 所示。

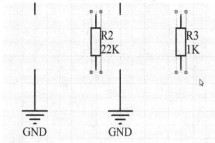

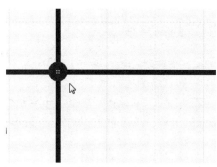

图 4-1-73　电阻 R2 和 R3 向右平移 50mil　　　　　图 4-1-74　手动节点被连接线覆盖

若要对该手动节点进行编辑，必须首先将它移至堆栈层级的最上层。

① 执行菜单命令 Edit → Move → Move to Front，此时鼠标指针变为十字形。

② 将鼠标指针移至手动节点上并单击，此时会弹出一个下拉菜单，如图 4-1-75 所示。在下拉菜单中选择 Junction（530,440）项。此时手动节点就会附着在十字形指针上。

③ 此时在手动节点所处的原位置单击，手动节点就会覆盖连接线，并被移至堆栈层级的最上层。如图 4-1-76 所示。

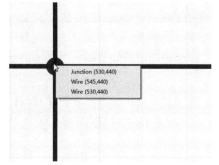

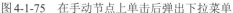

图 4-1-75　在手动节点上单击后弹出下拉菜单　　图 4-1-76　手动节点被移至堆栈层级的最上层

（7）Edit → Move → Rotate Selection 命令。该命令的功能是逆时针旋转被选中的对象，旋转角度为 90°。对象被旋转后，电气连接会改变。

例如，要逆时针旋转图 4-1-1 中的电阻 R1，则操作如下。

① 选中电阻 R1。

② 执行菜单命令 Edit → Move → Rotate Selection 或按【空格】键，电阻 R1 逆时针旋转 90°，对象被旋转后，电气连接会改变。如图 4-1-77 所示。

（8）Edit → Move → Rotate Selection Clockwise 命令。该命令的功能是顺时针旋转被选中的对象，旋转角度为 90°。对象被旋转后，电气连接会改变。

例如，要顺时针旋转图 4-1-1 中的电阻 R1，则操作如下。

① 选中电阻 R1。

② 执行菜单命令 Edit → Move →Rotate Selection Clockwise 或按【Shift】+【空格】组合键，电阻 R1 顺时针旋转 90°，如图 4-1-78 所示。

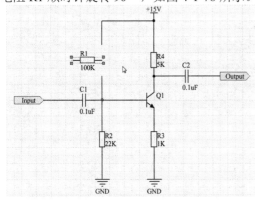 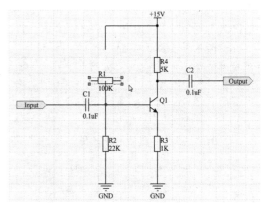

图 4-1-77　电阻 R1 逆时针旋转 90°　　　　　图 4-1-78　电阻 R1 顺时针旋转 90°

2．通过鼠标操作移动对象

用鼠标可以直接对对象进行移动操作。

例如，要移动图 4-1-1 中的电容 C1，则单击电容 C1 后，按住鼠标左键不放，此时鼠标指针变为十字形，电容 C1 附着在十字指针上，移动鼠标到合适的位置，释放鼠标左键即可将电容 C1 移至新位置。这种方法与菜单命令 Edit → Move → Move Selection 类似。

4.2　绘图工具

Altium Designer 原理图编辑器的绘图功能主要体现在"Utilities"工具栏中的"高级绘图工具"图标中，如图 4-2-1 所示。这个图标中所绘制的对象均不具有电气特性，因此对原理图的电气性能没有丝毫影响。

4.2.1　绘制直线

执行菜单命令 Place → Drawing Tools → Line 即可在原理图中绘制直线。该命令的快捷按钮如图 4-2-1 中的直线图标所示。

执行该命令后，鼠标指针会变为十字形。在原理图任意点单击，确定直线的起点，拖曳鼠标到原理图中的另外一点后单击，确定直线的终点，至此，一条直线就绘制完毕了。右击取消直线绘制命令。

注 意

直线没有电气属性，切不可用于两个元器件之间的连接。

1. 直线的属性

在已绘制好的直线上双击，弹出 PolyLine 对话框，如图 4-2-2 所示。在鼠标指针处于十字形状态时按【Tab】键也能弹出 PolyLine 对话框。

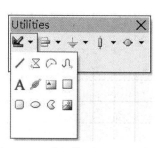

图 4-2-1 "高级绘图工具"图标

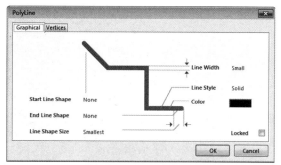

图 4-2-2 PolyLine 对话框

PolyLine 对话框中有两个标签，分别是 Graphical 和 Vertices，这两个标签分别为直线的图形属性和顶点属性。

（1）PolyLine 对话框中的 Graphical 标签。在这个标签中，可以对直线的图形属性进行配置。

① Start Line Shape 属性。如图 4-2-3 所示，单击 Start Line Shape 属性旁的下拉菜单按钮，弹出直线起始线端类型的下拉菜单。

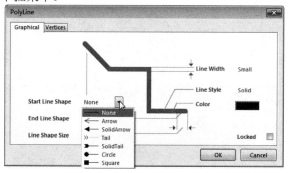

图 4-2-3 Start Line Shape 属性

在这些属性中，None 表示直线的起始线端无任何类型；Arrow 表示直线的起始线端为箭头类型；SolidArrow 表示直线的起始线端为实心箭头类型；Tail 表示直线的起始线端为箭尾类型；SolidTail 表示直线的起始线端为实心箭尾类型；Circle 表示直线的起始线端为实心圆类型；Square 表示直线的起始线端为实心正方形类型。

② End Line Shape 属性。如图 4-2-4 所示，单击 End Line Shape 属性旁的下拉菜单按钮，弹出直线终点线端类型的下拉菜单。

End Line Shape 属性与 Start Line Shape 属性是相同的，只不过前者是针对直线的终点而后者是针对直线的起点。

③ Line Shape Size 属性。如图 4-2-5 所示，单击 Line Shape Size 属性旁的下拉菜单按钮，弹出直线形状大小的下拉菜单。

这个属性确定了直线线端类型的尺寸大小。Smallest 为最小尺寸，Small 为小尺寸，Medium

为中等尺寸，Large 为大尺寸。

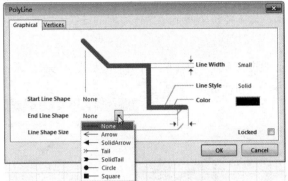

图 4-2-4　End Line Shape 属性

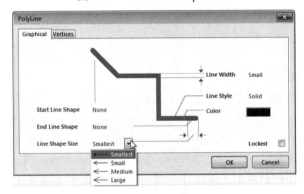

图 4-2-5　Line Shape Size 属性

④ Line Width 属性。如图 4-2-6 所示，单击 Line Width 属性旁的下拉菜单按钮，弹出直线宽度设置的下拉菜单。

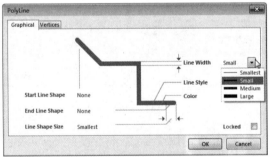

图 4-2-6　Line Width 属性

这个属性确定了直线宽度的大小。Smallest 为最小尺寸，Small 为小尺寸，Medium 为中等尺寸，Large 为大尺寸。

⑤ Line Style 属性。如图 4-2-7 所示，单击 Line Style 属性旁的下拉菜单按钮，弹出直线类型设置的下拉菜单。

这个属性确定了直线的类型。Solid 表示直线为实线，Dashed 表示直线为普通虚线，Dotted 表示直线为点状虚线，Dash dotted 表示直线为点与短线结合的虚线。

⑥ Color 属性。单击 Color 属性右侧的颜色选择栏，弹出 Choose Color 对话框，如图 4-2-8 所示。

在 Choose Color 对话框中有三个标签，分别是 Basic、Standard 和 Custom。Basic 标签中列出了

基本颜色类型，共有 240 种颜色可供选择，其编号为 0～239。系统默认的直线颜色为 3 号颜色。

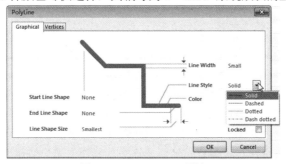

图 4-2-7　Line Style 属性

　　如图 4-2-9 所示，Standard 标签提供了标准颜色类型供用户选择。大六边形由代表标准颜色及其深浅渐变颜色构成的小六边形组成。大六边形下方是由白至黑的不同灰度级颜色构成的颜色选择界面。

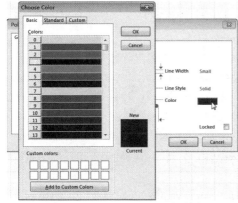

扫码看原图

图 4-2-8

扫码看原图

图 4-2-9

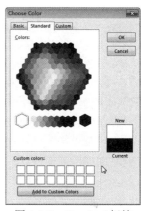

图 4-2-8　Choose Color 对话框

图 4-2-9　Standard 标签

　　如图 4-2-10 所示，Custom 标签为用户提供了自定义调色的工具。用户可以通过配置 RGB 三色的值来定义新的颜色，还可以采用 HSL 模式配置色相（H）、饱和度（S）和明度（L）三个参数来定义新的颜色。另外该标签还为用户提供了调色板来定义新的颜色。

　　在用户定义了新的颜色后，单击【Add to Custom Colors】按钮可将其显示在 Custom Colors 界面中，如图 4-2-11 所示。

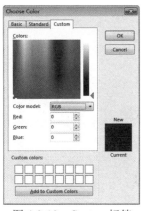

扫码看原图

图 4-2-10

扫码看原图

图 4-2-11

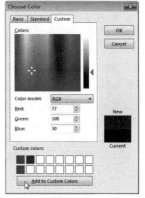

图 4-2-10　Custom 标签

图 4-2-11　将用户定义的新颜色
显示在 Custom Colors 界面中

　　在 Choose Color 对话框的右下方有 New 和 Current 两个颜色面板，它们分别表示用户新选择的颜色和系统当前颜色。

用户在选定新颜色后，单击【OK】按钮可改变所绘制直线的颜色，单击【Cancel】按钮可取消设置。

⑦ Locked 复选框。在 PolyLine 对话框的右下角有一个 Locked 复选框。如果选中了 Locked 复选框，那么所绘制的直线即被锁定，当用户编辑被锁定的直线时，系统会弹出如图 4-2-12 的 Confirm 对话框提示用户该初始对象已被锁定，是否要继续？如果要继续对已锁定直线进行编辑，则单击【Yes】按钮，反之则单击【No】按钮。

锁定功能是防止用户对关键线误编辑。

（2）PolyLine 对话框中的 Vertices 标签。如图 4-2-13 所示，Vertices 标签中给出了直线两个端点的坐标。用户可以手动修改直线端点的坐标。这个功能便于用户快速地按要求绘制出直线。

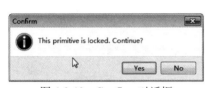

图 4-2-12　Confirm 对话框

图 4-2-13　Vertices 标签

单击【Add...】按钮会增加一个端点，单击【Remove...】按钮会删除一个端点。该功能便于用户绘制诸如三角形和矩形等形状。

例如，利用此功能绘制一个等腰三角形，操作如下。

① 执行菜单命令 Place → Drawing Tools → Line，鼠标指针变为十字形。

② 在原理图上任意点单击，确定直线的起点，平移鼠标到另外一点，再次单击，确定直线的终点，连续右击两次，取消绘制直线命令。

③ 双击绘制好的直线，弹出 PolyLine 对话框，选择 Vertices 标签。修改直线端点的坐标，如图 4-2-14 所示。

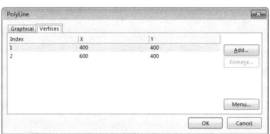

图 4-2-14　修改绘制好的直线端点坐标

④ 在 Vertices 标签中选中 Index 2 后，单击【Add...】按钮增加 Index 3，修改端点 Index 3 的坐标，如图 4-2-15 所示。单击【OK】按钮后，出现如图 4-2-16 所示的三角形的两条边。

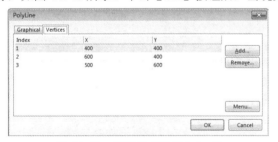

图 4-2-15　增加端点坐标 Index 3

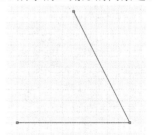

图 4-2-16　利用 Vertices 标签中的坐标绘制
三角形的两条边

⑤ 双击绘制好的直线，弹出 PolyLine 对话框，选择 Vertices 标签。在 Vertices 标签中选中 Index 3 后，单击【Add...】按钮增加 Index 4，修改端点 Index 4 的坐标，如图 4-2-17 所示。单击【OK】按钮后，出现如图 4-2-18 所示的等腰三角形。

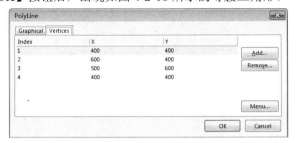

图 4-2-17　增加端点坐标 Index 4

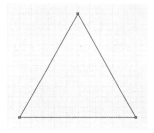

图 4-2-18　绘制完毕的等腰三角形

2. 利用快捷方式【Shift】+【空格】组合键绘制直线

在绘制直线时采用快捷方式【Shift】+【空格】组合键可以改变直线的绘制方向。

（1）系统默认直线绘制方向。系统默认的直线绘制方向是任意方向，即在确定直线的起点后，鼠标指针可以在原理图中任意移动以确定直线的终点，如图 4-2-19 所示的几条直线。

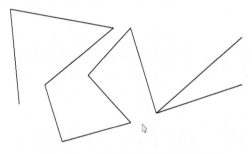

图 4-2-19　在原理图中任意绘制直线

（2）按一次或两次【Shift】+【空格】组合键。在系统默认的情况下，按一次或两次【Shift】+【空格】组合键，则在确定直线的起点后，移动鼠标指针时，直线只能水平或垂直移动。当按一次【Shift】+【空格】组合键时，直线会以终点为端点垂直移动，当按两次【Shift】+【空格】组合键时，直线会以起点为端点垂直移动，分别如图 4-2-20 和图 4-2-21 所示。这种方法适合绘制矩形等规则图形。

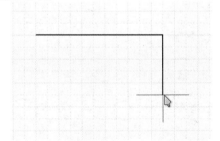

图 4-2-20　按一次【Shift】+【空格】组合键时，直线以终点为端点垂直移动

图 4-2-21　按两次【Shift】+【空格】组合键时，直线以起点为端点垂直移动

（3）按三次或四次【Shift】+【空格】组合键。在系统默认的情况下，按三次或四次【Shift】+【空格】组合键，则在确定直线的起点后，移动鼠标指针时，直线只能水平或以 45°角的方向移动。当按三次【Shift】+【空格】组合键时，直线会以终点为端点并沿 45°角的方向移动，当按四次【Shift】+【空格】组合键时，直线会以起点为端点并沿 45°角的方向移动，分别如图 4-2-22 和 4-2-23 所示。

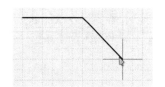

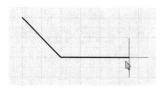

图 4-2-22　按三次【Shift】+【Space】组合键时，直　　图 4-2-23　按四次【Shift】+【Space】组合键时，直
　　　　　　线以终点为端点并沿 45°角的方向移动　　　　　　　　　线以起点为端点并沿 45°角的方向移动

这种方法适合绘制多边形等形状。

按第五次【Shift】+【Space】组合键时，直线绘制恢复系统默认情况。

4.2.2　单行文字标注

执行菜单命令 Place → Text String 即可在原理图中添加单行文字标注。该命令的快捷按钮如
图 4-2-24 所示。执行该命令后，鼠标指针变为十字形，在十字形指针的右上方附着 Text 字样的文
本，如图 4-2-25 所示。

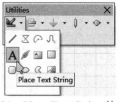

　　图 4-2-24　Place Text String 快捷按钮　　　　　　　图 4-2-25　十字形指针上附着 Text 文本

在鼠标指针为十字形状态时，按【Tab】键弹出 Annotation 对话框，如图 4-2-26 所示。双击
已经存在的单行标注文本也能弹出 Annotation 对话框。在该对话框中可以输入标注的文本，还可
以设置文本的属性。

（1）Color 属性。标注文本的 Color 属性与 PolyLine 对话框中的 Color 属性相同，有关操作可
参见 4.2.1 节。标注文本的颜色默认为 223 号颜色。

（2）Location 属性。该属性确定了标注文本在原理图中的位置，即十字形指针中心位置的坐
标。可以手动修改标注文本的坐标。

（3）Orientation 属性。该属性确定了标注文本的旋转角度。系统默认的标注文本的旋转角度为
0 Degrees。单击 0 Degrees 会弹出旋转角度下拉菜单，如图 4-2-27 所示。可供选择的角度有 0
Degrees、90 Degrees、180 Degrees 和 270 Degrees。如果选择 90 Degrees，那么标注文本将逆时针旋转
90°，如图 4-2-28 所示。

　图 4-2-26　Annotation 对话框　　　图 4-2-27　旋转角度下拉菜单　　　图 4-2-28　标注文本逆时针旋
　　　转 90°

（4）Horizontal Justification 属性。该属性用于对标注文本的位置进行水平调整。单击 Horizontal Justification 属性中的 Left 会弹出水平位置调整下拉菜单，如图 4-2-29 所示。可供选择的位置有 Left（向左调整）、Center（居中调整）和 Right（向右调整）。

（5）Vertical Justification 属性。该属性用于对标注文本的位置进行垂直调整。单击 Vertical Justification 属性中的 Bottom 会弹出垂直位置调整下拉菜单，如图 4-2-30 所示。可供选择的位置有 Bottom（向下调整）、Center 和 Top（向上调整）。

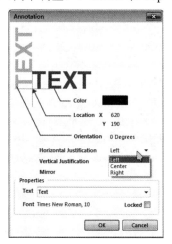
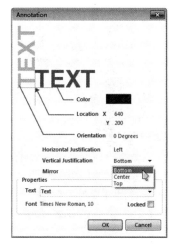

图 4-2-29　水平位置调整下拉菜单　　　　　图 4-2-30　垂直位置调整下拉菜单

（6）Mirror 复选框。该属性为标注文本的镜像调整属性。如果选中 Mirror 复选框，则标注文本会向原位置的镜像方向移动。为了便于观察，将标注文本 Text 放入已绘制好的方格内，如图 4-2-31 所示。双击标注文本 Text 弹出 Annotation 对话框，选中 Mirror 复选框，单击【OK】按钮，标注文本的位置向原位置的镜像方向移动了，如图 4-2-32 所示。

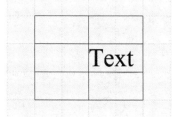
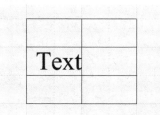

图 4-2-31　将标注文本 Text 放置在绘制好的方格内　　图 4-2-32　标注文本向原位置的镜像方向移动

（7）Text 属性。在 Text 属性中，用户可以直接输入需要标注的文本信息，另外也可以单击 Text 文本框最右边的下拉菜单按钮，在弹出的列表中选择 Altium Designer 提供的标注信息，如图 4-2-33 所示。

（8）Font 属性。在 Font 属性中，用户可以修改标注文本的字体，系统默认的字体和字号是"Times New Roman，10"。如果需要修改字体属性，则单击"Times New Roman，10"弹出字体对话框，如图 4-2-34 所示。在字体对话框中，用户可以修改字体的相关属性。

（9）Locked 复选框。该复选框的作用与 4.2.1 节中 PolyLine 对话框中的 Locked 复选框功能相同，在此不再赘述。

4.2.3　多行文字标注

执行菜单命令 Place → Text Frame 即可在原理图中添加多行文字标注。该命令的快捷按钮如图 4-2-35 所示。执行该菜单命令后，鼠标指针变为十字形，在十字形指针的右上方附着文本框，如图 4-2-36 所示。

图 4-2-33　Altium Designer 软件提供的标注文本信息

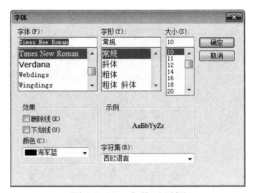

图 4-2-34　字体对话框

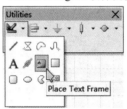

图 4-2-35　Place Text Frame 快捷按钮

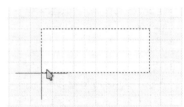

图 4-2-36　十字形指针上附着文本框

在鼠标指针为十字形状态时，按【Tab】键弹出 Text Frame 对话框，如图 4-2-37 所示。双击已经存在的多行标注文本框也能弹出 Text Frame 对话框。在该对话框中可以输入多行标注的文本，还可以设置文本及文本框的属性。

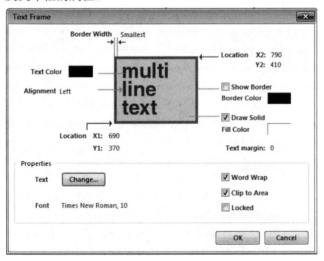

图 4-2-37　Text Frame 对话框

（1）Border Width 属性。该属性用于设置文本框的边框线条的粗细，系统默认是 Smallest（最细）。该属性的设置方法与 4.2.1 节 PolyLine 对话框中的 Line Width 属性类似，在此不再赘述。

（2）Text Color 属性。该属性确定了标注文本的颜色，系统默认的标注文本颜色为 3 号颜色。该属性的设置方法与 4.2.1 节 PolyLine 对话框中 Color 属性类似，在此不再赘述。

（3）Alignment 属性。该属性确定了标注文本的对齐方式。单击 Alignment 属性中的 Left，则会弹出设置对齐方式下拉菜单，如图 4-2-38 所示。对齐方式共有三种，分别是 Left（左对齐）、Center（居中对齐）和 Right（右对齐）。系统默认的对齐方式是 Left。

（4）Location 属性。该属性确定了多行标注文本框的位置。多行标注文本框的位置由矩形文本框的两个顶点坐标确定，这两个顶点分别是左下顶点和右上顶点，左下顶点的坐标为（X1,Y1），右上顶点的坐标为（X2,Y2）。这两组坐标可以手动修改。

（5）Show Border 复选框。如果选中 Show Border 复选框，则原理图上的多行标注文本框会显示边框线；若不选中该项，则会显示为无边框。

（6）Border Color 属性。该属性确定了文本边框的颜色。系统默认的边框颜色为 3 号颜色。该属性的设置方法与 Text Color 属性类似，在此不再赘述。

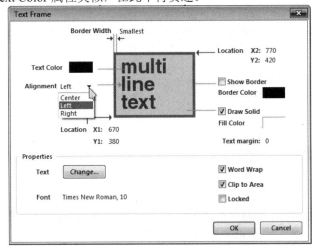

图 4-2-38 设置对齐方式下拉菜单

需要说明的是，只有选中 Show Border 复选框，Border Width 属性和 Border Color 属性的设置才有意义。

（7）Draw Solid 复选框。如果选中 Draw Solid 复选框，则多行标注文本框的背景不透明，否则文本框的背景是透明的。系统默认文本框背景为不透明。

（8）Fill Color 属性。在选中 Draw Solid 复选框的前提下，该属性用于设置文本框的背景颜色，系统默认为 233 号颜色。该属性的设置方法与 Text Color 属性类似，在此不再赘述。

（9）Text margin 属性。该属性可设置文本的起始位置。系统默认的 Text margin 的值是 0。如图 4-2-39 所示，如果设置 Text margin 的值不为 0，则文本将沿图中的指示线方向移动。

（10）Text 属性。单击【Change...】按钮，弹出如图 4-2-40 所示的 TextFrame Text 对话框。在这个对话框中可以直接输入标注文本，标注信息输入完毕后单击【OK】按钮。

输入标注文本的操作还可以通过以下几个步骤完成。

① 单击多行标注文本框将其选中，如图 4-2-41 所示。

② 当多行标注文本框处于被选中状态下，再次单击多行标注文本框，文本框进入编辑状态，此时可以在文本框内输入文本信息，如图 4-2-42 所示。

③ 编辑完成后，单击 ✔ 按钮进行确认。若取消编辑，则单击 ✖ 按钮。

（11）Font 属性。该属性确定了多行标注文本字体的相关属性，系统默认的字体是 Times New Roman，字号是 10 号。该属性的设置方法与 4.2.2 节 Annotation 对话框中的 Font 属性类似，在此不再赘述。

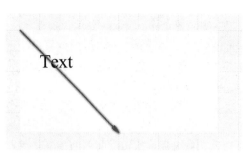

图 4-2-39　设置 Text margin 的值后
文本的移动方向

图 4-2-40　TextFrame Text 对话框

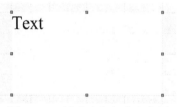

图 4-2-41　选中多行标注文本框

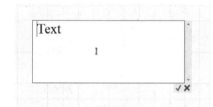

图 4-2-42　多行标注文本框进入编辑状态

（12）Word Wrap 复选框。如果选中 Word Wrap 复选框，则在输入文本时，文本会自动换行。系统默认 Word Wrap 复选框处于被选中状态。

（13）Clip to Area 复选框。如果选中 Clip to Area 复选框，则在输入文本过长而超过文本框范围时，超出文本框的文本将不会被显示出来；如果不选中 Clip to Area 复选框，则在输入文本过长而超过文本框范围时，文本框会自动扩展以适应文本的长度。系统默认该复选框处于被选中状态。

（14）Locked 复选框。该复选框的功能与 4.2.2 节中 Annotation 对话框的 Locked 复选框类似，在此不再赘述。下面介绍一个多行文本标注的实例。

① 执行菜单命令 Place → Text Frame，在原理图 4-1-1 中适当的位置单击，确定文本框左下顶点的位置，向原理图右上方移动鼠标指针，在合适的位置单击，确定文本框右上顶点的位置，如图 4-2-43 所示。

② 双击文本框，弹出 Text Frame 对话框，对相关属性进行设置，如图 4-2-44 所示。选中 Show Border 复选框，将 Border Width 属性设置为 Small，将 Font 属性设置为"宋体，12 号"。

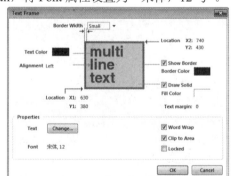

扫码看原图

图 4-2-44

图 4-2-43　创建多行文本标注框

图 4-2-44　设置多行标注文本的相关属性

③ 单击 Text 属性中的【Change…】按钮，在 TextFrame Text 对话框中输入"电阻分压式负

反馈放大电路，电路的放大倍数 A 为 5"，单击【OK】按钮。回到 Text Frame 对话框中再次单击
【OK】按钮。

④ 回到原理图中，在原理图的空白处单击，取消文本框的选中状态。

图 4-2-45 就是设置好的多行标注文本的效果图。

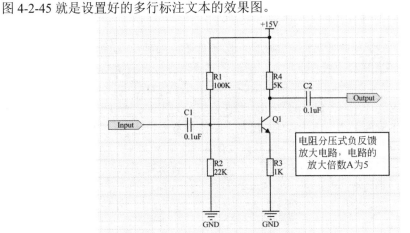

图 4-2-45　多行标注文本

4.2.4　绘制多边形

执行菜单命令 Place → Drawing Tools → Polygon 即可在原理图中绘制多边形。该命令的快捷
按钮如图 4-2-46 所示。

执行菜单命令 Place → Drawing Tools → Polygon 后，鼠标指针变为十字形，进入多边形绘制
状态。在鼠标指针为十字形状态时，按【Tab】键弹出 Polygon 对话框，在该对话框中可以设置要
绘制的多边形的属性，如图 4-2-47 所示。双击已经绘制好的多边形也能弹出 Polygon 对话框。

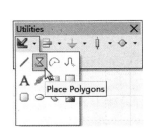

图 4-2-46　Place Polygons 快捷按钮

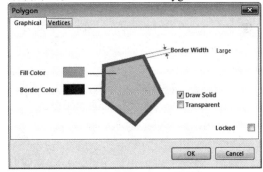

图 4-2-47　Polygon 对话框

Polygon 对话框包含两个标签，分别是 Graphical 标签和 Vertices 标签。在 Graphical 标签可以
对多边形的图形属性进行设置；在 Vertices 标签中可以设置多边形顶点的坐标。

（1）Graphical 标签。

① Fill Color 属性。Fill Color 属性为多边形的填充色，系统默认为 213 号颜色。Border Color
属性为多边形边的颜色，系统默认为 229 号颜色。Fill Color 属性和 Border Color 属性的设置方法
与 4.2.1 节 PolyLine 对话框中 Color 属性类似，在此不再赘述。

② Border Width 属性。Border Width 属性为多边形边的粗细设定，系统默认的值是 Large。
该属性的设置方法与 4.2.1 节 PolyLine 对话框中 Line Width 属性类似，在此不再赘述。

③ Draw Solid 复选框。Draw Solid 复选框用于确定多边形内部是否有填充色。系统默认
Draw Solid 复选框是被选中状态，此时 Fill Color 属性才会有意义。若不选中 Draw Solid 复选框，

则多边形的内部是无填充色的，此时对 Fill Color 属性进行设置是无效的。

④ Transparent 复选框。Transparent 复选框用于确定多边形内部是否为透明的。系统默认 Transparent 复选框处于非选中状态。

⑤ Locked 复选框。Locked 复选框的功能与 4.2.2 节中 Annotation 对话框的 Locked 复选框类似，在此不再赘述。

（2）Vertices 标签。Vertices 标签如图 4-2-48 所示。该标签可以对多边形的顶点坐标进行编辑。

Vertices 标签中的【Add】按钮用于增加多边形的顶点坐标，单击【Add】按钮会在当前选中的坐标下增加一组顶点坐标，坐标值与当前选中的坐标值相同。如图 4-2-48 所示，当前选中的坐标是（560,560），索引号为 1。单击【Add】按钮，则在索引号为 1 的坐标下面增加一组顶点坐标，索引号为 2，坐标为（560,560），如图 4-2-49 所示。单击任意坐标值即可对其进行修改。

Vertices 标签中的【Remove】按钮用于删除选中的坐标。

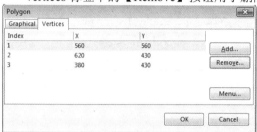

图 4-2-48　Polygon 对话框中的 Vertices 标签

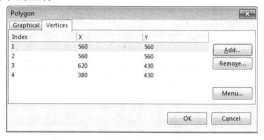

图 4-2-49　增加多边形顶点坐标

单击 Vertices 标签中的【Menu】按钮，会弹出如图 4-2-50 所示的菜单。

① Edit…命令。该命令只在多边形顶点坐标被选中时才有效。Edit…命令的功能是使多边形顶点坐标处于可编辑的状态。

② Add 和 Remove 命令。Add 命令可增加一个坐标点，而 Remove 命令正好相反。

③ Copy 和 Paste 命令。Copy 命令是复制坐标，Paste 命令是粘贴坐标。

④ Select All 和 Select Column 命令。Select All 命令用于选择全部坐标；Select Column 命令用于选择列坐标。

⑤ Move Up 和 Move Down 命令。Move Up 命令用于向上移动坐标，而 Move Down 命令则相反。这两条命令会改变坐标的索引值。

⑥ Move Polygon By XY 命令。该命令的功能是依据给出的坐标整体移动多边形。执行该命令后会弹出如图 4-2-51 所示的 Move Polygon By 对话框。

例如，多边形已有坐标如图 4-2-52 所示。进入 Menu 菜单，选择 Move Polygon By XY 弹出 Move Polygon By 对话框，将 X 和 Y 坐标改为 100，如图 4-2-53 所示，单击【OK】按钮。如图 4-2-54 所示，三组坐标均增加了 100。

图 4-2-50　Menu 菜单

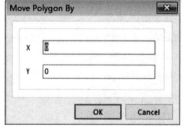

图 4-2-51　Move Polygon By 对话框

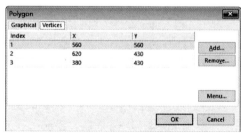

图 4-2-52　多边形的三组坐标

在 Polygon 对话框界面中单击【OK】按钮，确认多边形顶点坐标，绘制出如图 4-2-55 所示的多边形。

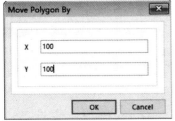

图 4-2-53　移动坐标值为 100

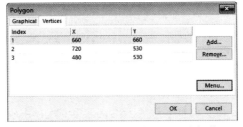

图 4-2-54　移动后的多边形三组坐标值

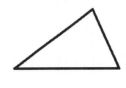

图 4-2-55　通过确定顶点绘制出的多边形

4.2.5　绘制椭圆弧线和圆形弧线

执行菜单命令 Place → Drawing Tools → Elliptical Arc 即可在原理图中绘制椭圆弧线。该命令的快捷按钮如图 4-2-56 所示。

执行菜单命令 Place → Drawing Tools → Elliptical Arc 后，鼠标指针变为十字形，进入椭圆弧线绘制状态。在鼠标指针为十字形状态时，按【Tab】键弹出 Elliptical Arc 对话框，在该对话框中可以设置要绘制的椭圆弧线的属性，如图 4-2-57 所示。双击已经绘制好的椭圆弧线也能弹出 Elliptical Arc 对话框。

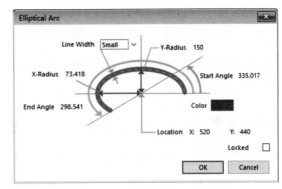

图 4-2-56　Place Elliptical Arcs 快捷按钮

图 4-2-57　Elliptical Arc 对话框

Elliptical Arc 对话框包含六个属性，下面针对六个属性进行详细介绍。

① Line Width 属性。Line Width 属性为椭圆弧线的粗细设定，系统默认的值是 Small。该属性的设置方法与 4.2.1 节 PolyLine 对话框中 Line Width 属性类似，在此不再赘述。

② X-Radius 和 Y-Radius 属性。X-Radius 为椭圆弧线的长轴半径，Y-Radius 为椭圆弧线的短轴半径。

③ Start Angle 和 End Angle 属性。Start Angle 为椭圆弧线的起点角度，End Angle 为椭圆弧线的终点角度。

④ Location 属性。Location 属性中含有两个参数 X 和 Y。由 X 和 Y 的值组成的坐标表示了椭圆弧线圆心的位置。

⑤ Color 属性。该属性用于对椭圆弧线的颜色进行设置。默认的椭圆弧线颜色是蓝色，颜色序号为 229。

⑥ Locked 复选框。Locked 复选框的功能与 4.2.2 节中 Annotation 对话框的 Locked 复选框类似，在此不再赘述。

现举一个实例说明椭圆弧线的绘制过程。

在图 4-2-57 所示的对话框中，先确定椭圆弧线圆心的位置，此处坐标值为（500,500）；然后，确定椭圆弧线的起点角度和终点角度，此处这两个角度分别为 0°和 270°；最后，确定椭圆弧线的长短轴，此处长轴和短轴长度分别为 200 和 100，注意这里长轴和短轴长度数值为当前原理图文档栅格的倍数，椭圆弧线的圆心坐标值也是如此；椭圆弧线的默认颜色为蓝色，Locked 复选框不选中，椭圆弧线的默认线宽为 Small。椭圆弧线的具体参数配置如图 4-2-58 所示。单击【OK】按钮，此时鼠标指针变为十字形并附着按照参数生成的椭圆弧线，鼠标指针处于椭圆弧线的圆心，如图 4-2-59 所示。椭圆弧线的圆心坐标为（500,500），坐标值如图 4-2-60 所示。

若要放置椭圆弧线还需要进行五次单击确认。第一次单击确认椭圆弧线的圆心位置；第二次单击确认以（500,500）为圆心的长轴的大小，如图 4-2-61 所示；第三次单击确认以（500,500）为圆心的短轴的大小，如图 4-2-62 所示；第四次单击确认椭圆弧线的起点角度，如图 4-2-63 所示；第五次单击确认椭圆弧线的终点角度，如图 4-2-64 所示。第五次单击后，即可绘制出一条椭圆弧线，如图 4-2-65 所示。右击取消绘制椭圆弧线状态。

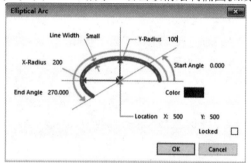

图 4-2-58　椭圆弧线的具体配置参数

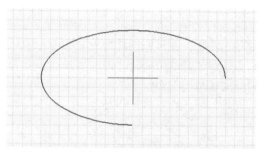

图 4-2-59　鼠标指针处于椭圆弧线的圆心

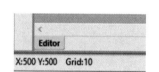

图 4-2-60　椭圆弧线的圆心坐标

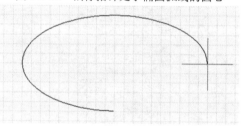

图 4-2-61　确认椭圆弧线的长轴

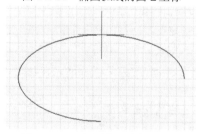

图 4-2-62　确认椭圆弧线的短轴

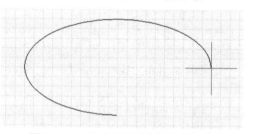

图 4-2-63　确认椭圆弧线的起点角度

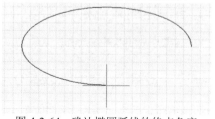

图 4-2-64　确认椭圆弧线的终点角度

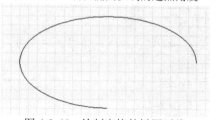

图 4-2-65　绘制完毕的椭圆弧线

绘制圆形弧线的一种方法是将椭圆弧线的长轴和短轴的值设置为相等即可。另一种方法是执行菜单命令 Place → Drawing Tools → Arc 即可在原理图中绘制圆形弧线，圆形弧线绘制工具没有快捷按钮。

执行菜单命令 Place → Drawing Tools → Arc 后，鼠标指针变为十字形，进入圆形弧线绘制状态。在鼠标指针为十字形状态时，按【Tab】键弹出 Arc 对话框，在该对话框中可以设置要绘制的圆形弧线的属性，如图 4-2-66 所示。双击已经绘制好的圆形弧线也能弹出 Arc 对话框。

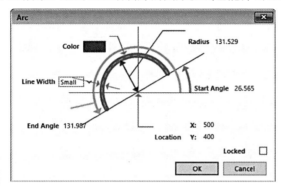

图 4-2-66　Arc 对话框

Arc 对话框包含六个属性，下面针对六个属性进行详细介绍。

① Line Width 属性。Line Width 属性为圆形弧线的粗细设定，系统的默认值是 Small。该属性的设置方法与 4.2.1 节 PolyLine 对话框中 Line Width 属性类似，在此不再赘述。

② Radius 属性。Radius 为圆形弧线的半径。

③ Start Angle 和 End Angle 属性。Start Angle 为圆形弧线的起点角度，End Angle 为圆形弧线的终点角度。

④ Location 属性。Location 属性中含有两个参数 X 和 Y。由 X 和 Y 的值组成的坐标表示了圆形弧线的圆心位置。

⑤ Color 属性。该属性用于对圆形弧线的颜色进行设置。默认的圆形弧线颜色是蓝色，颜色序号为 229。

⑥ Locked 复选框。Locked 复选框的功能与 4.2.2 节中 Annotation 对话框的 Locked 复选框类似，在此不再赘述。

现举一个实例说明圆形弧线的绘制过程。

在 Arc 对话框中，先确定圆形弧线圆心的位置，此处坐标值为（600,400）；然后，确定圆形弧线的起点角度和终点角度，此处这两个角度分别为 60°和 200°；最后，确定圆形弧线的半径，此处半径值设置为 100；圆形弧线的默认颜色为蓝色，Locked 复选框不选中，圆形弧线的线宽为 Medium。圆形弧线的具体参数配置如图 4-2-67 所示。单击【OK】按钮，此时鼠标指针变为十字形并附着按照参数生成的圆形弧线，鼠标指针处于圆形弧线的圆心，如图 4-2-68 所示。圆形弧线的圆心坐标为（600,400），如图 4-2-69 所示。

若要放置圆形弧线还需要进行四次单击确认。第一次单击确认圆形弧线的圆心位置；第二次单击确认以（600,400）为圆心的半径大小，如图 4-2-70 所示；第三次单击确认圆形弧线的起点角度，如图 4-2-71 所示；第四次单击确认圆形弧线的终点角度，如图 4-2-72 所示；第四次单击后，即可绘制出一条圆形弧线，如图 4-2-73 所示。右击取消绘制圆形弧线状态。

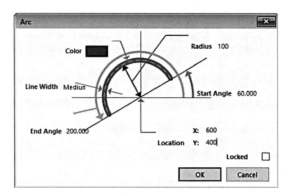

图 4-2-67　圆形弧线的具体配置参数

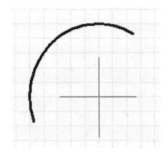

图 4-2-68　鼠标指针处于圆形弧线的圆心

图 4-2-69　圆形弧线的圆心坐标

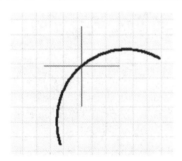

图 4-2-70　确认圆形弧线的半径

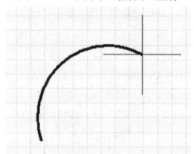

图 4-2-71　确认圆形弧线的起点角度

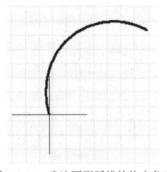

图 4-2-72　确认圆形弧线的终点角度

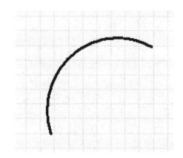

图 4-2-73　绘制完毕的圆形弧线

4.2.6　绘制椭圆图形

执行菜单命令 Place → Drawing Tools → Ellipses 即可在原理图中绘制椭圆图形。该命令的快捷按钮如图 4-2-74 所示。

执行菜单命令 Place → Drawing Tools → Elliptical 后，鼠标指针变为十字形，进入椭圆图形绘制状态。在鼠标指针为十字形状态时，按【Tab】键弹出 Ellipse 对话框，在该对话框中可以设置要绘制的椭圆图形的属性，如图 4-2-75 所示。双击已经绘制好的椭圆图形也能弹出 Ellipse 对话框。

图 4-2-74　Place Ellipses 快捷按钮

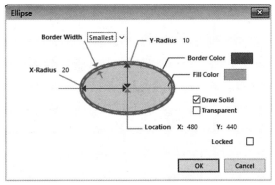

扫码看原图

图 4-2-75

图 4-2-75　Ellipse 对话框

Ellipse 对话框包含八个属性，下面针对八个属性进行详细介绍。

① Border Width 属性。Border Width 属性为椭圆图形边界线的粗细设定，系统默认为 Smallest。该属性的设置方法与 4.2.1 节 PolyLine 对话框中 Line Width 属性类似，在此不再赘述。

② X-Radius 和 Y-Radius 属性。X-Radius 为椭圆图形的长轴半径，Y-Radius 为椭圆图形的短轴半径。

③ Border Color 属性。Border Color 属性用于对椭圆图形边界线的颜色进行设置。默认颜色为蓝色，颜色编号为 229。

④ Fill Color 属性。该属性用于对椭圆图形内部填充颜色进行设置。默认颜色为灰色，颜色编号为 213。

⑤ Location 属性。Location 属性用于对椭圆图形的圆心坐标进行配置。

⑥ Draw Solid 复选框。该复选框的功能是确定椭圆图形内部是否填充。若该复选框不被选中，则椭圆图形是透明的，Fill Color 属性无效；若该复选框被选中，则椭圆图形是填充的，填充颜色由 Fill Color 属性来确定。

⑦ Transparent 复选框。该复选框用于对椭圆图形的透明属性进行设置。当选中 Draw Solid 复选框后，若选中 Transparent 复选框，则椭圆图形虽然带有填充色，但是填充色是透明的；若不选中 Transparent 复选框，则椭圆图形是不透明的。图 4-2-76 是一个带有填充色的透明椭圆图形。

⑧ Locked 复选框。Locked 复选框的功能与 4.2.2 节中 Annotation 对话框的 Locked 复选框类似，在此不再赘述。

现举一个实例说明椭圆图形的绘制过程。

在 Ellipse 对话框中，先确定椭圆图形圆心的位置，此处坐标值为（500,500）；然后，确定椭圆图形的长短轴，此处长轴和短轴长度分别为 200 和 150；椭圆图形的边界线宽设置为 Medium，边界线颜色和填充颜色采用默认值，Draw Solid 复选框、Transparent 复选框和 Locked 复选框都不选中。椭圆图形的具体配置参数如图 4-2-77 所示。单击【OK】按钮，此时鼠标指针变为十字形并附着按照参数生成的椭圆图形，鼠标指针处于椭圆图形的圆心，如图 4-2-78 所示。椭圆图形的圆心坐标为（500,500），坐标值如图 4-2-79 所示。

若要放置椭圆图形还需要进行三次单击确认。第一次单击确认椭圆图形的圆心位置；第二次单击确认以（500,500）为圆心的长轴的大小，如图 4-2-80 所示；第三次单击确认以（500,500）为圆心的短轴的大小，如图 4-2-81 所示；第三次单击后即绘制完成一个椭圆图形，如图 4-2-82 所示。右击取消绘制椭圆弧线状态。

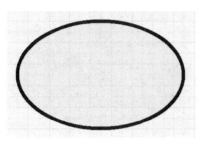

图 4-2-76　带有填充色的透明椭圆图形

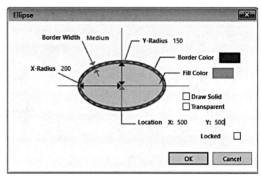

图 4-2-77　椭圆图形的具体配置参数

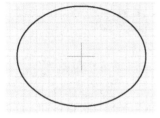

图 4-2-78　鼠标指针处于椭圆图形的圆心

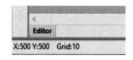

图 4-2-79　椭圆图形的圆心坐标

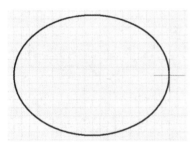

图 4-2-80　确认椭圆图形的长轴

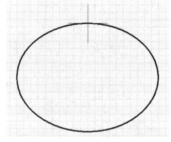

图 4-2-81　确认椭圆图形的短轴

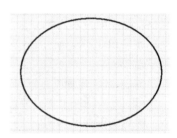

图 4-2-82　绘制完成的椭圆图形

4.2.7　绘制曲线

Altium Designer 软件提供了贝塞尔曲线的绘制工具。执行菜单命令 Place → Drawing Tools → Bezier 即可在原理图中绘制贝塞尔曲线。该命令的快捷按钮如图 4-2-83 所示。

执行菜单命令 Place → Drawing Tools → Bezier 后，鼠标指针变为十字形，进入贝塞尔曲线绘制状态。在鼠标指针为十字形状态时，按【Tab】键弹出 Bezier 对话框。绘制贝塞尔曲线的过程与绘制多边形的过程相同，也是按照顶点坐标来绘制。如图 4-2-84 所示，选中贝塞尔曲线后，显示出曲线的多边形顶点。

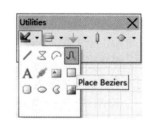

图 4-2-83　Place Bezier 快捷按钮

双击绘制好的贝塞尔曲线会弹出如图 4-2-85 所示的 Bezier 对话框。在该对话框中，用户可以对贝塞尔曲线的宽度、颜色和锁定属性进行设置。

绘制贝塞尔曲线的方法就是确定每个多边形的顶点。例如，执行菜单命令 Place → Drawing Tools → Bezier，将十字形鼠标指针放置在坐标（560,600）处，作为贝塞尔曲线的起始点，单击确认顶点；移动鼠标指针至坐标（620,560）处，单击确认顶点；移动鼠标指针至坐标（560,520）处，单击确认顶点；移动鼠标指针至坐标（620,480）处，单击确认顶点；移动鼠标指针至坐标（580,460）

处，单击确认顶点；移动鼠标指针至坐标（600,440）处，该点作为贝塞尔曲线的终点，双击进行确认。最后，右击取消绘制曲线状态。每次移动鼠标指针时，线段会自动弯曲以到达下一个顶点。绘制完毕的贝塞尔曲线如图 4-2-86 所示，为了便于观察顶点，该曲线处于被选中状态。

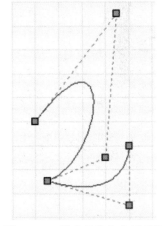

图 4-2-84　选中贝塞尔曲线后显示出的多边形顶点

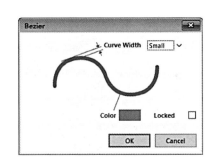

图 4-2-85　Bezier 对话框

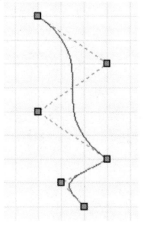

图 4-2-86　绘制好的贝塞尔曲线

4.3　改变对象叠放层次

本节将要介绍如何改变不同对象的层次叠放顺序。

改变对象层次的命令共有五个，这五个命令均隶属于 Edit 菜单 Move 命令下，分别为 Move to Front、Bring to Front、Send to Back、Bring to Front Of 和 Send to Back Of。

4.3.1　移到最上层

参照 4.2 节所述的方法绘制一个椭圆图形和一个多边形，如图 4-3-1 所示。

要求：将椭圆图形放置于多边形之上，覆盖多边形，如图 4-3-2 所示。执行相关操作将多边形移至椭圆图形之上（即图层的最上层）。

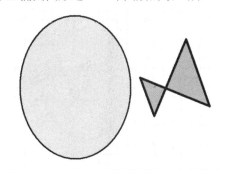

图 4-3-1　绘制一个椭圆图形和一个多边形

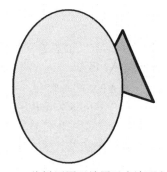

图 4-3-2　将椭圆图形放置于多边形之上

执行菜单命令 Edit → Move → Move to Front，鼠标指针变为十字形。将十字形鼠标指针移至椭圆图形中央并单击，弹出如图 4-3-3 所示的菜单，选择菜单"Polygon（485,310）"，此时多边形附着在十字形鼠标指针上并出现在椭圆图形之上，如图 4-3-4 所示。单击即可将多边形放置于椭圆图形之上，最后右击取消移动操作，效果如图 4-3-5 所示。

利用命令 Bring to Front 也可以将对象移至最上层。执行菜单命令 Edit → Move → Bring to Front，鼠标指针变为十字形。将十字形鼠标指针移至椭圆图形中央并单击，弹出如图 4-3-3 所示的菜单，选择菜单"Polygon（485,310）"，此时多边形被移至最上层，右击取消移动操作。

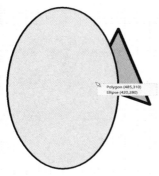

图 4-3-3　将十字形鼠标指针移至椭圆图形中央
并单击，弹出菜单

图 4-3-4　多边形附着在十字形鼠标指针上
并出现在椭圆图形之上

图 4-3-5　将多边形移至最上层

> **注　意**
>
> 此处出现的坐标均是笔者绘制图形的坐标，用户在选择坐标时需根据自己绘制图形的坐标而定，下同。

4.3.2　移到最下层

参照 4.2 节所述的方法绘制一个椭圆图形和一个多边形，如图 4-3-1 所示。

按 4.3.1 节的操作，将椭圆图形放置于多边形之上，覆盖多边形，如图 4-3-2 所示。

要求：在图 4-3-2 的基础上，将椭圆图形移至最下层。

执行菜单命令 Edit → Move → Send to Back，鼠标指针变为十字形，将十字形鼠标指针移至椭圆图形之上。单击即可将椭圆图形放置于多边形之下，即最下层。最后右击取消移动操作，效果如图 4-3-6 所示。

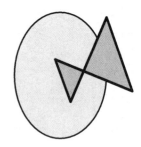

图 4-3-6　将椭圆图形移至最下层

4.3.3　将一个对象移到另一个对象上面（下面）

参照 4.2 节所述的方法绘制两个椭圆图形和一个多边形，它们的层次关系如图 4-3-7 所示。

（1）将 1 号椭圆图形移至 2 号多边形上面，保持 3 号、1 号、2 号的层叠顺序。执行菜单命令 Edit → Move → Bring to Front Of，鼠标指针变为十字形。移动鼠标指针至 1 号椭圆图形之上，单击确认需要移动的图形，此时鼠标指针继续保持十字形，移动鼠标指针至 2 号多边形之上并单击，弹出如图 4-3-8 所示的菜单，选择菜单"Polygon（485,270）"确认移动的层次顺序（将 1 号移至 2 号图形之上），此时1号椭圆图形就覆盖了2号多边形，处于2号多边形之上，但是1号和2号图形仍处于3号图形之下，如图4-3-9所示，右击取消移动操作。

（2）移动3号图形至1号图形之下。执行菜单命令 Edit → Move → Send to Back Of，鼠标指针变为十字形。移动鼠标指针至3号椭圆图形之上，单击确认需要移动的图形，此时鼠标指针继续保持十字形，移动鼠标指针至1号椭圆图形之上，单击进行确认，此时如图4-3-10所示，3号图形移至1号图形之下，右击取消移动操作。

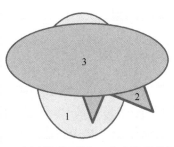

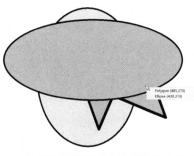

图 4-3-7　两个椭圆图形和一个多边形的层次关系　　　图 4-3-8　移动鼠标指针至2号多边形之上并单击，
弹出菜单

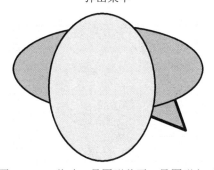

图 4-3-9　将1号图形移至2号图形之上
并保持处于3号图形之下

图 4-3-10　移动3号图形移至1号图形之下

4.1　新建一个原理图文件，找到 Utility Tools 工具栏，练习绘图工具的使用方法。

4.2　在新建的原理图中绘制一个半径为45mil、线宽为 Medium 的半圆弧线。

4.3　在新建的原理图中放置一个文字标注，文字内容为"绘图工具的使用"，字体为常规宋体四号字，颜色为蓝色，文字方向为180Degrees。

4.4　在新建的原理图中绘制如题图4-1所示的 a 子图中的两个图形，图形大小自定。改变对象叠放层次，将其放置成如题图4-1中 b 子图和 c 子图所示的样式。

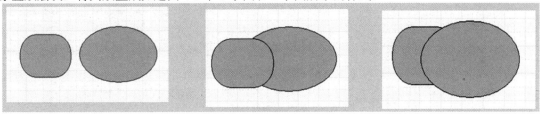

a　　　　　　　　　　　　　　b　　　　　　　　　　　　　　c

题图 4-1　对象叠放层次

第5章 总线、层次和多通道原理图设计

知识目标：掌握原理图的层次设计方法；掌握原理图的多通道设计方法；掌握端口操作方法；掌握总线的概念和绘制方法。

技能目标：能够在原理图放置端口并进行属性编辑；能够绘制总线；能够进行层次原理图设计；能够进行多通道原理图设计。

思政目标：培养学生的大局观、协作精神和服务精神，提高学生对团队合作重要性的认识。坚守为党育人、为国育才初心使命，深入开展铸牢中华民族共同体意识教育，大力发展素质教育，让学生们学会学习、学会共处、学会做事、学会做人，促进学生全面发展健康成长。

本章主要介绍 Altium Designer 中原理图的层次设计和多通道设计方法，使原理图简洁易读。主要内容为原理图的总线结构、模块化处理和层次化处理。

5.1 多部件元器件符号和总线绘制

在原理图设计中，有时会遇到在一张图纸上重复绘制相同电路的情况，使电路看起来繁杂重复且可读性差，我们可通过多部件元器件解决这个问题。

若出现多个元器件的同序号管脚同时连接到同一点的情况，即图纸中出现多条平行导线，我们可以采用总线结构进行连接，使电路图简洁易懂。

5.1.1 多部件元器件符号的概念与放置

1. 多部件元器件符号的概念

若某个元器件中存在很多相同的单元电路，我们将这类元器件称为多部件元器件。例如，常见的数字芯片 74HC14（六反向施密特触发器）就属于多部件元器件，它的芯片中含有六个相同的反向施密特触发器单元，如图 5-1-1 所示。

多部件元器件符号中各单元的元器件名称相同、图形相同、只是引脚号不同，在标号 U1 的后面以 A、B、C、D、E、F 分别表示第一～第六单元，标号 U1 表示在元器件库中同属于一个元器件符号，如图 5-1-2 所示。

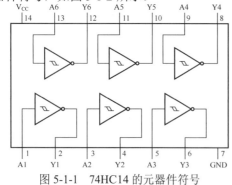

图 5-1-1 74HC14 的元器件符号

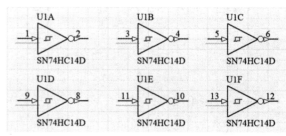

图 5-1-2 74HC14 的六个独立的部件单元

多部件元器件可以是具体的芯片也可以是单元电路，将单元电路看作多部件元器件的一部分，可以简化部分电路原理图的绘制过程。

2．多部件元器件符号的放置

如图 5-1-3 所示，该原理图是电机的 H 桥驱动电路。如果系统要求控制五台电机工作，那么就需要将图 5-1-3 重复五遍。为了简化这类原理图的绘制过程，可采用多部件元器件符号。

（1）生成多部件元器件符号。将图 5-1-3 另存并命名为"Motor_drive.SchDoc"的原理图文件。在工程中新建一个原理图文件，命名为"Motor_drive_10.SchDoc"。打开原理图文件"Motor_drive_10.SchDoc"，执行菜单命令 Design → Create Sheet Symbol From Sheet or HDL，弹出如图 5-1-4 所示对话框。该命令的功能是从已有的原理图或 HDL 文件生成原理图符号，即该命令可以从原理图生成多部件元器件符号。

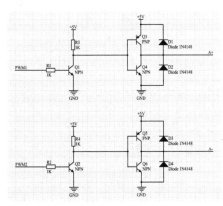

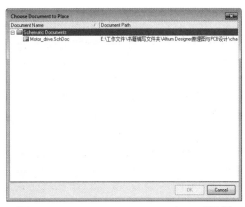

图 5-1-3　电机驱动电路　　　　　　　图 5-1-4　Choose Document to Place 对话框

在图 5-1-4 所示的对话框中，选中文件"Motor_drive.SchDoc"后，单击【OK】按钮。此时鼠标指针变为十字形，并在十字形指针的右下方附着一个绿色的矩形，这个矩形模块就是生成的多部件元器件，如图 5-1-5 所示。模块的上方分别显示了多部件元器件的名称（U_Motor_drive）和多部件元器件的来源文件名（Motor_drive.SchDoc）。在空白原理图上单击即可放置多部件元器件。

（2）多部件元器件符号的放置。在一张原理图上可以放置多个多部件元器件符号，在上述的电机驱动系统中需要五路 H 桥驱动电路，故可以简单地复制图 5-1-5 所示的多部件元器件符号，在原理图中再粘贴四次即可绘制出有五路 H 桥驱动电路的原理图。复制后要注意修改多部件元器件的名称，图 5-1-6 为绘制好的系统原理图，五路模块的名称分别为 U_Motor_drive_1~U_Motor_drive_5。

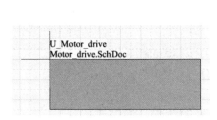

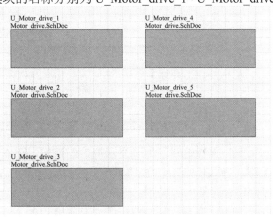

图 5-1-5　生成的多部件元器件　　　　　图 5-1-6　五路电机驱动电路原理图

5.1.2　放置端口

如图 5-1-6 所示，多部件元器件上看不到任何输入、输出端口，这样的电路图读起来非常困难，因此有必要外加输入、输出端口，这种端口也可以看作多部件元器件的管脚。

在增加多部件元器件的端口之前，必须给图 5-1-3 所示的电机驱动电路加上端口。

（1）端口放置。

① 打开电路原理图"Motor_drive.SchDoc"。

② 执行菜单命令 Place → Port 或单击如图 5-1-7 所示的快捷按钮，此时鼠标指针变为十字形，在十字形指针右侧中央位置附着 Port 端口，如图 5-1-8 所示。

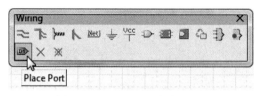

图 5-1-7　Place Port 快捷按钮

③ 将鼠标指针移至标有"PWM1"网络号的引线上，如图 5-1-9 所示。

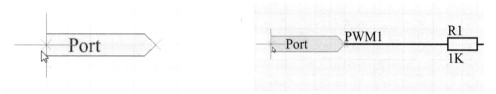

图 5-1-8　十字形指针附着端口 Port　　　　　图 5-1-9　鼠标指针移至引线上

④ 单击确定端口左侧的端点，此时十字形鼠标指针移至端口的右侧，再次单击确定端口右侧的端点。至此，一个端口已经放置完毕，鼠标指针变为图 5-1-8 所示，可以继续放置端口，如图 5-1-10 所示。

⑤ 当所有端口放置完毕后，右击撤销放置端口命令。此时所有端口变为如图 5-1-11 所示的系统默认的双向端口样式。

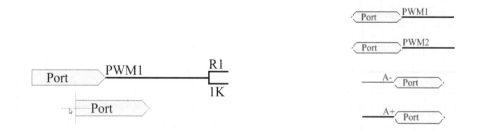

图 5-1-10　一个端口放置完毕，鼠标指针处于继续放置端口状态　　图 5-1-11　系统默认的双向端口样式

（2）端口属性编辑。为了显示端口的性质，还需要对端口的名称和属性进行编辑。

① 双击网络标号为"PWM1"的端口，弹出如图 5-1-12 所示的 Port Properties 对话框。在该对话框中可以对端口的属性进行配置。

对话框中有两个标签，端口的常用属性均在"Graphical"标签中。

端口的基本图形属性有 Height（端口的高）、Alignment（文本对齐方式）、Text Color（文本颜色）、Style（端口尖端的朝向）、Location（端口顶点的坐标）、Width（端口的宽）、Fill Color（端口的填充颜色）、Border Color（端口边界的颜色）和 Border Width（端口边界线的样式）。

一般情况下，端口的图形属性只将 Alignment 设置为 Center（中心对齐）即可。

除了端口的图形属性外，还需要对端口的名称和类型进行设置。

② 在 Port Properties 对话框的 Name 编辑框中输入 PWM1。

③ 在 Port Properties 对话框的 I/O Type 下拉菜单中选择 Input，如图 5-1-13 所示。

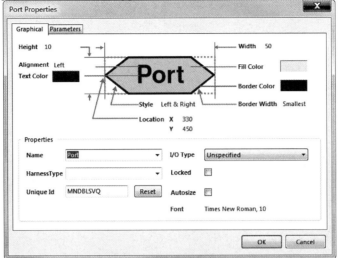

图 5-1-12　Port Properties 对话框

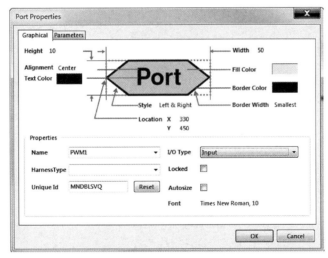

图 5-1-13　将端口名称变为 PWM1，I/O 类型变为 Input

④ 单击【OK】按钮，绘制完毕的端口如图 5-1-14 所示。

图 5-1-14　绘制完毕的端口

按照上述方法依次为图 5-1-3 的输入和输出网络添加端口。相应的端口属性见表 5-1。

放置端口后的原理图如图 5-1-15 所示。然后，从图 5-1-15 生成多部件元器件，此时，生成的多部件元器件中自动含有原理图中加入的端口，如图 5-1-16 所示。

表 5-1　端口属性列表

需要外加端口的网络名称	端口名称	Alignment （文本对齐方式）	I/O 属性
PWM1	PWM1	Center	Input
PWM2	PWM2	Center	Input
A+	A+	Center	Output
A-	A-	Center	Output

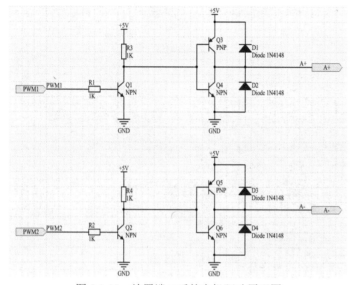

图 5-1-15　放置端口后的电机驱动原理图

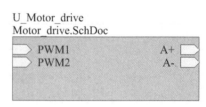

图 5-1-16　带有端口的多部件元器件

5.1.3　总线的概念与绘制

总线是多条并行导线的集合，在图 5-1-17 中，粗线被称为总线，总线与导线之间的斜线被称为总线分支线，A1、B1 等被称为网络标号。只有网络标号相同的导线在电气上才连接在一起。采用总线的优点是简化了原理图的绘制，使电路结构更加清晰。

如图 5-1-17 所示，七段数码管 DS1～DS4 对应的段码都连在总线上，通过总线连接到插头 P2 上；七段数码管 DS5～DS8 对应的段码同样连在总线上，通过总线连接到插头 P3 上。为便于显示，将总线连接横向显示，如图 5-1-18 所示。

关于总线有两点说明：

● 总线没有实际的电气连接；

● 总线需要外加网络标号来表明实际的电气连接。

下面以绘制连接数码管 DS1~DS4 和插头 P2 的总线为例（见图 5-1-19），说明绘制总线的步骤。

（1）单击如图 5-1-20 所示的按钮，此时鼠标指针变为十字形。也可以执行菜单命令 Place → Bus 实现上述功能。

（2）将鼠标指针移至如图 5-1-21 所示位置并单击，确定总线的起点位置。

（3）移动鼠标指针到如图 5-1-22 所示位置，再次单击，确定总线的终点位置。然后再单击，完成总线绘制，此时鼠标指针还是十字形，右击即可取消绘制总线状态。

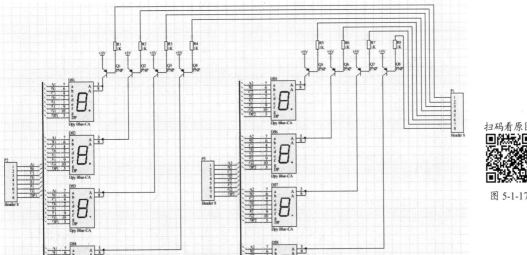

扫码看原图

图 5-1-17

图 5-1-17　带总线连接关系的数码管驱动电路

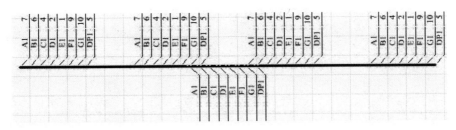

图 5-1-18　总线

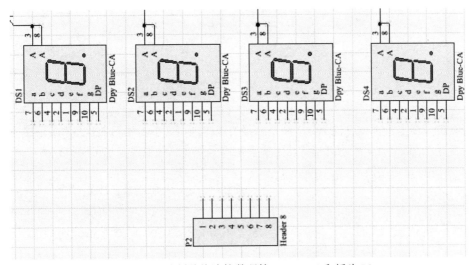

图 5-1-19　绘制总线连接数码管 DS1~DS4 和插头 P2

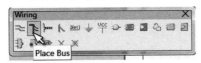

图 5-1-20　放置总线按钮

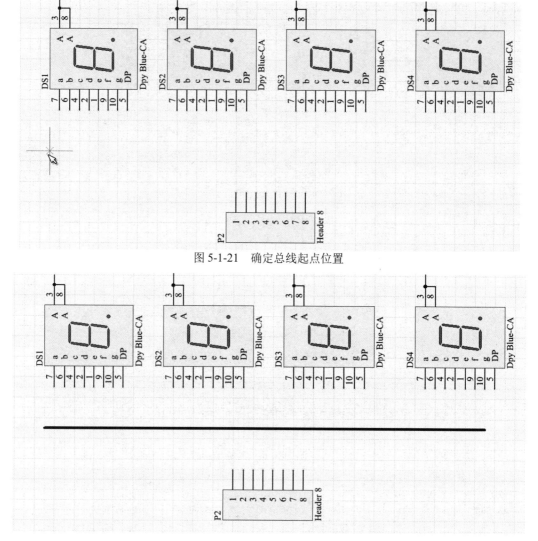

图 5-1-21　确定总线起点位置

图 5-1-22　确定总线终点位置

（4）总线绘制完毕后，还需要绘制总线端线（Bus Entry）。总线端线的意义：元器件通过总线端线并联到总线上，也可以说总线端线是总线的连接端口。单击如图 5-1-23 所示的按钮，此时鼠标指针变为如图 5-1-24 所示的形状，十字形指针上附着总线端线。也可以执行菜单命令 Place → Bus Entry 实现上述功能。

图 5-1-23　放置总线端线按钮

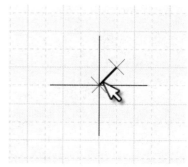

图 5-1-24　附着总线端线的十字形鼠标指针

（5）将总线端线按图 5-1-25 进行放置，按【空格】键可改变端线方向。

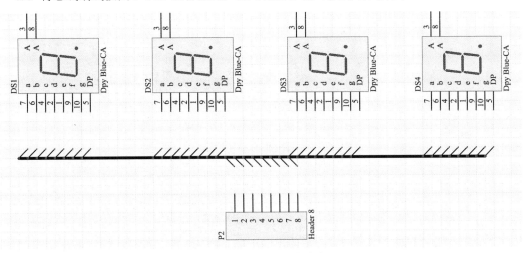

图 5-1-25　放置总线端线

（6）将元器件引脚通过导线连接至相应的总线端线上，如图 5-1-26 所示。这里需要注意，元器件引脚不能直接与总线端线相连。

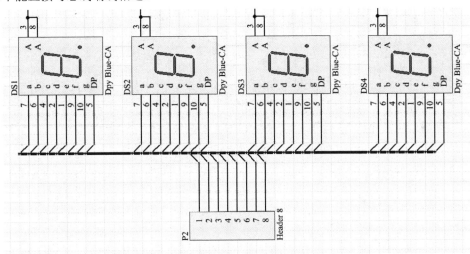

图 5-1-26　将元器件引脚通过导线与总线端线连接

（7）添加网络标号。执行菜单命令 Place → Net Label 或单击如图 5-1-27 所示的按钮，鼠标指针变为如图 5-1-28 所示的形状，十字形指针上附着系统默认的网络标号"NetLabel1"。

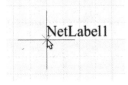

图 5-1-27　放置网络标号按钮　　　　　图 5-1-28　附着默认网络标号的十字形鼠标指针

此时按键盘上的【Tab】键会弹出如图 5-1-29 所示的网络标号编辑对话框。在 Net 文本框中输入所需的网络标号（如"A1"），其他选项采用默认设置，然后单击【OK】按钮，十字形鼠标指针上的网络标号就变为了"A1"，按【空格】键将网络标号逆时针旋转 90°，移动鼠标指针至图 5-1-26 中元器件 DS1 管脚 7 与总线的连接线上，单击放置网络标号，如图 5-1-30 所示。

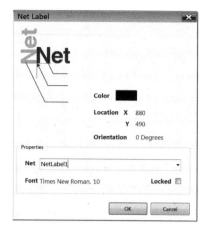

图 5-1-29　网络标号编辑对话框

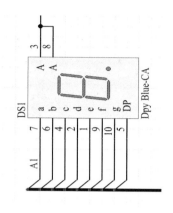

图 5-1-30　在连接线上放置网络标号

采用上述方法在图中所有连接线上放置网络标号，如图 5-1-31 所示。

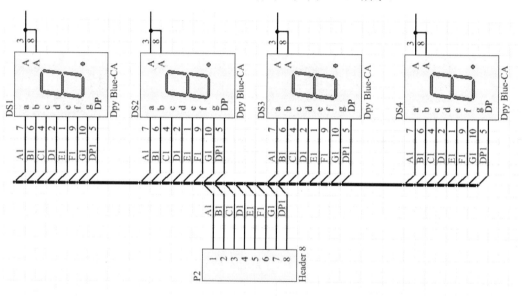

图 5-1-31　放置网络标号

5.2　层次原理图设计

对于大规模电路，往往需要多人共同设计，为此 Altium Designer 提供了层次原理图的设计功能。这一功能是通过合理规划，将整个电路系统分解为若干相对独立的功能子模块，从而实现了设计任务的分解。这样既可由一人在不同时间分别完成，也可由多人同时完成，从而大大提高了大规模电路设计工作的效率。

5.2.1　层次原理图的概念

将一个完整的电路按功能分为若干电路模块，再将电路模块继续分割为若干子模块，然后分别对各层次的模块进行设计，最后将所有模块进行连接，完成整个电路的设计。这就是层次原理图的设计方法。

层次原理图设计可以分为两种方法：自下而上法和自上而下法。两种方法各有优势，我们将在下面的章节中分别加以介绍。

5.2.2　自上而下的层次原理图设计

自上而下的层次原理图设计方法是先根据系统要求设计功能模块，再分别设计各模块的电路原理，自上而下的层次原理图设计流程如图 5-2-1 所示。通过具体实例加以说明。

采用自上而下的层次原理图设计方法设计一个射频信号发射系统。系统由晶体振荡器、预推动放大器、功率放大器、匹配电路和天线构成。

根据自上而下的原则，整个电路设计分为两个层级。顶层电路由晶体振荡器模块、预推动模块、功放模块和天线匹配模块四部分组成。第二层级分别是各模块具体的电路实现内容。

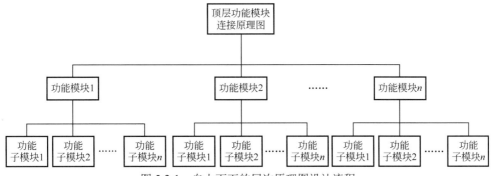

图 5-2-1　自上而下的层次原理图设计流程

（1）在工程中新建原理图文件，命名为"TopSch.SchDoc"。将这个文件作为顶层原理图文件。

（2）单击图 5-2-2 中的放置原理图模块按钮或执行菜单命令 Place → Sheet Symbol，在"TopSch.SchDoc"原理图上放置四个原理图模块，将它们分别命名为 oscillate、signal_amp、power_amp 和 antenna，如图 5-2-3 所示。

（3）为模块添加端口。单击图 5-2-4 中的放置原理图端口按钮或执行菜单命令 Place → Add Sheet Entry，为每个模块添加端口。端口的属性对话框如图 5-2-5 所示。在属性对话框中，只需对端口的"Style"和"Name"属性进行设置即可。端口的"Style"属性表明了端口的输入和输出性质；端口的"Name"属性表明了端口的名称。添加端口后，适当调整模块大小和摆放的位置，其电路如图 5-2-6 所示。

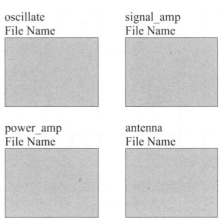

图 5-2-2　放置原理图模块按钮　　　　　图 5-2-3　命名四个模块

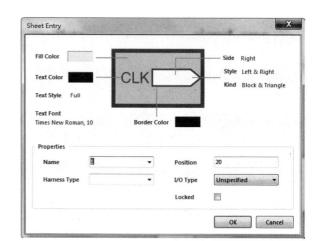

图 5-2-4　放置原理图端口按钮　　　　　图 5-2-5　端口属性对话框

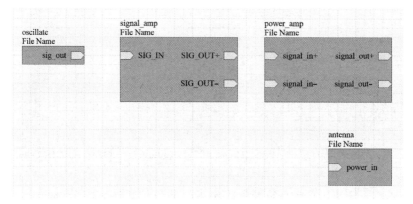

图 5-2-6　添加端口后的电路图

端口属性见表 5-2。

表 5-2　端口属性列表

模 块 名 称	添加端口名称	端 口 属 性
oscillate	sig_out	Right（输出）
signal_amp	SIG_IN	Right（输入）
	SIG_OUT+	Right（输出）
	SIG_OUT-	Right（输出）
power_amp	signal_in+	Right（输入）
	signal_in-	Right（输入）
	signal_out+	Right（输出）
	signal_out-	Right（输出）
antenna	power_in	Left（输入）

（4）按照电路的功能连接模块，如图 5-2-7 所示。

（5）绘制振荡器原理图。在工程中新建原理图文件，命名为"oscillate.SchDoc"。在这张原理图上绘制振荡器电路，如图 5-2-8 所示。

（6）绘制信号预推动电路原理图。在工程中新建原理图文件，命名为"signal_amp.

SchDoc", 在这张原理图上绘制信号预推动电路, 如图 5-2-9 所示。

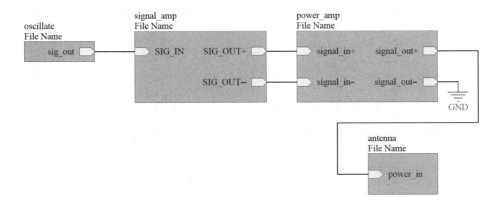

图 5-2-7　连接功能模块

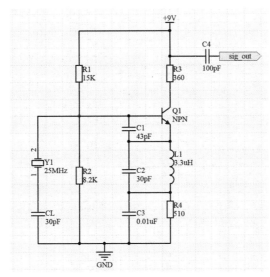

图 5-2-8　振荡器电路

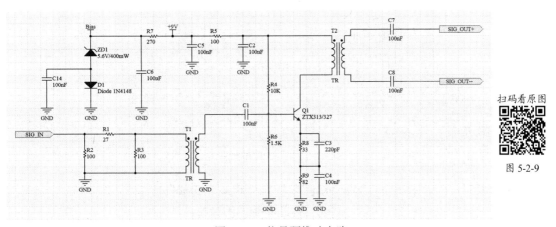

图 5-2-9　信号预推动电路

（7）绘制功放电路原理图。在工程中新建原理图文件, 命名为"power_amp.SchDoc", 在这张原理图上绘制功放电路, 如图 5-2-10 所示。

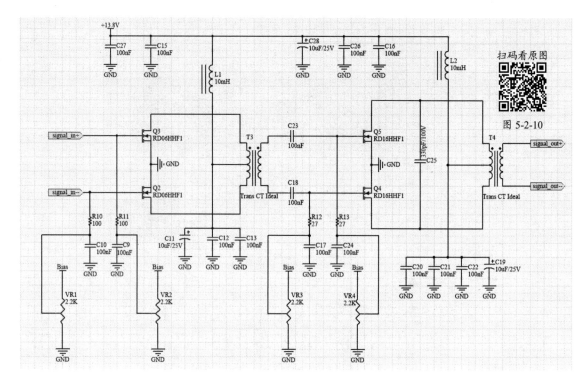

图 5-2-10 功放电路

（8）绘制天线匹配电路原理图。在工程中新建原理图文件，命名为"antenna.SchDoc"，在这张原理图上绘制天线匹配电路，如图 5-2-11 所示。

（9）为模块添加对应的原理图文件。双击 oscillate 模块，弹出 Sheet Symbol 对话框。如图 5-2-12 所示，单击 File Name 旁边的按钮，在弹出的对话框中选择"oscillate.SchDoc"，如图 5-2-13 所示，单击【OK】按钮。

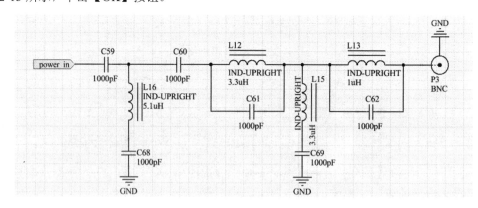

图 5-2-11 天线匹配电路

（10）此时 oscillate 模块下方 File Name 变为"oscillate.SchDoc"，如图 5-2-14 所示。这说明原理图文件"oscillate.SchDoc"已经实现了 oscillate 模块的功能。

（11）按照上述方法逐一为其他模块添加对应文件。添加文件后如图 5-2-15 所示。

至此完成了自上而下的层次设计。

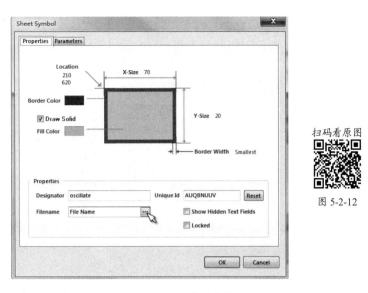

扫码看原图

图 5-2-12

图 5-2-12　单击 File Name 旁边的按钮

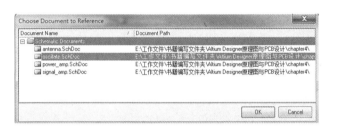

图 5-2-13　选择晶体振荡器的原理图

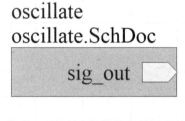

图 5-2-14　为模块添加原理图文件

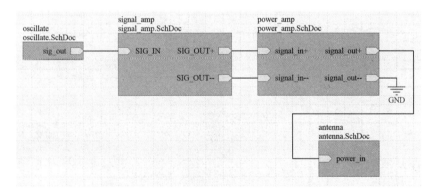

图 5-2-15　添加原理图文件后的顶层原理图

5.2.3　自下而上的层次原理图设计

自下而上的层次原理图设计方法与自上而下的层次原理图设计方法相反，自下而上的层次原理图设计主要由各功能子电路原理图生成模块，然后将模块连接以实现最后的系统功能。自下而上的层次原理图设计流程如图 5-2-16 所示。

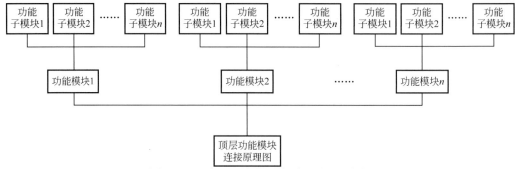

图 5-2-16　自下而上的层次原理图设计流程

本节还以 5.2.2 节中射频信号发射系统电路为例说明自下而上的层次原理图设计方法。

（1）首先绘制 oscillate、signal_amp、power_amp 和 antenna 的原理图。

（2）在空白的 TopSch 原理图中执行菜单命令 Design → Create Sheet Symbol From Sheet or HDL，在弹出的对话框中选择"oscillate.SchDoc"文件，然后单击【OK】按钮，将生成 oscillate 模块放置在 TopSch 原理图中，如图 5-2-17 和图 5-2-18 所示。

图 5-2-17　选择"oscillate.SchDoc"文件生成 oscillate 模块　　　　图 5-2-18　生成的 oscillate 模块

（3）按照（2）所述的方法依次生成 signal_amp、power_amp 和 antenna 模块，并将其放置在 TopSch 原理图中，如图 5-2-19 所示。模块中显示了对应原理图中的所有端口。

（4）按照逻辑关系连接这些模块形成顶层模块电路，如图 5-2-20 所示。

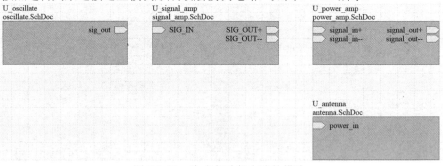

图 5-2-19　生成各功能电路的模块

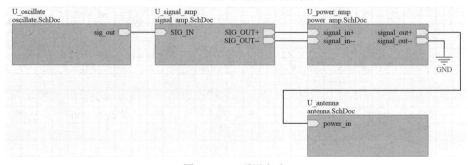

图 5-2-20　顶层电路

至此，我们就采用自下而上的层次原理图设计方法完成了电路原理图的绘制。

5.3 多通道原理图设计

多通道原理图设计就是把重复电路的原理图当成一个原件，在另一张原理图里面重复使用，并完成自下而上的层次原理图设计。

图 5-3-1 是 π 型衰减器电路原理图，输入、输出阻抗均为 50Ω，衰减为 5dB。该电路可以作为信号源与放大器之间的匹配电路使用。现在需要设计一个十通道的匹配衰减器，输入输出阻抗为50Ω，衰减为 5dB。若采用一般的电路设计方法，十通道的匹配衰减器电路应如图 5-3-2 所示，但这样的电路显得非常烦琐，易读性差。

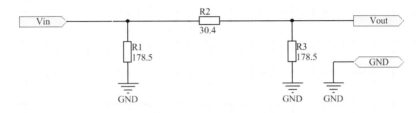

图 5-3-1　π 型衰减器电路原理图

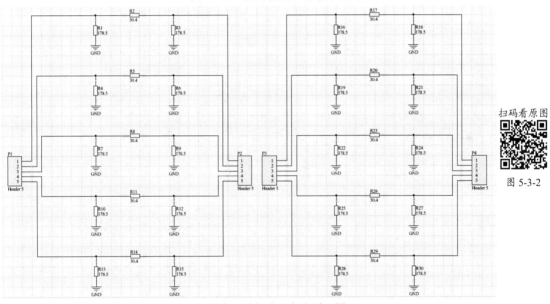

扫码看原图

图 5-3-2

图 5-3-2　十通道 π 型衰减器电路原理图

这类重复使用相同功能电路的原理图可以使用多通道原理图设计方法来绘制。

采用多通道原理图设计方法绘制十通道 π 型衰减器电路原理图的步骤如下。

（1）在工程中新建原理图文件，命名为"attenuator_10CH.SchDoc"。

（2）在工程中新建原理图文件，命名为"attenuator.SchDoc"。

（3）在原理图"attenuator.SchDoc"中绘制单通道 π 型衰减器电路原理图。

（4）执行菜单命令 Design → Create Sheet Symbol From Sheet or HDL，由原理图"attenuator.SchDoc"生成电路模块，放置在原理图"attenuator_10CH.SchDoc"中，如图 5-3-3 所示。

（5）双击模块上的"U_attenuator"，弹出如图 5-3-4 所示的对话框。

（6）将对话框中 Designator 文本框里的内容修改为 Repeat(U_attenuator,1,10)，单击【OK】按钮，此时模块变为如图 5-3-5 所示的样子。这里的 Repeat 语句表示复制生成 10 个 U_attenuator 模块。

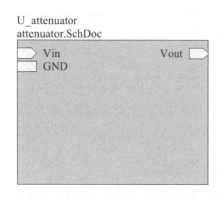

图 5-3-3　单通道 π 型衰减器电路模块

图 5-3-4　Sheet Symbol Designator 对话框

（7）双击电路模块中的 Vin 端口，弹出如图 5-3-6 所示的对话框。将对话框中 Name 文本框里的内容修改为 Repeat(Vin)，单击【OK】按钮。

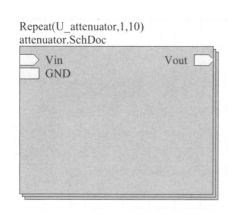

图 5-3-5　生成十路 π 型衰减器电路模块

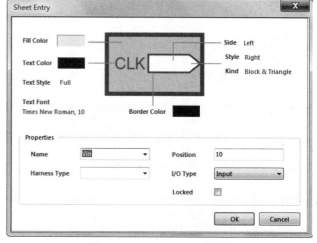

图 5-3-6　Sheet Entry 对话框

（8）利用步骤（7）的方法将端口 Vout 修改为 Repeat(Vout)。这里的 Repeat 语句表示将每个复制生成的 U_attenuator 模块中的 Vin 和 Vout 端口引出来。模块中未添加 Repeat 语句的同名端口都会被连接起来，如端口 GND。

（9）在原理图中添加其他元器件，如图 5-3-7 所示。此处总线上的网络标号为 Vin[1..10]和 Vout[1..10]，表示网络 Vin1~Vin10 和网络 Vout1～Vout10。

图 5-3-7 即为采用多通道方法设计的十通道 π 型衰减器电路原理图。

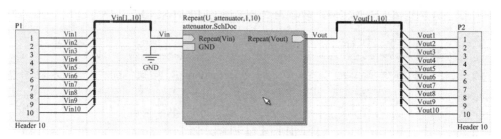

图 5-3-7　十通道 π 型衰减器电路原理图

5.1 绘制如题图 5-1 所示的总线结构电路原理图，电路图中元器件符号可在 Miscellaneous Devices.IntLib 和 Miscellaneous Connector.IntLib 库中找到，元器件属性如题表 5-1 所示。

5.2 绘制如题图 5-2 所示的层次结构电路原理图，模块电路如题图 5-3～题图 5-6 所示，AT90S2323-10PI 所在库为 Atmel Microcontroller 8-Bit AVR.IntLib，电路图中其他元器件符号可在 Miscellaneous Devices.IntLib 和 Miscellaneous Connector.IntLib 库中找到。

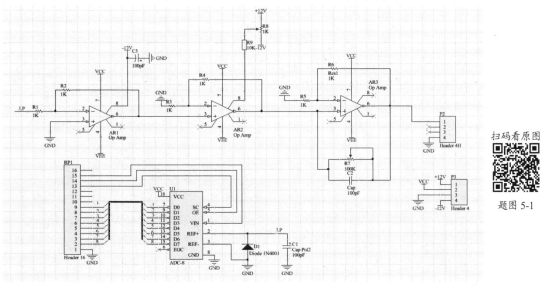

题图 5-1 总线结构电路原理图

题表 5-1　题图 5.1 元器件属性列表

Design Item ID （元器件名称）	Designator （元器件标号）	Comment （元器件标注）	Footprint （元器件封装）
Op Amp	AR1，AR2，AR3	Op Amp	默认
Cap Pol2	C1	100pF	默认
Cap	C2	100pF	默认
Cap Pol3	C3	100pF	默认
Diode1N4001	D1	1N4001	默认
Header 4H	P2	Header 4H	默认
Header 4	P3	Header 4	默认
Res1	R1，R2，R3，R4，R5，R6	1kΩ	默认
RPot	R7，R8	100kΩ，1kΩ	默认
Res2	R9	10kΩ	默认
Header 16	RP1	Header 16	默认
ADC-8	U1	ADC-8	默认

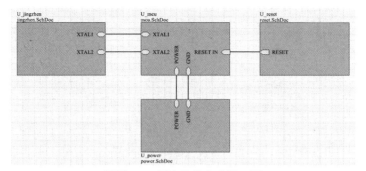

题图 5-2

题图 5-2　层次结构电路原理图

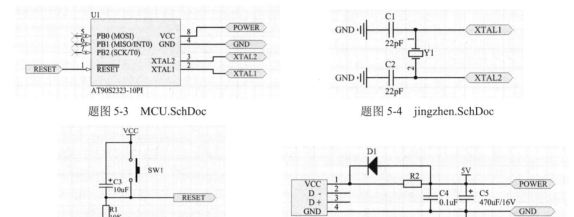

题图 5-3　MCU.SchDoc

题图 5-4　jingzhen.SchDoc

题图 5-5　reset.SchDoc

题图 5-6　power.SchDoc

5.3　绘制如题图 5-7 所示的三通道继电器控制电路原理图，单通道继电器模块控制电路如题图 5-8 所示，电路图中元器件符号可在 Miscellaneous Devices.IntLib 和 Miscellaneous Connector.IntLib 库中找到。

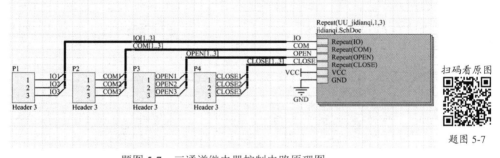

扫码看原图

题图 5-7

题图 5-7　三通道继电器控制电路原理图

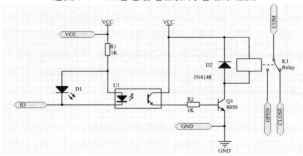

扫码看原图

题图 5-8

题图 5-8　单通道继电器模块控制电路

第6章 PCB 设计基础

知识目标：熟悉印刷电路板结构；熟悉元器件封装的概念和分类；掌握在项目中创建 PCB 文件的方法；掌握 PCB 编辑器参数设置的方法。

技能目标：能够描述印刷电路的基本结构；能够认识各种元器件的封装；能够在项目中创建 PCB 文件；能够在 PCB 编辑器中对电路板的各项参数进行设置。

思政目标：弘扬爱国精神，树立远大理想信念，使学生增强民族自信，引导学生养成自尊自信、自立自强的良好品格。全面建设社会主义现代化国家，是一项伟大而艰巨的事业，前途光明，任重道远。面对新的使命，同学们要在新时代新征程中不畏艰险、勇往直前。

印制电路板（Printed Circuit Board）即 PCB，又称印刷电路板、印刷线路板，简称印制板。制作印制电路板要经过特定的加工工艺，在绝缘度非常高的基材上覆盖导电性能良好的铜箔构成覆铜板，并按照 PCB 图的要求，在覆铜板上蚀刻出相关的图形，再经钻孔等处理流程，经检测后可供元器件装配使用。

印制电路板的出现简化了电子产品的装配、焊接，减少了接线的工作量，缩小了整机体积，提高了电子设备的质量和可靠性。调试合格的整块印制电路板还可以作为整机的独立备件，便于产品维修。

6.1 印制电路板结构

6.1.1 印制电路板的基本构成

一块完整的印制电路板应由以下几部分组成。

（1）绝缘基材。绝缘基材一般由酚醛树脂、环氧树脂或玻璃纤维等具有绝缘隔热的材料制成，用于支撑整个电路。

（2）铜箔层。铜箔层为印制电路板主体，在该层构成电路的电气连接关系，铜箔的层数定义为印制电路板的层数。

（3）导电图形。导电图形由裸露的焊盘和被阻焊剂覆盖的铜膜电路组成。

6.1.2 印制电路板分类

制作电路板的主要材料是覆铜板。覆铜板由基板、铜箔构成。铜箔通过黏合剂（各种合成树脂）高温加压黏合在基板上。

根据基材材质的不同，覆铜板可以分为纸制覆铜板、玻璃布覆铜板和挠性覆铜板，根据导电层数的不同，可以分为单面板、双面板和多层板。

1. 单面板（Signal Layer PCB）

单面板是指一面有敷铜，另一面没有敷铜的电路板。优点是制作简单，成本低，不用打过孔，缺点是只能在覆铜的一面布线且不允许交义，对于复杂电路其布线难度大，不容易布通，因此单面板适用于比较简单的电路。图 6-1-1 为单面板结构剖面图。

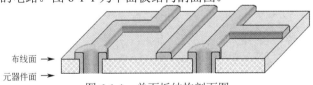

布线面 →
元器件面 →

图 6-1-1 单面板结构剖面图

2. 双面板（Double Layer PCB）

双面板即两个面都敷铜的电路板，包括顶层（Top Layer）和底层（Bottom Layer），顶层一般为元器件面，底层一般为焊锡面。双面板的双面都可以布线，因此布通率高，是现在最常用的一种印制电路板。图 6-1-2 为双面板结构剖面图。

图 6-1-2　双面板结构剖面图

3. 多层板（Multiple Layer PCB）

多层板是由交替的导电图形层及绝缘材料层相互层压、黏合而成的。多层板的抗干扰能力强，但制作成本高，层数越多制作过程越复杂，成本也越高。因此多层板多用于复杂电路。一般的电路系统用双面板或四层板即可满足需要，但是在较高级的电路中，或者有特殊需要（如抗高频干扰要求很高）的情况下才使用六层及六层以上的多层板。

图 6-1-3 为六层板结构图。其中，最上面是 Top Layer，最下面是 Bottom Layer，中间共 4 层。Mid-Layer（中间层）用于布线，Internal Plane（内层）可作为电源层或者地线层，由大块铜膜构成。

图 6-1-3　多层板结构剖面图

6.2　印制电路板中的各种对象及其在软件中的表示

6.2.1　印制电路板中的各种对象

1. 焊盘（Pad）

焊盘的作用是放置焊锡、连接导线和元器件引脚。

焊盘的分类：通孔式和表面粘贴式。通孔式焊盘用于放置直插式元器件引脚，表面粘贴式焊盘用于放置表面粘贴式元器件引脚。

选择元器件的焊盘类型要综合考虑元器件的形状、大小、布置形式、振动和受热情况、受力方向等因素。通孔式焊盘的形状可以分为三种，用户可根据电路的特点选择不同形状的焊盘，焊盘形状的选取原则如表 6-1 所示。

表 6-1　焊盘类型及选取原则

焊盘类型图	形 状 描 述	用 途
	圆形（Round）	广泛用于元器件规则排列的单、双面 PCB 中
	矩形（Rectangle）	用于 PCB 中元器件大而少且连接导线简单的电路
	八角形（Octagonal）	用于区别外径接近而孔径不同的焊盘，以便于加工和装配
	圆角方形（Rounded Rectangle）	这种焊盘有足够的面积增强抗剥能力，常用于双列直插式元器件

2. 过孔（Via）

过孔的作用是连接印制电路板不同板层的铜箔导线，由铜箔构成，具有导电特性。它是多层PCB的重要组成部分之一，钻孔的费用通常占PCB制板费用的30%~40%。简单来说，PCB上的每个孔都可以被称为过孔。

从作用上看，过孔可以分成两类：一是用作各层间的电气连接；二是用作固定或定位元器件。如果按制作工艺来分，过孔一般分为三类，即盲孔（Blind Via）、埋孔（Buried Via）和通孔（Through Via），如图6-2-1所示。盲孔位于印制电路板的顶层和底层表面，具有一定深度，用于表层线路和下面的内层线路的连接，孔的深度通常不超过一定的比率（孔径）。埋孔是指位于印制电路板内层的连接孔，它不会延伸到电路板的表面。上述两类孔都位于电路板的内层，层压前利用通孔成型工艺完成，在过孔形成过程中可能还会重叠做好几个内层。第三种为通孔，这种孔穿过整个电路板，可用于实现内部互连或作为元器件的安装定位孔。由于通孔在工艺上更易于实现，成本较低，所以绝大部分印制电路板均使用它。以下所说的过孔，没有特殊说明的，均按照通孔考虑。

3. 铜膜导线

铜膜导线也称铜膜走线，简称导线，由铜箔构成，具有导电特性，用于连接各导电对象。

4. 各类膜（Mask）

这些"膜"不仅是PCB制作工艺过程中必不可少的，而且更是元器件焊装的必要条件。按"膜"所处的位置及其作用，"膜"可分为元器件面（或焊接面）助焊膜（Top or Bottom）和元器件面（或焊接面）阻焊膜（Top or Bottom Paste Mask）两类。

助焊膜是涂于焊盘上用于提高可焊性能的一层膜，也就是在电路板上比焊盘略大的浅色圆斑。

阻焊膜与助焊膜正好相反，为了使制成的电路板适应波峰焊等焊接形式，要求非焊盘处的铜箔不能粘锡，因此在焊盘以外的各部位都要涂一层涂料，用于阻止这些部位上锡。可见，这两种膜是一种互补关系。

5. 字符

字符可以是元器件的标号、标注或其他需要标注的内容，不具有导电特性。

6. 元器件符号轮廓

元器件符号轮廓表示元器件实际所占空间的大小，不具有导电特性。

图6-2-2为实际电路板中的各种对象。

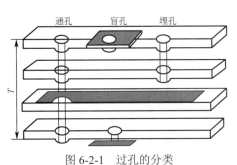

图 6-2-1　过孔的分类

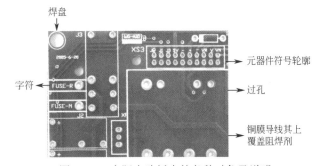

图 6-2-2　实际电路板中的各种对象及说明

6.2.2　各种对象在软件中的表示

1. PCB工作层定义

在软件中首先要了解PCB的各工作层，表6-2中列出了PCB工作层的定义。

2. 各种对象在软件中的表示

图6-2-3为软件中的PCB图片，蓝色和红色的线就是铜膜导线，蓝色线为底层走线，红色线为顶层走线。"5.1K"和"LM35接口"等均被称为字符，焊盘及过孔也分别如图中所示。

表 6-2　PCB 工作层定义

Signal Layer 信号层	Top Layer 顶层	主要用来放置元器件和铜膜导线。顶层默认为红色，底层默认为蓝色，系统为每个工作层都设置了相应的颜色
	Bottom Layer 底层	
Silk Screen 丝印层	Top Overlay 顶层丝印	用来放置元器件符号轮廓、元器件标注、标号以及各种字符等印制信息
	Bottom Overlay 底层丝印	
Mask 膜	Top Paste 顶层助焊层	助焊膜是涂于焊盘上用于提高可焊性能的一层膜，是在电路板上比焊盘略大的浅色圆斑
	Bottom Paste 底层助焊层	
	Top Solder 顶层阻焊层	阻焊膜是涂于焊盘以外铜箔处的一层膜，作用是阻止这些部位上锡
	Bottom Solder 底层阻焊层	
	Mechanical 机械层	用于放置机械图形，如 PCB 的外形等
Other	Keep-Out Layer 禁止布线层	用于禁止布线，即在该层上放置图形后，在布线层的相应位置不会有相应的图形铜箔呈现，并且对所有布线层有效，在 Mechanical 层上放置图形后是不会呈现这种情况的
	Multi-Layer 多层	在该层放置的图形会在任何层上都有相应的图形，并且不会被丝印上阻焊剂
	Drillguide 过孔引导层	用于导引钻孔，主要用于手工钻孔前定位
	Drilldrawing 过孔钻孔层	用于查看钻孔孔径

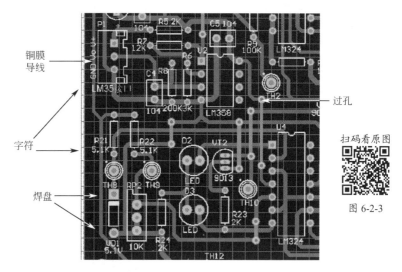

铜膜导线　字符　焊盘　过孔

扫码看原图

图 6-2-3

图 6-2-3　铜膜导线、字符、焊盘及过孔

6.3　元器件封装

6.3.1　元器件封装概述

元器件封装是印刷电路设计中很重要的概念。元器件的封装是实际元器件焊接到印制电路板时的焊接位置与焊接形状，包括实际元器件的外形尺寸、所占空间位置、各管脚之间的间距等。它不仅起着安放、固定、密封和保护芯片的作用，而且是芯片内部世界和外部沟通的桥梁。

元器件封装是一个空间概念，不同的元器件可以有相同的封装，同一种封装可以用于不同的元器件。因此，在绘制印制电路板时不仅需要知道元器件的名称，还要知道该元器件的封装形式。

6.3.2 元器件封装的分类

元器件封装大体可以分为两类：直插式和表面粘贴式（简称表贴式）。

1. 直插式封装

直插式封装是指将元器件的引脚插过焊盘导孔，然后进行焊接，如图 6-3-1 所示。值得注意的是，在采用直插式封装设计焊盘时应将焊盘属性设置为多层（Multi-Layer）。

2. 表贴式封装

表贴式封装是指元器件的引脚与电路板的连接仅限于电路板表层的焊盘，如图 6-3-2 所示。

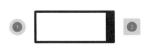
图 6-3-1　直插式元器件封装

扫码看原图
图 6-3-1

图 6-3-2　表贴式元器件封装

扫码看原图
图 6-3-2

6.3.3 常见元器件的封装

Altium Designer 将常用封装集成在 Miscellaneous Devices.IntLib 和 Miscellaneous Connectors.IntLib 两个集成库中。其中 Miscellaneous Devices.IntLibMiscellaneous 中包含常用元器件封装，Connectors.IntLib 中包含常用接插件封装。

1. 电阻类

（1）直插式电阻。直插式电阻如图 6-3-3 所示，直插式电阻封装为轴对称式，如图 6-3-4 所示。

（2）表贴式电阻。表贴式电阻俗称贴片电阻，有五种参数，即尺寸、阻值、允差、温度系数及包装。贴片电阻实物如图 6-3-5 所示。根据尺寸的不同，贴片电阻一般可以分为七种，见表 6-3 中的 0402～2512。

其尺寸表示方法有两种。一种是由四位数字表示的 EIA（美国电子工业协会）代码（前两位表示电阻的长，后两位表示宽，单位为英寸）。另一种是米制代码，也由四位数字表示，单位为毫米。不同尺寸的电阻，额定功率也不同。表 6-3 列出了这七种电阻的尺寸代码和额定功率。图 6-3-6 是较为常用的 1608[0603]和 2012[0805]电阻封装。

图 6-3-3　直插式电阻实物图　　　　　　　　图 6-3-4　直插式电阻封装形式

图 6-3-5　贴片电阻实物图　　　　　图 6-3-6　电阻 1608[0603]和 2012[0805]封装

2. 电容类

电容类分为极性电容和无极性电容两种不同的封装。图 6-3-7 为几种常见电容的实物图，其中，电解电容为极性电容，其余五种为无极性电容。极性电容和无极性电容的封装分别如图 6-3-8 和图 6-3-9 所示。

表 6-3　贴片电阻尺寸代码与额定功率

EIA 代码	0402	0603	0805	1206	1210	2010	2512
实际尺寸（mm）	1.0×1.5	1.55×0.8	2.0×1.25	3.1×1.55	3.2×2.6	5.0×2.5	6.3×3.1
尺寸代码	1005	1608	2012	3216	3225	5025	6432
额定功率（W）	1/16	1/16	1/10	1/8	1/4	1/2	1

注：目前应用较广的是 EIA 代码。

（a）金属化膜电容

（b）瓷片电容

（c）云母电容

（d）独石电容

（e）涤纶电容

（f）电解电容

图 6-3-7　几种常见电容的实物图

图 6-3-8　极性电容封装

扫码看原图
图 6-3-8

图 6-3-9　无极性电容封装

扫码看原图
图 6-3-9

　　Miscellaneous Devices.PcbLib 封装集成库中提供的极性电容封装有 RB7.6-15、RB.2/.4 等，提供的无极性电容封装有 RAD-0.1、RAD-0.2、RAD-0.3、RAD-0.4 等。

3．二极管类

　　常用的二极管如图 6-3-10 所示，其中绝大多数（a）整流二极管、（b）稳压二极管、（c）开关二极管的封装可以根据实际尺寸选择 DIODE-0.4、DIODE-0.7、DO-201AD、DO-204AL、DO-204AL、DO-35、DO-35A、DO-41、DO-7 等，其对应封装如图 6-3-11 所示。

　　图 6-3-10 中（d）直插式发光二极管在 Miscellaneous Devices.PcbLib 封装集成库中存在两种封装：LED-0 和 LED-1，如图 6-3-12 所示。（e）贴片发光二极管的封装和贴片电阻封装相同，它有 0805、1206、1210 封装，但是为了和电阻、电感等封装区别，一般将其修改为可以反映二极管极性的封装，如图 6-3-13 所示。（f）贴片二极管常用 SMB、SMC、DIODE_SMC 等封装，如图 6-3-14 所示。

4．晶体管类

　　常见的晶体管封装如图 6-3-15 所示，Miscellaneous Devices.PcbLib 集成库中提供 TO-92、

TO-92A 等封装。

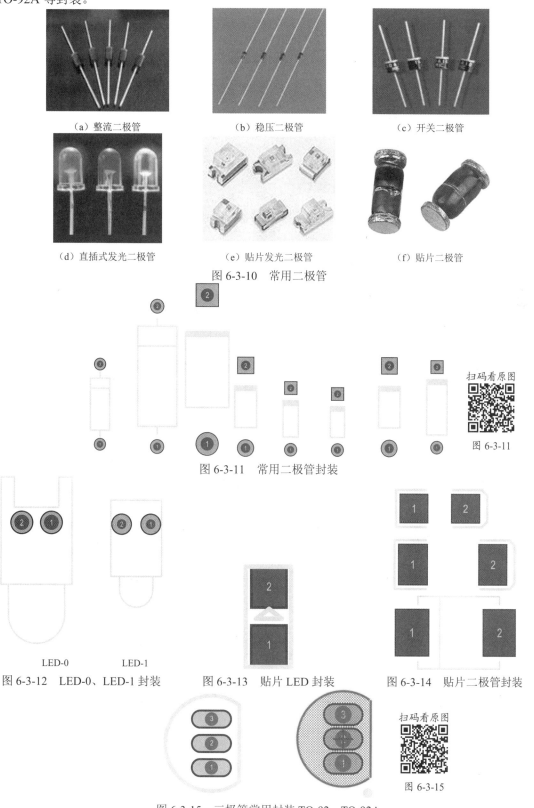

（a）整流二极管　　　　　（b）稳压二极管　　　　　（c）开关二极管

（d）直插式发光二极管　　（e）贴片发光二极管　　　（f）贴片二极管

图 6-3-10　常用二极管

扫码看原图

图 6-3-11

图 6-3-11　常用二极管封装

LED-0　　　　LED-1

图 6-3-12　LED-0、LED-1 封装　　　图 6-3-13　贴片 LED 封装　　　图 6-3-14　贴片二极管封装

扫码看原图

图 6-3-15

图 6-3-15　三极管常用封装 TO-92、TO-92A

5．集成电路类

集成电路的常见封装是双列直插式和表面粘贴式（SMD）。

以四运放集成芯片 LM324 为例，其直插式元器件实物和封装分别如图 6-3-16 和图 6-3-17 所示。

扫码看原图

图 6-3-17

图 6-3-16　直插式 LM324 实物　　　　图 6-3-17　直插式 LM324 封装（DIP-14）

表面粘贴式 LM324 实物和封装分别如图 6-3-18 和图 6-3-19 所示。

扫码看原图

图 6-3-19

图 6-3-18　表面粘贴式 LM324 实物　　　　图 6-3-19　表面粘贴式 LM324 封装

6．接插件类

接插件常用于 PCB 板与外部设备及部件的连接，在 PCB 设计中经常出现。图 6-3-20 为圆孔排针、单排插针和双排针座（双排母座），其封装多使用 Miscellaneous Connectors.IntLib 中的 HDR1X8、HDR2X8 封装，如图 6-3-21 所示。

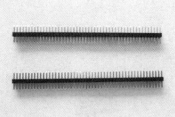

（a）圆孔排针　　　　　　（b）单排插针　　　　　　（c）双排针插（双排母座）

图 6-3-20　排针实物

（a）HDR1X8 封装　　　　　　　　　（b）HDR2X8 封装

图 6-3-21　HDR1X8、HDR2X8 封装

DR9M 串口连接器常用于串口通信，其实物如图 6-3-22 所示，其封装为 DSUB1.385-2H9，如图 6-3-23 所示。

图 6-3-22　DR9M 串口连接器

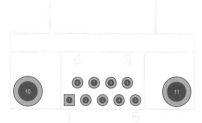

扫码看原图

图 6-3-23

图 6-3-23　DSUB1.385-2H9 封装

6.3.4　元器件的封装编号

元器件的封装编号一般为元器件类型加上焊点距离（焊点数）再加上元器件外形尺寸，可以根据元器件外形编号来判断元器件封装规格。

> **注意**
>
> Altium Designer 可以使用两种单位，即英制和公制。英制的单位为 inch（英寸），在 Altium Designer 中一般使用的 mil，即微英寸。公制单位一般为 mm（毫米）。英制和公制单位的换算关系为：1inch=25.4mm，1mil≈0.0254mm≈1/40mm。

例如，AXAIL-0.4 表示此元器件的封装为轴状，两焊盘中心间距为 400mil。DIP-16 表示双排引脚的元器件封装，两排共 16 个引脚。RB.2/.4 是极性电容常用封装，表示电容外形如图 6-3-8 所示，两焊盘间距为 200mil，电容轮廓直径为 400mil。

6.4　PCB 编辑器

6.4.1　在项目中创建 PCB 文件

在进行电路设计时，必须建立一个 PCB 文件。建立 PCB 文件的方法通常有三种。

第一种方法：手动创建 PCB 文件，然后指定 PCB 文件的属性，规划电路板边界。

第二种方法：通过 PCB 板设计向导生成 PCB 文件。这种方法可以在生成 PCB 文件的过程中设置 PCB 的各种参数。

第三种方法：采用 PCB 模板创建 PCB 文件。用这种方法生成 PCB 文件之前要确定是否有合适的模板文件。

【例 6.1】　在已创建好的名为 ch6_1. PrjPcb 的项目中，创建一个 PCB 文件，命名为 ch6_1.PcbDoc。

1. 手动创建 PCB 文档

打开已创建的名为 ch6_1. PrjPcb 的工程项目，然后建立一个空白的 PCB 图纸，方法如下。

执行菜单命令 File → New → PCB，如图 6-4-1 所示，创建一份空白的 PCB 图纸。或者在 Projects 面板中右击工程项目名 ch6_1. PrjPcb，在弹出的菜单中选择 Add New to Project → PCB 选项，如图 6-4-2 所示。系统自动把该 PCB 图纸加入当前的设计项目文档中，文件名为 PCB1.PcbDoc，单击工具栏中的保存按钮，或右击工程文件，在弹出的菜单中选择 Save，将其名称改为 ch6_1.PcbDoc。如图 6-4-3 所示。

如果原来没有建立设计项目，PCB 文档建立后是自由文件，系统也会自动为其建立一个设计项目来管理该文档。新建空白图纸后，可以手动设置图纸的尺寸大小、栅格大小、图纸颜色等。

2. 使用 PCB 模板创建 PCB 文件

Altium Designer 提供了 PCB 设计模板，图形化的操作使得 PCB 文件的创建变得非常简单。它提供了很多任务业标准板的尺寸规格，也可以用户自定义设置，这种方法适合于各种工业制板。

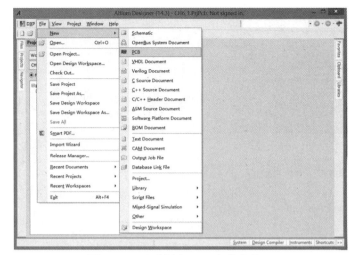

图 6-4-1

图 6-4-1　手动创建 PCB 文件步骤一

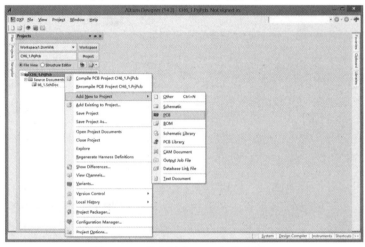

图 6-4-2

图 6-4-2　手动创建 PCB 文件步骤二

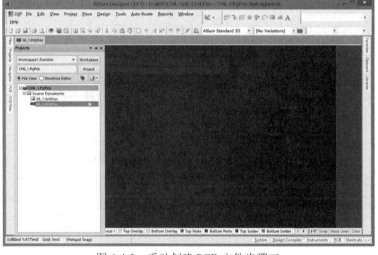

图 6-4-3

图 6-4-3　手动创建 PCB 文件步骤三

　　【例 6.2】　新建一个宽 5000mil、高 4000mil 的矩形双层电路板，物理边界与电气边界的距离为 50mil，四角不开口，板内部无开口，不显示标题栏，不显示图例字符，不显示刻度尺，不显示电路板尺寸标注，使用直插式元器件，元器件引脚间只允许穿过一条导线。

操作步骤如下。

（1）打开一个项目（或新建一个项目），在文件（Files）工作面板中选择 New from template →PCB Board Wizard 选项，启动 PCB 板设计向导，如图 6-4-4 所示。

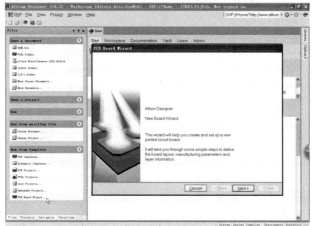

扫码看原图

图 6-4-4

图 6-4-4　启动的 PCB 板设计向导

（2）单击【Next】按钮，出现如图 6-4-5 所示对话框，对 PCB 板进行度量单位设置。系统提供两种度量单位，一种是 Imperial（英制单位），在印制电路板中常用的是 inch 和 mil，转换关系是 1 inch=1000 mil。另一种单位是 Metric（公制单位），常用的有 cm（厘米）和 mm（毫米）。本例选择英制单位。

图 6-4-5　PCB 板度量单位设定

（3）单击【Next】按钮，出现如图 6-4-6 所示对话框，选择 PCB 板的尺寸类型。Altium Designer 14 提供了很多种工业制板的规格，用户可以根据自己的需要进行选择，也可选择 Custom，进入自定义 PCB 板的尺寸类型模式，本例选择 Custom。

（4）单击【Next】按钮，进入下一对话框设置 PCB 板形状等参数，如图 6-4-7 所示。

在图 6-4-7 的 Outline Shape 选项区域中可以选择外观形状，有三个选项：Rectangular 为矩形，Circular 为圆形；Custom 为自定义形状，如椭圆形。

本例选择 Rectangular。

Board Size 为板的宽度和高度，在 Width 中输入 5000 mil，在 Height 中输入 4000 mil，即尺寸大小为 5 inch×4 inch。

● Dimension Layer：尺寸层，其下拉菜单用于设置显示尺寸标注的图层，本例采用默认选项 Mechanical Layer 1。

图 6-4-6　指定 PCB 板尺寸类型

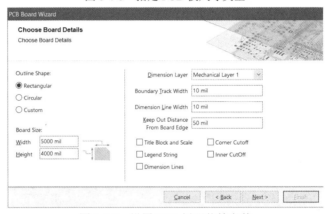

图 6-4-7　设置 PCB 板形状等参数

- Boundary Track Width：边界线宽度，本例设置为 10mil。
- Dimension Line Width：尺寸线宽度，本例设置为 10mil。
- Keep Out Distance From Board Edge：　用于确定从电路板的边缘到可布线之间的距离，即设置电路板边界空白区域的宽度。题目要求"物理边界与电气边界的距离为 50mil"，所以选择 50mil。
- Corner Cutoff：若选中该复选框，则在印制板的四个角进行裁剪，单击【Next】按钮后会出现如图 6-4-8 所示对话框，用于设置裁剪尺寸。
- Inner Cutoff：若选中该复选框，则在印制电路板内部进行裁剪，单击【Next】按钮后会出现如图 6-4-9 所示的对话框，在左下角输入距离值进行内部裁剪。

本例不选中 Corner Cutoff 和 Inner Cutoff 复选框。

- Title Block and Scale：用于在图纸上显示标题栏和刻度栏。本例不选择。
- Legend String：用于在图纸上显示图例文字。本例不选择。
- Dimension Lines：用于在图纸上显示标注线。本例不选择。

（5）单击【Next】按钮进入下一个对话框，对 PCB 板的 Signal Layer（信号层）和 Power Planes（电源层）的数量进行设置，如图 6-4-10 所示。本例设计为双面板，故信号层数为 2，电源层数为 0。

（6）单击【Next】按钮进入下一个对话框，设置所使用的过孔类型。部分属性含义如下。

- Thruhole Vias only：穿透式过孔，对于双层板只能使用穿透式过孔，如图 6-4-11 所示。

● Blind and Buried Vias only：盲过孔和隐藏过孔，一般用于多层板。

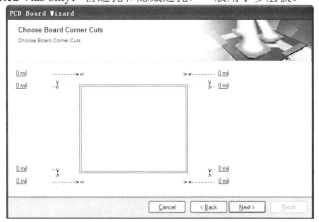

扫码看原图

图 6-4-8

图 6-4-8　对印制电路板边角进行裁剪

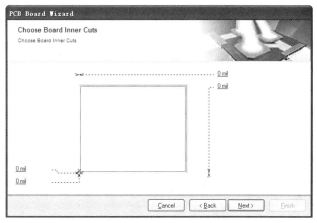

扫码看原图

图 6-4-9

图 6-4-9　印制电路板内部裁剪

图 6-4-10　设置 PCB 板信号层和电源层数量

（7）单击【Next】按钮，进入下一个对话框，设置元器件类型和布线技术，如图 6-4-12 所示。
在 The board has mostly 选项区域中有两个选项，分别如下。

● Surface-mount components：表面粘贴式组件，如果选择了该项，将会出现"Do you put
components on both sides of the board?"的提示信息，询问是否在 PCB 的两面都放置表面粘
贴式组件，如图 6-4-12 所示。

● Through-hole components：直插式封装组件。

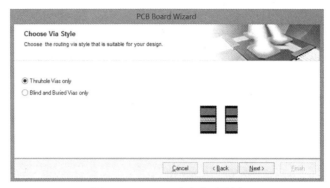

图 6-4-11　PCB 过孔类型设置

本例使用的是直插式封装组件，选中此项后出现如图 6-4-13 所示的单选框，在此可对相邻两焊盘之间布线时所经过的导线数量进行设定。根据本例要求，选择 One Track 单选框，即相邻焊盘之间允许经过的导线为一条。

图 6-4-12　PCB 板使用组件类型设置

图 6-4-13　直插式封装组件类型

（8）单击【Next】按钮，进入下一个对话框，设置导线和过孔的属性，如图 6-4-14 所示。

● Minimum Track Size：设置导线的最小宽度，单位为 mil。

● Minimum Via Width：设置焊盘的最小直径。

● Minimum Via HoleSize：设置焊盘最小孔径。

● Minimum Clearance：设置相邻导线之间的最小安全距离。

这些参数可以根据实际需要进行设定，单击图中具体尺寸即可修改参数。这里均采用默认值。

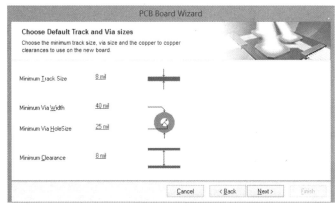

扫码看原图

图 6-4-14

图 6-4-14　导线和过孔属性设置对话框

（9）单击【Next】按钮，出现 PCB 设置完成对话框，单击【Finish】按钮，将启动 PCB 编辑器，至此完成了使用 PCB 板设计向导新建 PCB 板的设计任务。

新建的 PCB 文档将被默认命名为 PCB1.PcbDoc，编辑区中会出现设定好的空白 PCB 图纸，如图 6-4-15 所示。在文件工作面板中右击，在弹出的菜单中选择 Save As…选项，将其保存为 1.PcbDoc，并将其加入项目中。

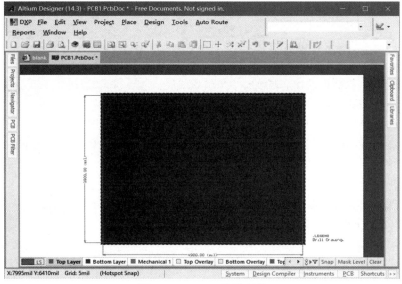

扫码看原图

图 6-4-15

图 6-4-15　PCB 编辑环境

6.4.2　PCB 编辑器参数设置

使用 PCB 板设计向导创建 PCB 文档之后，即启动了 PCB 编辑器，如图 6-4-15 所示。该编辑器主要由以下几部分构成。

● 主菜单栏：PCB 编辑环境的主菜单与 SCH 环境的菜单风格类似，不同的是，PCB 编辑环境的主菜单提供了许多用于 PCB 编辑操作的功能选项。

● 常用工具栏：以图示的方式列出常用工具。这些常用工具都可以从主菜单栏的下拉菜单里找到相应命令。

本节介绍 PCB 图纸的布线板层和非电层的设置、图纸颜色的设置和网格等设置，以及元器件封装库的添加、放置和修改。

图 6-4-15 中左下角显示当前鼠标指针的坐标位置和计量单位，如果需要计量单位在英制和公制之间切换，可以通过快捷键【Q】实现。

1．设置布线板层

Altium Designer 提供了一个板层管理器对各种板层进行设置和管理，启动板层管理器的方法有以下两种。

● 执行主菜单命令 Design → Layer Stack Manager…。

● 在右侧 PCB 图纸编辑区内右击，从弹出的快捷菜单中选择 Option → Layer Stack Manager…，即可启动板层管理器。启动后的对话框如图 6-4-16 所示。

扫码看原图

图 6-4-16

图 6-4-16　板层管理器

板层管理器默认双面板设计，即给出了两层布线层（顶层和底层）。在 Add Layer 的下拉菜单中有 Add Layer 与 Add Internal Plane 两个可选项，其设置及功能如下。

● Add Layer：用于向当前设计的 PCB 板中增加一层中间信号层（Signal Layer）。

● Add Internal Plane：用于向当前设计的 PCB 板中增加一层内层（Internal Plane）。新增加的层将添加到当前层的下面。

其他按钮的功能如下。

● Move Up 和 Move Down 按钮：将当前指定的层进行上移和下移操作。

● Delete Layer 按钮：删除所选定的当前层。

2．图纸颜色设置

颜色显示设置对话框用于设置图纸的颜色，打开颜色显示设置对话框的方式有以下两种。

● 执行主菜单命令 Design → Board Layers…，打开颜色显示设置对话框。

● 在右边 PCB 图纸编辑区内右击，从弹出的快捷菜单中选择 Options → Board Layers & Colors…，也可打开颜色显示设置对话框，如图 6-4-17 所示。

颜色显示设置对话框中共有七个选项区域，用于对 Signal Layers、Internal Planes、Mechanical Layers（机械层）、Mask Layers（阻焊层）、Silk-Screen Layers（丝印层）、Other Layers（其他层）和 System Colors（系统颜色）进行颜色设置。每个选项区域都有 Show 复选框，决定是否显示。单击对应颜色图示，将弹出 Choose Color（颜色选择）对话框，可在其中进行颜色设定。

3．使用环境设置和栅格设置

PCB 板的使用环境设置和栅格设置可在设置对话框中进行，打开该对话框的方法有如下三种。

● 执行菜单命令 Design→Board Options→Grid…，打开栅格管理器对话框，如图 6-4-18 所示。

● 在右边 PCB 图纸编辑区内右击，从弹出的快捷菜单中选择 Options →Grid Manager…。

● 在右边 PCB 图纸编辑区内右击，从弹出的快捷菜单中选择 Snap Gird →Grid Manager…。

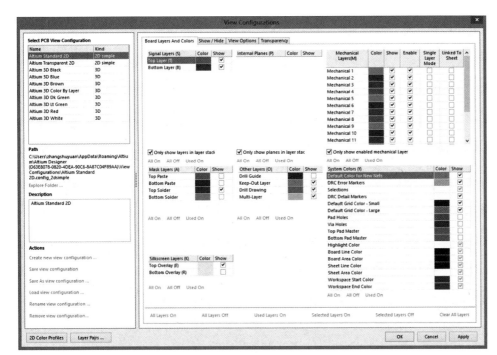

图 6-4-17　颜色显示设置对话框

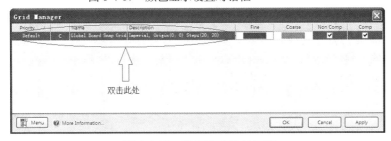

图 6-4-18　栅格管理器对话框

双击栅格管理器对话框中名称下面的内容，出现 Cartesian Grid Editor 栅格设置对话框，如图 6-4-19 所示。

其中左边 Steps 区域的步进值是设置鼠标动作时的最小移动距离，改变此值的同时，栅格大小也会发生相应变化。该值就是 Snap Grid（捕获栅格）即鼠标每移动一格的距离，Grid Step 值越小，绘图精度越高。

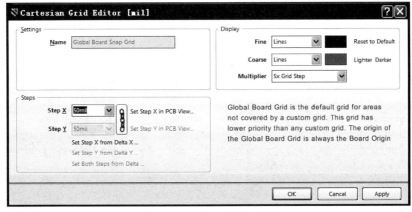

图 6-4-19　栅格设置对话框

在 Display 区域可以设置 Visible Grid（可视栅格）的参数。Fine（细）项是 Grid 1（栅格 1）设置项，该项中网格线的设置有 Lines（线）、Dots（点）和 Do not Draw（不画）三种形式，该栅格的大小即为 Snap Grid 的大小。例如，将 Steps 区域步进值 X、Y 都设成 1mil，那么 Grid 1 的大小（即 Grid Step 值）为 1mil。双击颜色选择区域可更换该栅格的颜色。

如果只设置栅格 Snap Grid 大小，可以单击鼠标右键，在弹出的对话框中选择 Snap Grid → Set Global Snap Grid。在弹出的对话框中输入 1mil。如图 6-4-20 所示。也可以通过按【Ctrl】+【Shift】+【G】组合键或连续两次快速按下【G】键实现。

Coarse（粗）项是 Grid 2（栅格 2）设置项，同样，该项中网格线的设置有 Lines、Dots、Do not Draw 三种形式，颜色改变同 Grid 1。该栅格的大小可以通过 Grid Step 的倍数进行设置，即设置 Multiplier（乘数）的大小。例如，将 Grid Step 设置为 1mil，Multiplier 设置为"5×Grid Step"，则 Grid 2 的大小即为 5mil。那么，在 PCB 封装编辑环境中就可以通过这两个栅格很容易知道画出来的线的长度、焊盘的大小等，节省了画图中测量尺寸的时间。

4．元器件库的加载和元器件放置

Altium Designer 提供了元器件库管理器管理元器件的封装，方便用户加载元器件库，同时用于查找和放置元器件。

（1）加载元器件封装库。元器件库管理器的窗口如图 6-4-21 示。元器件库管理器提供了 Components（元器件）和 Footprints（封装）两种查看方式，单击其中某一单选按钮，即可查看相应内容。单击 Miscellaneous Devices．IntLib 右侧的下拉菜单按钮，显示了当前已经加载的元器件集成库。

在元器件搜索区域可以输入元器件的关键信息，对所选中的元器件集成库进行查找。如果输入"*"号则表示显示当前元器件库下所有的元器件，并可将所有当前库提供的元器件都在元器件预览框中显示出来，包括元器件的 Footprint Name（封装信息）。如图 6-4-21 所示，当在元器件浏览框中选中一个元器件时，该元器件的封装形式就会显示在元器件显示区域中。

扫码看原图

图 6-4-21

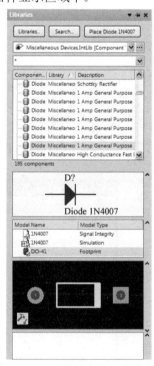

图 6-4-20 设置 Snap Grid 大小　　　　图 6-4-21　元器件库管理器的窗口

单击【Libraries】按钮，打开 Available Libraries（添加删除组件库）对话框，如图 6-4-22 所

示。在该对话框中可以对元器件库进行添加和删除操作。该对话框中列出了当前已经加载的元器件库。Type 列的属性为 Integrated，表示是 Altium Designer 14 的整合集成库，后缀名为.IntLib。选中一个元器件库后，单击【Move Down】或【Move Up】按钮可以重新排序。单击【Remove】按钮，可以将该集成库移出当前的项目。

单击【Install】按钮，弹出如图 6-4-23 的添加元器件库对话框。该对话框列出了 Altium Designer 安装目录下 Library 中的所有元器件库。Altium Designer 的元器件库按公司分类，因此对某个特定元器件进行封装时，最好知道它的供应商名称。

图 6-4-22　Available Libraries 对话框

图 6-4-23　添加元器件库对话框

对于常用的电阻、电容等元器件，Altium Designer 14 提供了常用元器件库：Miscellaneous Devices.IntLib。对于常用的接插件和连接器件，Altium Designer 14 提供了常用接插件库：Miscellaneous Connectors.IntLib。

如果不知道某元器件的供应商时，可以回到元器件库管理器，使用元器件库的查找功能进行搜索，获得元器件的封装形式。在图 6-4-21 所示的管理器窗口，单击【Search】按钮，弹出如图 6-4-24 所示的 Libraries Search（元器件搜索）对话框。

在 Scope 选项区域中，选中 Available Libraries 单选框，即对已经添加到设计项目的库进行搜索。选中 Libraries on Path 单选框，指定对一个特定目录下的所有元器件库进行搜索。Path 选项区域中的 Include Subdirectories 复选框，若选中该项则对所选目录下的子目录进行搜索。

（2）放置元器件封装。在 Altium Designer PCB 编辑器中，除了可以自动装入元器件封装外，还可以通过手动方式将元器件封装放置到工作窗口内。放置元器件封装的具体步骤如下。

① 执行菜单命令 Place → Component，弹出放置元器件对话框，如图 6-4-25 所示。

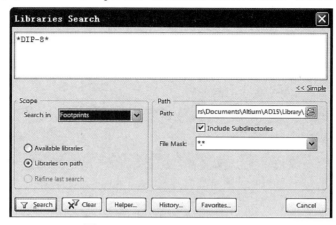

图 6-4-24　Libraries Search 对话框

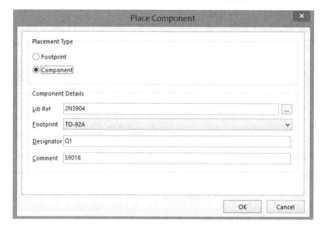

图 6-4-25　放置元器件对话框

② 在该对话框的放置类型中，选择放置封装，可输入元器件的封装形式、序号和注释等参数。

③ 例如，放置三极管 S9018，选中 Component 单选框，依次填入三极管在元器件库中的名称 2N3904、三极管在电路中的标识符 Q1，注释 Comment 可以填写元器件的名称 S9018。

④ 再选中 Footprint 单选框，系统可以根据 Component 的选择来配制该元器件的封装，配制后的元器件封装名如图 6-4-25 所示。或者用户可以单击 ⋯ 按钮，在弹出的下拉菜单中选择需要的封装。

⑤ 单击图 6-4-25 中的【OK】按钮，鼠标指针变为十字形，并附着选定的元器件封装出现在工作窗口的编辑区内，如图 6-4-26 所示。

⑥ 在此状态下，按【Tab】键可以进入元器件设置对话框，如图 6-4-27 所示。

在该对话框中可以设定元器件的属性（包括封装形式、所处工作层面、坐标位置、旋转方向和锁定等参数）、元器件序号、元器件注释和元器件库等参数。

⑦ 设定好元器件的属性后，单击【OK】按钮。

⑧ 在工作平面上移动十字形指针，也可以按【空格】键调整元器件的放置方向，最后单击将元器件放置在适当位置。

扫码看原图

图 6-4-27

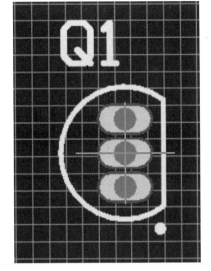

图 6-4-26　放置元器件

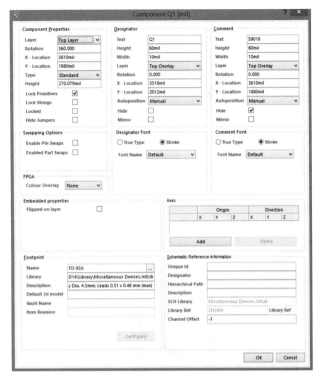

图 6-4-27　元器件设置对话框

6.1　创建名为 Lx6_1.PrjPcb 的项目，在其中创建一个 PCB 文件，命名为 Lx6_1.PcbDoc，要求如下。

PCB 尺寸为 40mm×30mm，双层走线，物理边界与电气边界的距离为 0，四角不开口，板内部无开口，不显示标题栏，不显示图例字符，不显示刻度尺，不显示电路板尺寸标注，使用直插式元器件，元器件引脚间只允许穿过一条导线。

6.2　创建名为 Lx6_2.PrjPcb 的项目，在其中创建一个 PCB 文件，命名为 Lx6_2.PcbDoc，要求如下。

（1）PCB 尺寸为 40mm×30mm，双层走线，物理边界与电气边界的距离为 0，四角不开口，板内部无开口，不显示标题栏，不显示图例字符，机械层 1（Mechanical 1）显示电路板尺寸标注，使用直插式元器件，元器件引脚间只允许穿过一条导线。

（2）在 PCB 中放置 0805 封装电阻 10 个，0805 封装电容 10 个，0805 封装 LED 发光二极管 10 个，SOP-14 封装 1 个，SOP-16 封装 1 个。

（3）在 PCB 丝印层放置楷体汉字"贴片元件焊接练习板"字样。

（4）各元器件摆放位置如题图 6-1 和题图 6-2 所示。

6.3　创建名为 Lx6_3.PrjPcb 的项目，在其中创建一个 PCB 文件，命名为 Lx6_3.PcbDoc，要求如下。

（1）PCB 的尺寸按照身份证的尺寸设计（85.6mm×54.0mm），用于记录学生信息，四角为圆角，圆角半径为 3.18mm。

（2）将自己的姓名、学号、班级、专业信息以顶层丝印层字符形式放置在该 PCB 中。例如，

"姓名 许也有，学号 01，班级 电子E01-1，专业 应用电子技术"。

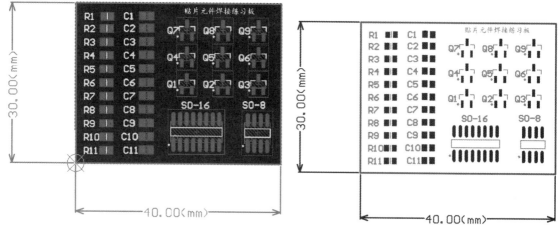

题图 6-1 "贴片元件焊接练习板" PCB 图（a）　　　题图 6-2 "贴片元件焊接练习板" PCB 图（b）

（3）在左上角位置放置一个焊盘孔，焊盘内孔径为 3.5mm，外孔径为 4.5mm。如题图 6-3 和题图 6-4 所示。

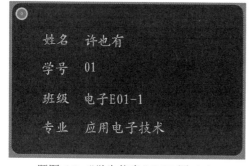

题图 6-3 "学生信息" PCB 图（a）

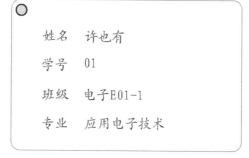

题图 6-4 "学生信息" PCB 图（b）

第7章 PCB 设计

知识目标：掌握 PCB 设计流程；掌握自动布局与自动布线的基本步骤；掌握布线规则的设置方法；掌握设计规则检查的操作方法。

技能目标：能够理解 PCB 设计的操作流程；能够对原理图进行自动布局和自动布线操作；布线前能够对各项布线规则进行设置；能够对 PCB 设计文件进行规则检查。

思政目标：培养学生的职业兴趣，激发学生学习的积极性，提升学生理论指导实践的能力，引导学生养成以遵守行业标准、工艺标准等为前提的设计习惯。国家繁荣昌盛、经济持续发展、人民生活美好的背后，无一不体现出科技立国、教育立国的基本逻辑，要深刻认识到党和国家事业发展对教育的需要、对科学知识和优秀人才的需要比以往任何时候都更为迫切。鼓励同学全面提高个人素养，争做国家发展需要的拔尖创新人才。

图 7-1-1　PCB 设计流程

7.1　PCB 设计流程

PCB 设计流程如图 7-1-1 所示。

7.2　自动布局与自动布线基本步骤

【例 7.1】 设计制作"趣味闪闪灯"印刷电路，电路如图 7-2-1 所示。电路中各元器件的属性如表 7-1 所示。

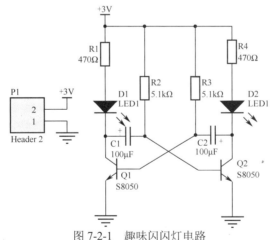

图 7-2-1　趣味闪闪灯电路

表 7-1　【例 7.1】电路元器件属性列表

Design Item ID（元器件名称）	Designator（元器件标号）	Comment（元器件标注）	Footprint（元器件封装）
Cap Pol2	C1、C2	100μF	CAPR5-4X5
LED1	D1、D2	LED1	LED-1
Header 2	P1	Header 2	HDR1X2
2N3904	Q1、Q2	S8050	TO-92A

Design Item ID（元器件名称）	Designator（元器件标号）	Comment（元器件标注）	Footprint（元器件封装）
Res2	R1、R4	470Ω	AXIAL-0.3
Res2	R2、R3	5.1kΩ	AXIAL-0.3
所有元器件均在 Miscellaneous Devices.IntLib 和 Miscellaneous Connectors.IntLib 中			

7.2.1 准备原理图

在指定文件夹下建立一个工程项目"趣味闪闪灯.PrjPcb"，在该项目中创建原理图并命名为"趣味闪闪灯.SchDoc"。设置原理图图纸大小为 A4，纸张方向为横放，可视栅格大小为 10mil，光标一次移动半个栅格，标题栏类型为标准型（Standard），显示图纸参考边框，启动电气栅格，电气栅格设置为 4，设置完毕后，按图 7-2-1 绘制原理图。

7.2.2 利用封装管理器检查所有元器件封装

为了确保所有与原理图和 PCB 相关的库都可用，在将原理图信息导入到新的 PCB 之前，用封装管理器检查所有元器件的封装。

（1）在原理图编辑器内，执行菜单命令 Tools→Footprint Manager，进入封装管理器检查对话框。

（2）对话框的元器件列表（Component List）区域，显示原理图内的所有元器件，当选中一个元器件时，在对话框右侧的封装管理编辑框内，设计者可以添加、删除、编辑当前选中元器件的封装，如图 7-2-2 所示。

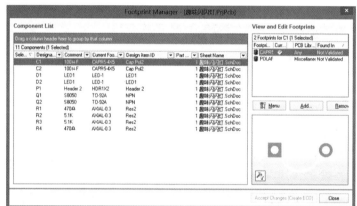

扫码看原图

图 7-2-2

图 7-2-2　封装管理器检查对话框

（3）如果对话框右下角的元器件封装区域没有显示内容，可以单击【Add】按钮，添加封装。

（4）所有元器件封装检查完毕且正确，单击【Close】按钮关闭对话框。

7.2.3 规划印制电路板

规划印制电路板，包括板层、单位、栅格、物理边界、电气边界等。

本例要求为双层电路板，尺寸为宽 60mm×高 50mm，物理边界与电气边界的距离为 1.3mm，四角不开口，板内部无开口，使用直插式元器件，元器件管脚间只允许穿过一条导线，最小电气安全距离为 0.2mm，+3V 电源线的宽度为 0.6mm，接地线 GND 宽度为 1mm，其余线宽为 0.4mm，文件名为"趣味闪闪灯.PcbDoc"。

7.2.4 绘制电路板轮廓

使用 PCB 板设计向导来制作 PCB 文件，方法和步骤如下。

（1）在文件工作面板中执行菜单命令 New from template→PCB Board Wizard，启动 PCB 板设计向导，如图 7-2-3 所示。

图 7-2-3　启动 PCB 板设计向导

（2）单击【Next】按钮，设置 PCB 板度量单位。系统提供两种度量单位，根据题目要求，选择 Metric（公制）单位，如图 7-2-4 所示。

图 7-2-4　设定 PCB 板度量单位

（3）单击【Next】按钮，确定 PCB 板尺寸类型。Altium Designer 提供了很多种工业制板的规格，用户可以根据自己的需要进行选择。本例选择 Custom，进入自定义 PCB 板的尺寸类型模式，如图 7-2-5 所示。

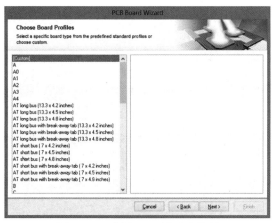

扫码看原图

图 7-2-5

图 7-2-5　选择 PCB 板尺寸类型

（4）单击【Next】按钮，设置 PCB 板形状和布线信号层数，如图 7-2-6 所示。在 Outline Shape

选项区域中设置外观形状为 Rectangular（矩形），本例不选中 Corner Cutoff 和 Inner Cutoff 复选框。

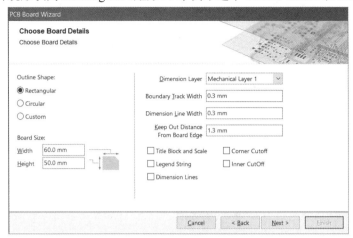

图 7-2-6　设置 PCB 板形状

（5）单击【Next】按钮，确定 PCB 板的 Signal Layers（信号层）和 Power Planes（电源层）数量，如图 7-2-7 所示。本例设计为双面板，故信号层数为 2，电源层数为 0。

图 7-2-7　设置 PCB 板信号层和电源层数量

（6）单击【Next】按钮，设置过孔类型，本例选择 Thruhole Vias only（穿透式过孔），如图 7-2-8 所示。

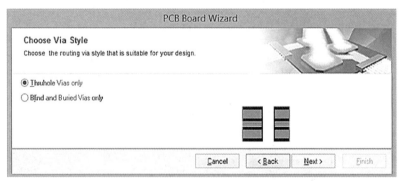

图 7-2-8　设置 PCB 板过孔类型

（7）单击【Next】按钮，设置元器件的类型和布线工艺。在 The board has mostly 选项区域中选择 Through-hole components（插接式封装元器件），选中此项后出现如图 7-2-9 所示的对话框，根据题目要求选中 One Track 单选框，即相邻焊盘之间只允许穿过 1 条导线。

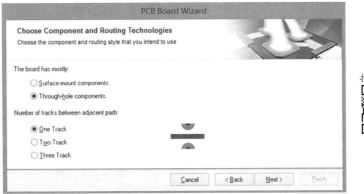

图 7-2-9

图 7-2-9　插接式封装元器件类型

（8）单击【Next】按钮，设置导线和过孔属性，这里均采用默认值。如图 7-2-10 所示。

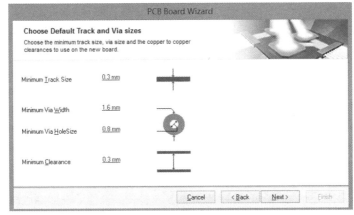

图 7-2-10

图 7-2-10　设置导线和过孔属性

（9）单击【Next】按钮，出现 PCB 设置完成对话框，单击【Finish】按钮，将启动 PCB 编辑器，至此完成了使用 PCB 板设计向导新建 PCB 板的操作。新建的 PCB 文档将被默认命名为 PCB1.PcbDoc，编辑区中会出现设定好的空白 PCB 图纸，如图 7-2-11 所示。

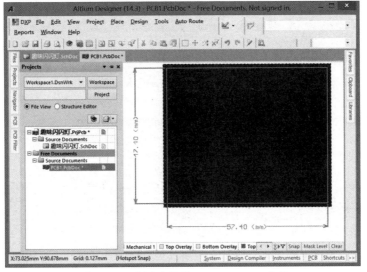

图 7-2-11

图 7-2-11　创建完毕的 PCB1.PcbDoc 文件

在图 7-2-11 中，右击文件 PCB1.PcbDoc，在弹出的菜单中选择 Save As 选项，将其保存为"趣味闪闪灯.PcbDoc"，并将其加入"趣味闪闪灯.PrjPcb"项目中，如图 7-2-12 所示。

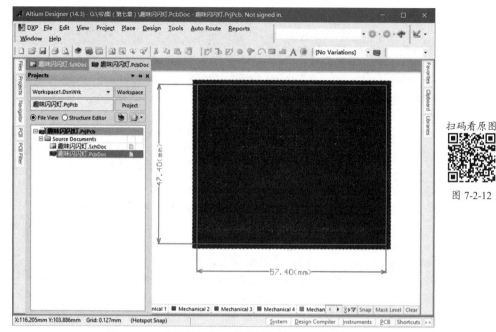

扫码看原图

图 7-2-12

图 7-2-12　改名并加入工程项目中的 PCB 文件

7.2.5　导入数据

导入数据就是将原理图文件中的信息引入 PCB 文件中，以便绘制印制电路板，为布局和布线做准备。具体步骤如下。

（1）在 PCB 编辑器中，执行菜单命令 Design→Import Changes From 趣味闪闪灯.PrjPcb，弹出如图 7-2-13 所示的设计项目修改对话框。同样，也可以在原理图编辑器中，执行菜单命令 Design→Update PCB Document 趣味闪闪灯.PcbDoc，弹出该设计项目修改对话框。

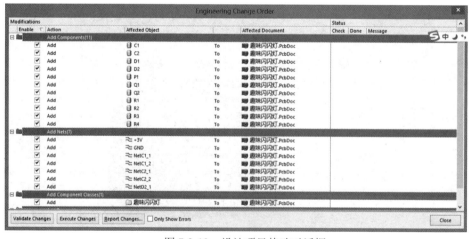

扫码看原图

图 7-2-13

图 7-2-13　设计项目修改对话框

（2）单击【Validate Changes】校验改变按钮，系统对所有元器件信息和网络信息进行检查。如果所有改变有效，则 Check 状态列出现对钩，说明网络表中没有错误，如图 7-2-14 所示。

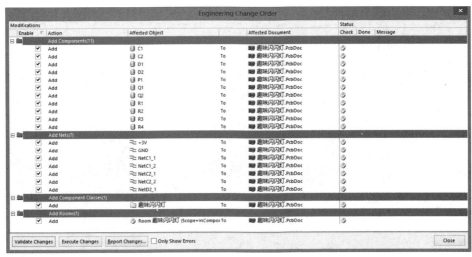

图 7-2-14

图 7-2-14　检查报告

如果出现错误，在 Message（信息）状态列中将给出原理图中的错误信息，双击错误信息可回到原理图中进行修改，修改后需要重新检查直到没有错误为止。

（3）单击【Execute Changes】执行改变按钮，系统开始执行所有元器件信息和网络信息的传送，若无错误，则 Done 状态列出现对钩，完成后的状态如图 7-2-15 所示。

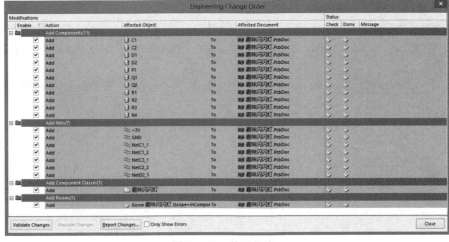

图 7-2-15

图 7-2-15　传送报告

（4）单击【Close】按钮关闭对话框。所有的元器件和飞线出现在 PCB 文件工作区中的 "趣味闪闪灯"Room 框内，如图 7-2-16 所示。

此处 Room 框用于限制单元电路的位置，即某个单元电路中的所有元器件将被限制在由 Room 框所限定的 PCB 范围内，便于 PCB 板规范布局，减少干扰，通常用于层次化的模块设计和多通道设计中。由于本项目未使用层次设计，除了自动布局可以使用 Room 框的功能外，其余操作不需要使用 Room 框的功能，所以为了方便元器件布局，建议自动布局结束后将该 Room 框删除，删除方法将在下一节介绍。

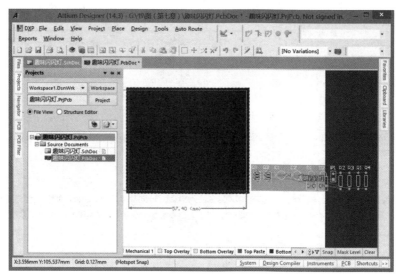

扫码看原图

图 7-2-16

图 7-2-16　拥有数据的 PCB 文件

7.2.6　元器件自动布局

元器件的布局是指将网络表中的所有元器件放置在 PCB 板上，是 PCB 设计的关键一步。如果单面板元器件布局不合理，将无法完成布线操作；双面板元器件布局不合理，布线时将会放置过多过孔，使电路板布线变得复杂。

布局的整体要求是整齐、美观、对称，元器件密度均匀，这样才能使电路板的利用率最高，并且降低电路板的制作成本。合理的布局通常采用连线最短原则，同时还要考虑电路的机械结构、散热、电磁干扰等问题。

Altium Designer 提供了两种元器件布局方法，自动布局和手动布局。只靠自动布局往往达不到实际的要求，通常将两者结合以获得良好的效果。本例先进行自动布局，再进行手动调整。自动布局的步骤如下。

（1）在"趣味闪闪灯"Room 框内，选中 PCB 文件，并按住鼠标左键不放将其拖入"Keep-Out"区域内，如图 7-2-17 所示。

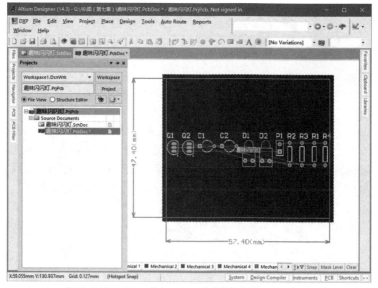

扫码看原图

图 7-2-17

图 7-2-17　拖入"Keep-Out"区域内的 PCB 文件

（2）执行 Tools→Component Placement→Arrange Within Room 命令，出现十字形指针后，单击 PCB 图中的 Room 框，可以发现元器件的位置发生了变化，自动布局完成，如图 7-2-18 所示。

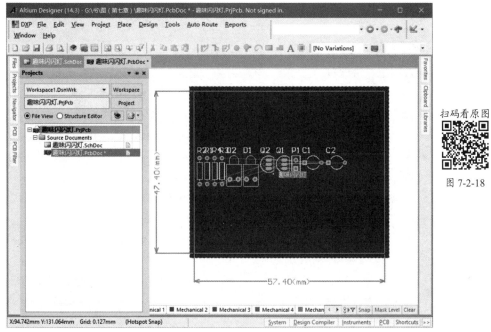

图 7-2-18　执行自动布局后的 PCB 文件

（3）将"趣味闪闪灯"Room 框删除，删除方法有以下两种。

① 执行菜单命令 Edit→Delete，若 Room 框为非锁定状态，则单击工作区中的 Room 框。

② 若 Room 框为非锁定状态，单击 Room 框，按【Delete】键将其删除。

（4）保存文件，如图 7-2-19 所示。

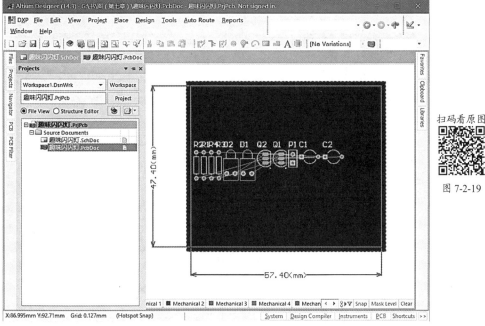

图 7-2-19　删除 Room 框并保存后的 PCB 文件

7.2.7 手动调整布局

手动布局应根据原理图和电子线路的相关知识进行调整，本例采用的规则是优先考虑核心元器件和体积较大的元器件，然后再考虑其他元器件的布局。手动调整涉及元器件的移动、元器件的旋转，标识符的调整。

（1）元器件的移动。将鼠标指针移至要移动的对象上，按住鼠标左键不放，将其拖曳到合适的位置后，释放鼠标左键即可。

（2）元器件的旋转。将鼠标指针移至要旋转的对象上，按住鼠标左键不放，然后按【空格】键，元器件按逆时针方向旋转90°，旋转到合适角度后，释放鼠标左键即可。

（3）标识符的调整。双击标识符可以出现标识符修改对话框。例如，双击发光二极管 D2 标识符，出现如图 7-2-20 所示的标识符修改对话框，调整标识符的 Width（宽）和 Height（高）以及 Rotation（旋转角度）等。

扫码看原图

图 7-2-20

图 7-2-20　标识符修改对话框

经过手动调整布局后的 PCB 文件，如图 7-2-21 所示。

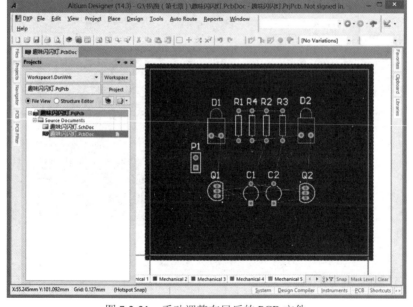

扫码看原图

图 7-2-21

图 7-2-21　手动调整布局后的 PCB 文件

7.2.8　自动布线规则

根据题目要求需要设置的参数有：最小电气安全距离 0.2mm，+3V 电源线的宽度 0.6mm，接地线 GND 宽度 1mm，其余线宽 0.4mm。设置布线规则的操作步骤如下。

（1）执行菜单命令 Design→Rules...，调出 PCB 规则和约束编辑器对话框，如图 7-2-22。

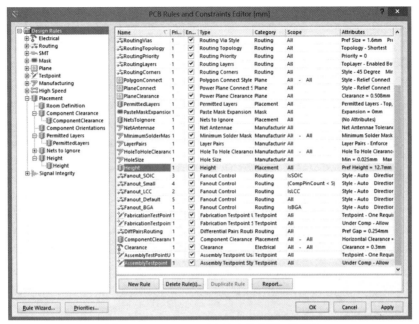

扫码看原图

图 7-2-22

图 7-2-22　PCB 规则和约束编辑器对话框

（2）在左侧导航栏中选择 Electrical（电气规则）→Clearance 选项，则可在右侧栏设置电气安全距离，将最小电气距离设置为 0.2mm，如图 7-2-23 所示。

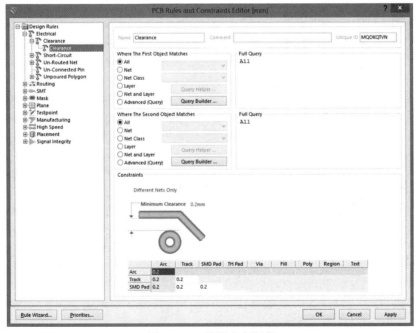

扫码看原图

图 7-2-23

图 7-2-23　设置安全距离

（3）选择左侧导航栏中的 Routing（布线规则），右侧栏显示该规则下的具体内容，如图 7-2-24 所示。

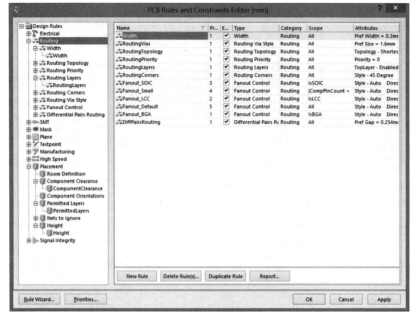

图 7-2-24　布线规则选项

如果要对有特殊要求的导线（如电源线、接地线等）宽度进行设置，可以新建规则。

操作步骤如下。

① 右击 Width，在弹出的快捷菜单中选择 New Rule...选项，如图 7-2-25 所示。

② 将新建的线宽规则 Width_1 命名为 Width_GND，并将 GND 网络接地线的宽度设置为 1mm，如图 7-2-26 所示。

图 7-2-25

图 7-2-26

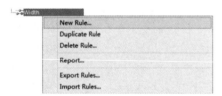

图 7-2-25　快捷菜单

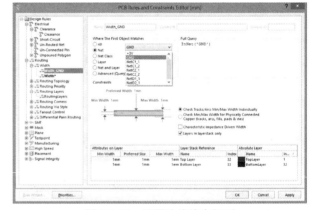

图 7-2-26　设置地线线宽规则

③ 同样，重复新建线宽规则 Width_1，将其改命名为 Width_+3V，将+3V 网络电源线的宽度设置 0.6mm，如图 7-2-27 所示。

④ 设置其余线的线宽规则 Width，如图 7-2-28 所示。

⑤ 设置布线规则优先级。单击 PCB 规则和约束编辑器对话框中的优先级设置按钮 Priorities... ，出现如图 7-2-29 所示的线宽规则优先级对话框，对话框中显示了+3V 线宽规则、GND 线宽规则和全部线宽规则。改变优先级顺序的方法是：选择某一需要改变优先级的线宽规则，单击【Increase Priority】按钮增加优先级，单击【Decrease Priority】降低优先级。线宽优先级的规则设置为线宽

优先，即线宽越宽的规则其优先级越高。本例中优先级最高的应为 Width_GND，其次为 Width_+3V，优先级最低的是其余线宽，设置完成的线宽规则优先级如图 7-2-29 所示。

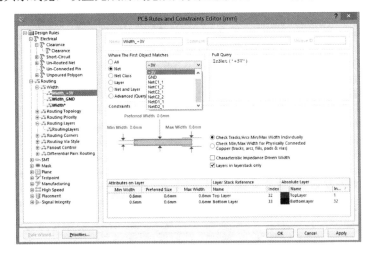

图 7-2-27

图 7-2-27　设置+3V 电源线线宽规则

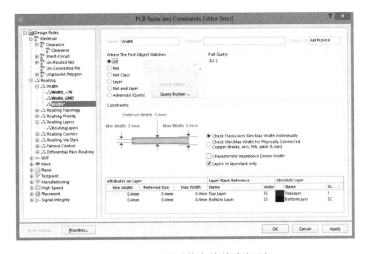

图 7-2-28

图 7-2-28　设置其余线线宽规则

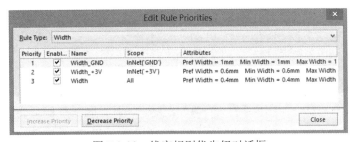

图 7-2-29　线宽规则优先级对话框

⑥ 单击【Close】按钮，返回图 7-2-28 所示的对话框，单击右下角的【Apply】按钮，再单击【OK】按钮，完成了线宽规则设置。

本例采用双层板走线，由于布线板层规则默认为双层板，所以不需要改变设置。我们可以通过执行菜单命令Design→Rules...→RoutingLayers查看板层的设置情况。如图 7-2-30 所示，Top Layer 和 Bottom Layer 右侧的 Allow Routing（允许布线）复选框均为被选中状态。

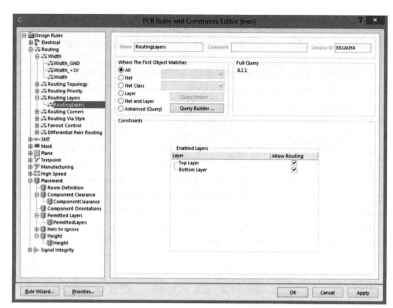

图 7-2-30

图 7-2-30　设置布线板层规则

7.2.9　自动布线

完成 7.2.8 节所讲述的设置后进行自动布线。自动布线菜单中包括对选定网络布线、对选定飞线布线、对选定区域布线、对选定元器件布线、全局布线。

本例选择全局布线，操作步骤如下。

（1）执行菜单命令 Auto Route→All，弹出自动布线策略选择对话框，如图 7-2-31 所示。

图 7-2-31

图 7-2-31　自动布线策略选择对话框

（2）在该对话框内的 Available Routing Strategies 列表中选择 Default 2 Layer Board 选项，选中 Lock All Pre-routes（锁定全部预布线）和 Rip-up Violations After Routing（去掉违反规则的布线）复选框。单击【Route All】按钮，启动 Situs 自动布线器进行自动布线。

布线完成后弹出信息报告栏，显示自动布线过程中的信息，如图 7-2-32 所示。

（3）自动布线结果如图 7-2-33 所示。从自动布线的结果可知，对于比较简单的电路，当元器件布局合理，布线规则设置完善时，Altium Designer 中 Situs 自动布线器的布线效果令人满意。

（4）单击保存按钮 ，保存 PCB 文件，至此 PCB 自动布线结束。

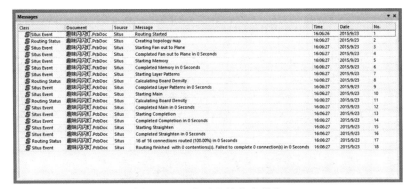

扫码看原图

图 7-2-32

图 7-2-32　自动布线信息报告

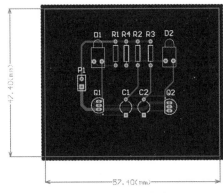

扫码看原图

图 7-2-33

图 7-2-33　自动布线结果

7.2.10　拆线

如果对布线结果不满意，系统提供了拆线命令。

执行菜单命令 Tools→Un-Route，下一级子菜单中的命令即为各种拆线命令,如图 7-2-24 所示。

图 7-2-34　取消布线子菜单

部分命令的含义如下。

（1）All（全部）命令：拆除 PCB 上的所有导线。

（2）Net（网络）命令：拆除某个网络上的所有导线。执行 Net 命令后鼠标指针变成十字形。移动十字形指针到某根导线上并单击，该导线所属网络的所有导线将被删除。此时十字形指针仍处于拆线状态，可以继续拆除其他网络上的布线。右击或者按【Esc】键退出操作。

（3）Connection（连接）命令：拆除某个连接上的导线。执行 Connection 命令后，鼠标指针变成十字形。移动十字形指针到某根导线上并单击，该导线建立的连接将被删除。此时十字形指针仍处于拆线状态，可以继续拆除其他连接上的布线，右击或者按【Esc】键退出操作。

（4）Component（元器件）命令：拆除某个元器件上的导线。执行 Component 命令后，鼠标指针变成十字形。移动十字形指针到某个元器件上并单击，该元器件所有引脚的连线将被删除。此时十字形指针仍处于拆除布线状态，可以继续拆除其他元器件上的布线，右击或者按【Esc】键退出操作。

7.3 布线前的其他设置

执行菜单命令 Design→Rules...，系统弹出如图 7-3-1 所示的 PCB Rules and Constraints Editor（PCB 设计规则和约束）对话框。该对话框左侧显示的是设计规则的类型，包括：Electrical（电气设计）规则类、Routing（布线设计）规则类、SMT（SMT 元器件）规则类、Mask（阻焊层设计）规则类、Plane（内层设计）规则类、Testpoint（测试点设计）规则类、Manufacturing（制造）规则类、High Speed（高速电路）规则类、Placement（布局）规则类和 Signal Integrity（信号完整性）规则类，共十类。

对话框右侧显示对应设计规则的设计属性。单击左下角的【Priorities】按钮，可以对同时存在的多个设计规则设置优先权。

对这些设计规则的基本操作有：新建规则、删除规则、导出和导入规则等。在左边任意某类规则上右击，将会弹出如图 7-3-2 所示的菜单。

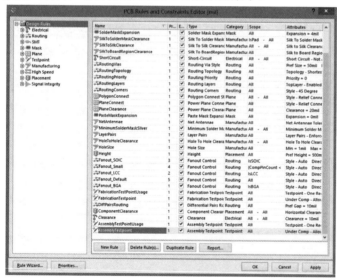

扫码看原图

图 7-3-1

图 7-3-1 PCB 设计规则和约束对话框　　　　图 7-3-2 PCB 设计规则基本操作菜单

在该设计规则菜单中，New Rule 是新建规则；Duplicate Rule 是复制规则；Delete Rule 是删除规则；Report 是将当前规则以报告文件的方式给出。Export Rules 是将规则导出，并以.rul 为后缀名导出到文件中；Import Rules 是从文件中导入规则。

在下一节，将重点介绍几类设计规则的设置和使用方法。

7.3.1 电气设计规则

Electrical 规则是电路板在布线时必须遵守的，包括安全间距、短路允许等四个方面的规则。

1. Clearance（安全间距）规则

安全间距规则主要用于在 PCB 电路板布置铜膜导线时，设置元器件焊盘和焊盘之间、焊盘和导线之间、导线和导线之间的最小距离。该规则在【例 7.1】"趣味闪闪灯"电路设计中已讲述。

2．Short Circuit（短路）规则

短路规则主要用于设置电路中是否允许有导线交叉短路。系统默认不允许短路，即 Allow Short Circuit 复选框处于非选中状态，如图 7-3-3 所示。

3．Un-Routed Net（未布线网络）规则

该规则用于对指定的网络进行检查，查验网络布线是否成功，如果不成功，将保持用飞线连接。

4．Un-Connected Pin（未连接管脚）规则

该规则用于对指定的网络进行检查，查验所有元器件管脚是否联机。

7.3.2　布线设计规则

Routing 规则主要有如下几种。

1．Width（导线宽度）规则

导线宽度分别有 Max Width（最大宽度）、Preferred Width（最佳宽度）、Min Width（最小宽度）三个值，如图 7-3-4 所示。系统默认的导线宽度为 10mil，单击各项可直接输入数值进行更改。本例采用系统默认值 10mil。

2．Routing Topology（布线拓扑）规则

布线拓扑规则是指布线的拓扑逻辑约束。Altium Designer 14 中常用的布线约束为统计最短逻辑规则，用户可以根据具体的设计方案选择不同的布线拓扑规则，常用的布线拓扑规则如下。

◆ Shortest（最短）规则。在 Topology 下拉菜单中选择 Shortest，如图 7-3-5 所示，该规则要求能够连通网络上的所有节点且使用的铜膜导线总长度最短。

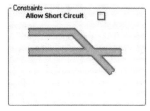
图 7-3-3　短路规则

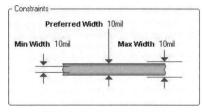
图 7-3-4　设置导线宽度

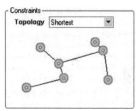
图 7-3-5　最短规则

◆ Horizontal（水平）规则。在 Topology 下拉菜单中选择 Horizontal，如图 7-3-6 所示，该规则要求连通网络上的所有节点，且使用的铜膜导线尽量处于水平方向。

◆ Vertical（垂直）规则。在 Topology 下拉菜单中选择 Vertical，如图 7-3-7 所示，该规则要求连通网络上的所有节点，且使用的铜膜导线尽量处于垂直方向。

◆ Daisy-Simple（简单雏菊）规则。在 Topology 下拉菜单中选择 Daisy-Simple，如图 7-3-8 所示，该规则要求在用户指定的起点和终点之间连通网络上的各节点，并且使连线最短。如果设计者没有指定起点和终点，那么此规则和 Shortest 规则的结果相同。

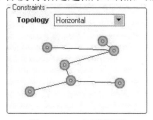
图 7-3-6　水平规则

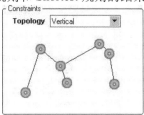
图 7-3-7　垂直规则

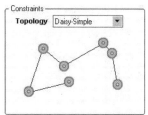
图 7-3-8　简单雏菊规则

◆ Daisy-MidDriven（雏菊中点）规则。在 Topology 下拉菜单中选择 Daisy-MidDriven，如图 7-3-9 所示，该规则要求以指定的起点为中心向两边的终点连通网络上的各节点，起点两边的中

间节点数目要相同，并且使连线最短。如果设计者没有指定起点和两个终点，系统将采用 Daisy-Simple 规则。

◆ Daisy-Balanced（雏菊平衡）规则。在 Topology 下拉菜单中选择 Daisy-Balanced，如图 7-3-10 所示。该规则要求将中间节点数平均分配成组，组的数目和终点数目相同，一个中间节点组和一个终点连接，所有组都连接在同一个起点上，起点间用串联的方法连接，并且使连线最短。如果设计者没有指定起点和终点，系统将采用 Daisy-Simple 拓扑规则。

◆ Starburst（星形）规则。在 Topology 下拉菜单中选择 Starburst，如图 7-3-11 所示。该规则要求网络中的每个节点都直接和起点连接，如果设计者指定了终点，那么终点不直接和起点连接。如果没有指定起点，那么系统将试着轮流以每个节点作为起点去连接其他各节点，找出连线最短的一组连接作为网络的拓扑结构。

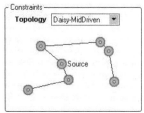　　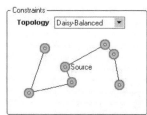　　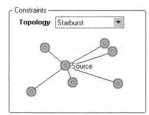

图 7-3-9　雏菊中点规则　　　　图 7-3-10　雏菊平衡规则　　　　图 7-3-11　星形规则

3．Routing Priority（布线优先级）选项区域规则

该规则用于设置布线的优先次序，设置的范围是 0～100，数值越大，优先级越高，如图 7-3-12 所示。

4．Routing Layers（布线层）规则

该规则用于设置布线规则可以约束的工作层。包括顶层和底层，共有 32 个布线层可以设置，如图 7-3-13 所示。由于本例设计的是双层板，故 Mid-Layer1 到 Mid-Layer30 都不存在，只能使用 Top Layer 和 Bottom Layer。

5．Routing Corners（拐角）规则

布线的拐角可以有 45°角、90°角和圆角三种，如图 7-3-14 所示。

　　　　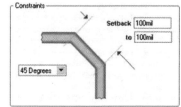

图 7-3-12　布线优先级规则　　　图 7-3-13　布线层规则　　　图 7-3-14　拐角规则

从下拉菜单中可以选择拐角的类型，Setback 文本框用于设定拐角的长度。例如，90°角设置如图 7-3-15 所示，圆角设置如图 7-3-16 所示。

6．Routing Via Style（过孔）规则

该规则用于设置过孔的尺寸，其过孔设置如图 7-3-17 所示。

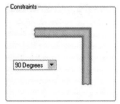　　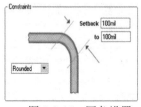　　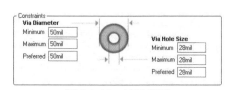

图 7-3-15　90°角设置　　　　图 7-3-16　圆角设置　　　　图 7-3-17　过孔规则

可以调整的参数有 Via Diameter（过孔的直径）和 Via Hole Size（过孔中的通孔直径），包括 Maximum（最大值）、Minimum（最小值）和 Preferred（最佳值）。设置时应注意过孔直径和通孔直径的差值不宜过小，否则将不宜于制板加工。合适的差值在 10mil 以上。

7.3.3 SMT 元器件规则

SMT 元器件规则主要设置 SMD 元器件引脚与布线之间的规则，共有三种规则，分别如下。

1. SMD To Corner 设计规则

SMD To Corner 设计规则用于设置 SMD 元器件焊盘与导线拐角之间的最小距离。SMD To Corner 设计规则视图中的 Constraints 区域如图 7-3-18 所示。

Distance 编辑框用于设置 SMD 元器件焊盘与导线拐角处的距离。

2. SMD To Plane 设计规则

SMD To Plane 设计规则用于设置 SMD 元器件焊盘与电源层的焊盘或过孔之间的距离。其 Constraints 区域仅有一个 Distance 选项，在该项中设置距离参数即可。

3. SMD Neck-Down 设计规则

SMD Neck-Down 设计规则用于设置 SMD 引出导线宽度与 SMD 元器件焊盘宽度之间的比值关系。SMD Neck-Down 设计规则视图中的 Constraints 区域如图 7-3-19 所示。

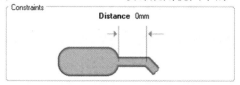 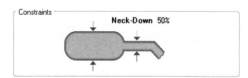

图 7-3-18　SMD TO Corner 设计规则视图中的 Constraints 区域　　　图 7-3-19　SMD Neck-Down 设计规则视图中的 Constraints 区域

Neck-Down 编辑框用于设置 SMD 元器件焊盘宽度与导线宽度的比例。

7.3.4 阻焊层设计规则

Mask（阻焊层）设计规则用于设置焊盘到阻焊层的距离，有如下几种规则。

1. Solder Mask Expansion（阻焊层延伸量）规则

该规则用于设计从焊盘到阻焊层之间的延伸距离。在制作电路板时，阻焊层要预留一部分空间给焊盘。这个延伸量就是防止阻焊层和焊盘重叠，如图 7-3-20 所示，系统默认值为 4mil，Expansion 用于设置延伸量的大小。

2. Paste Mask Expansion（表面粘贴元器件延伸量）规则

该规则用于设置表面粘贴元器件的焊盘和焊锡层孔之间的距离，如图 7-3-21 所示，图中的 Expansion 用于设置延伸量的大小，默认值为 0mil。

 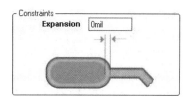

图 7-3-20　阻焊层延伸量规则　　　　　　图 7-3-21　表面粘贴元器件延伸量规则

7.3.5 内层设计规则

Plane（内层）设计规则用于多层板设计中，有如下几种规则。

1. Power Plane Connect Style（电源层连接方式）规则

电源层连接方式规则用于设置导孔到电源层的连接，其设置界面如图 7-3-22 所示。

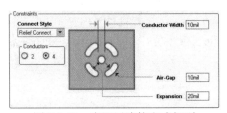

图 7-3-22　电源层连接方式规则

图中各设置项的含义分别如下。

- Conner Style 下拉菜单：用于设置电源层和过孔的连接风格。下拉菜单中有 3 个选项，分别为 Relief Connect（发散状连接）、Direct Connect（直接连接）和 No Connect（不连接）。工程制板中多采用发散状连接。
- Conductor Width 文本框：用于设置连通的连线宽度。
- Conductors 选择区域：用于选择连通的导线数目，可供选择的导线数有 2 条或者 4 条。
- Air-Gap 文本框：用于设置空隙的间隔宽度。
- Expansion 文本框：用于设置从过孔到空隙的间隔距离。

2．Power Plane Clearance（电源层安全距离）规则

该规则用于设置电源层与穿过它的过孔之间的安全距离，即防止导线短路的最小距离，设置界面如图 7-3-23 所示，系统默认值为 20mil。

3．Polygon Connect style（敷铜连接方式）规则

该规则用于设置多边形敷铜与焊盘之间的连接方式，设置界面如图 7-3-24 所示。

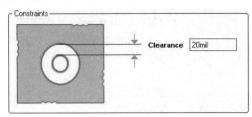

图 7-3-23　电源层安全距离规则

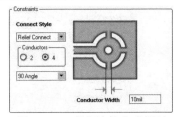

图 7-3-24　敷铜连接方式规则

该设置对话框中 Connect Style、Conductors 和 Conductor Width 的设置与 Power Plane Connect Style 选项的设置意义相同，在此不再赘述。

最后可以设定敷铜与焊盘之间的连接角度，有 90 Angle（90°）和 45 Angle（45°）两种角度可选。

7.3.6　布线规则设置实例

【例 7.2】　设计制作低频小信号放大电路的印制电路板，电路如图 7-3-25 所示。电路中各元器件的属性见表 7-2。

1．设计要求

（1）创建工程项目和原理图文件：工程项目命名为"低频小信号放大电路.PrjPcb"，原理图文件命名为"低频小信号放大电路.SchDoc"。

（2）绘制符合要求的电路原理图，注意表 7-2 中所给出的元器件属性信息。

（3）创建一个 PCB 文件，命名为"低频小信号放大电路.PcbDoc"。

（4）PCB 尺寸为 50mm×40mm，采用直插式元器件，两层布线（即双层板）。

（5）物理边界与电气边界的距离为 0。

（6）电路板中焊盘与走线的安全距离为 8mil。

（7）+12V 在底层走线且线宽为 40mil，GND 在顶层走线且线宽为 50mil，其余线宽为 20mil。

（8）要求 PCB 元器件布局合理，符合 PCB 设计规则。

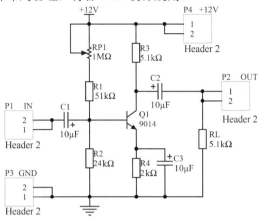

图 7-3-25　低频小信号放大电路

表 7-2　【例 7.2】电路元器件属性列表

Design Item ID（元器件名称）	Designator（元器件标号）	Comment（元器件标注）	Footprint（元器件封装）
Cap Pol2	C1、C2、C3	10μF	CAPR5-4X5
RPot	RP1	1MΩ	VR5
Header 2	P1、P2、P3、P4	Header 2	HDR1X2
2N3904	Q1	9014	TO-92A
Res2	R1	51kΩ	AXIAL-0.3
Res2	R2	24kΩ	AXIAL-0.3
Res2	R3、RL	5.1kΩ	AXIAL-0.3
Res2	R4	2kΩ	AXIAL-0.3
所有元器件均在 Miscellaneous Devices.IntLib 和 Miscellaneous Connectors.IntLib 中			

2. 操作步骤

（1）在 Altium Designer 14 主界面中执行菜单命令 File→New→Project...→PCB Project，新建一个 PCB 工程文件，命名为"低频小信号放大电路.PrjPcb"并保存到指定文件夹。执行菜单命令 File→New→Schematic，新建一个原理图，将其命名为"低频小信号放大电路.SchDoc"并保存到指定文件夹。

（2）在原理图编辑环境中绘制低频小信号放大电路，并按照表 7-2 中的元器件属性要求添加正确的元器件及封装，如图 7-3-26 所示。

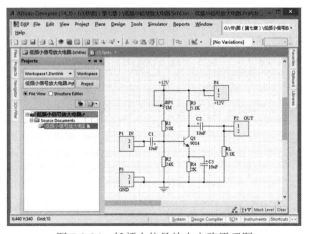

扫码看原图

图 7-3-26

图 7-3-26　低频小信号放大电路原理图

（3）按题目要求用 PCB 板设计向导生成 PCB 文件，将其命名为"低频小信号放大电路.PcbDoc"并保存到指定文件夹内，加入工程文件中。如图 7-3-27 所示。

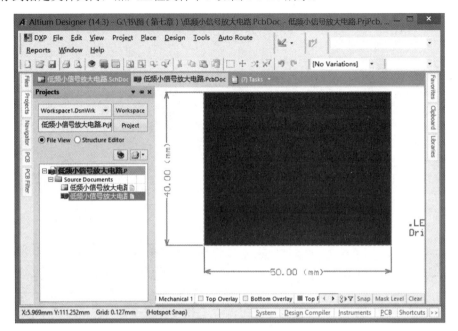

扫码看原图

图 7-3-27

图 7-3-27　生成低频小信号放大电路 PCB 文件

（4）进行数据导入，导入完成后的状态如图 7-3-28 所示，元器件封装导入后的 PCB 文件如图 7-3-29 所示。

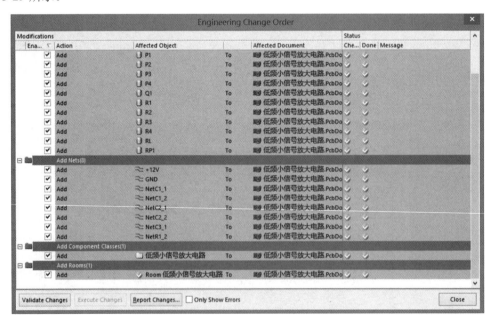

图 7-3-28　设计项目修改对话框传送报告

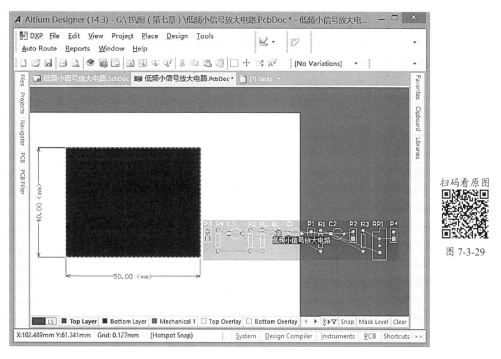

图 7-3-29

图 7-3-29　元器件封装导入后的 PCB 文件

（5）执行自动布局，在"低频小信号放大电路"Room 框上按住鼠标左键不放将其拖入 Keep-Out 区域内，然后松手，并适当调整 Room 框大小。执行菜单命令 Tools→Component Placement→Arrange Within Room，出现十字形指针后，单击 PCB 图中的 Room 框，可以发现元器件的位置发生了变化，自动布局完成，如图 7-3-30 所示。随后将"低频小信号放大电路"Room 框删除，并保存文件。

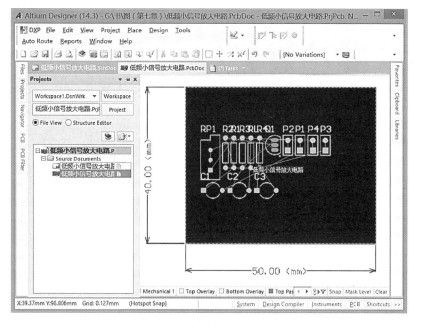

图 7-3-30

图 7-3-30　执行自动布局后的 PCB 文件

（6）执行手动布局调整，其操作后的文件如图 7-3-31 所示。

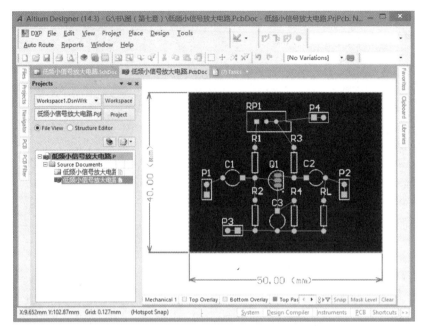

图 7-3-31

图 7-3-31　执行手动布局后的 PCB 文件

（7）布线前的规则设置，操作步骤如下。

① 执行菜单命令 Design→Rules...，在弹出的对话框左栏中，选择 Electrical→Clearance 选项，右栏便可设置电气安全距离，将最小电气距离设置为 8mil，如图 7-3-32 所示。如果距离单位为公制（mm），应先关闭对话框，切换成英制单位（mil）后再设置。

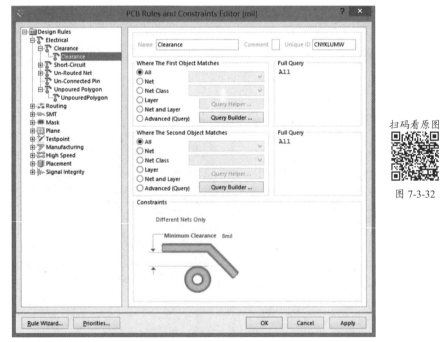

图 7-3-32

图 7-3-32　设置电气安全距离

② 选择左栏中的 Routing 布线规则选项，然后右击 Width 选项，在弹出的快捷菜单中选择 New Rule...命令，生成新规则 Width_1，将其命名为 Width_+12V，并对+12V 网络电源线的宽度进行设置，如图 7-3-33 所示。

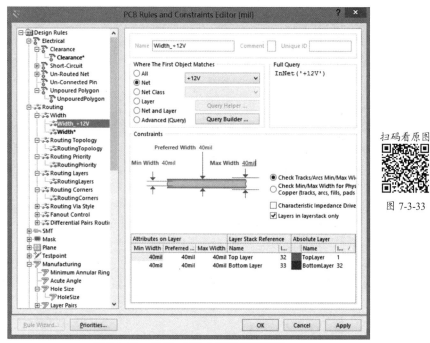

扫码看原图

图 7-3-33

图 7-3-33　设置 +12V 电源线线宽规则

③ 重复新建线宽规则 Width_1 的操作步骤，生成新规则并将其命名为 Width_GND，并对 GND 网络接地线的宽度进行设置，如图 7-3-34 所示。

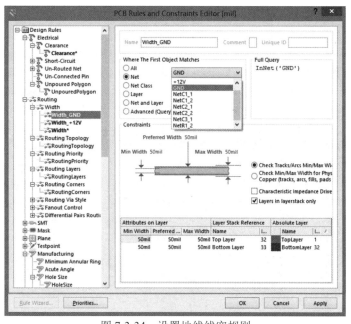

扫码看原图

图 7-3-34

图 7-3-34　设置地线线宽规则

④ 设置其余线宽规则，如图 7-3-35 所示。

⑤ 单击图 7-3-35 中的优先级设置按钮【Priorities】，检查线宽设计优先级是否为线宽由高到低排序：地线、电源线、其余线宽，如图 7-3-36 所示。单击【Close】按钮返回图 7-3-35，单击【Apply】按钮，再单击【OK】按钮，完成线宽规则设置。

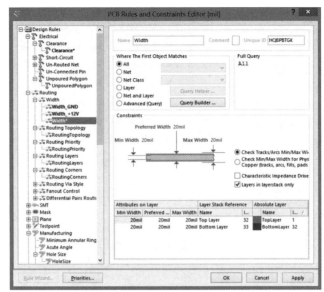

扫码看原图

图 7-3-35

图 7-3-35　设置其余线宽规则

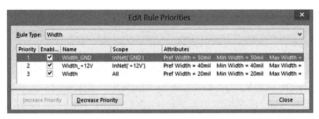

图 7-3-36　设置规则优先级

⑥　本例采用双层板布线，并且要求+12V在底层走线，GND在顶层走线，所以需要对 Routing Layers 规则进行设置。执行菜单命令 Design→Rules...→Routing Layers，在弹出的对话框中右击 Routing Layers 选项，在弹出的快捷菜单中选择 New Rule...命令，生成新规则 RoutingLayers_1，将其命名为 RoutingLayers_ +12V，设置+12V 网络走线工作层为 Bottom Layer，如图 7-3-37 所示。

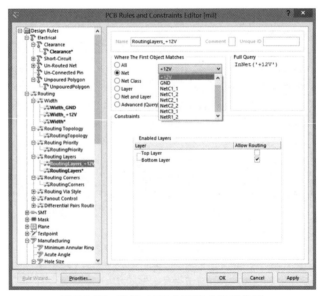

扫码看原图

图 7-3-37

图 7-3-37　设置+12V 电源线走线工作层

⑦ 重复以上步骤，再新建一个新规则并将其命名为 Routing Layers_ GND，设置 GND 网络走线工作层为 Top Layer，如图 7-3-38 所示。

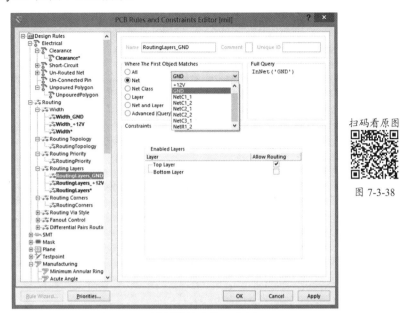

扫码看原图

图 7-3-38

图 7-3-38　设置地线走线工作层

⑧ 其余走线工作层规则 RoutingLayers 设置为默认双层走线，如图 7-3-39 所示。

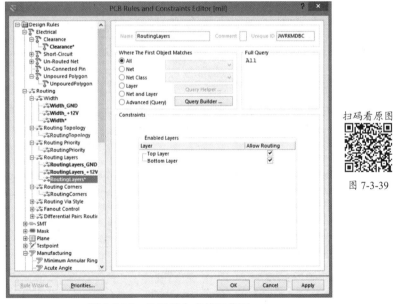

扫码看原图

图 7-3-39

图 7-3-39　设置其余走线工作层

⑨ 单击 PCB 规则和约束编辑器对话框中的优先级设置按钮【Priorities】，检查选取区域设计优先级是否为由高到低排序：地线、电源线、其余线，如图 7-3-40 所示。单击【Close】按钮返回图 7-3-39，单击【Apply】按钮，再单击【OK】按钮，布线前的规则设置结束。

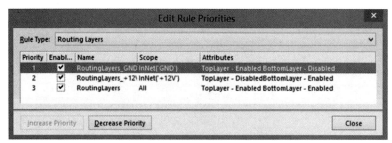

图 7-3-40　选取区域优先级的设置

（8）全局布线，其操作步骤如下。

① 在主菜单中执行 Auto Route→All 命令，弹出 Situs Routing Strategies（自动布线策略选择）对话框，如图 7-3-41 所示。

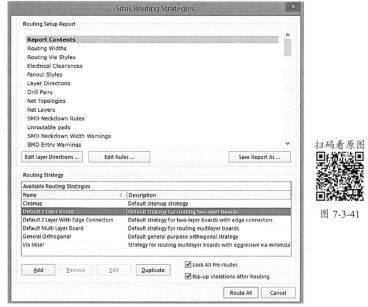

图 7-3-41

图 7-3-41　Situs Routing Strategies 对话框

② 在 Situs Routing Strategies 对话框内的 Available Routing Strategies 列表中选择 Default 2 Layer Board，选中 Lock All Pre-routes（锁定全部预布线）和 Rip-up Violations After Routing（去掉违反规则的布线）两个复选框，单击【Route All】按钮，进行自动布线。图 7-3-42 为自动布线信息报告。

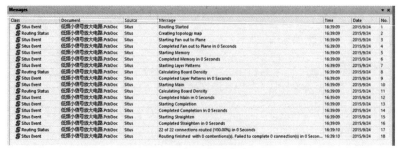

图 7-3-42

图 7-3-42　自动布线信息报告

③ 自动布线结果如图 7-3-43 所示。

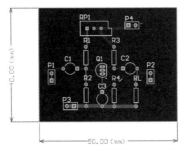

扫码看原图

图 7-3-43

图 7-3-43　自动布线结果（双层板）

7.4　设计规则检查

电路板布线完毕后，在输出设计文件之前，还要进行一次完整的设计规则检查，设计规则检查简称 DRC（Design Rule Check），它是 Altium Designer 14 进行 PCB 设计时的重要检查流程。系统会根据用户设计的规则，对 PCB 设计的各方面进行检查校验，如导线宽度、安全距离、元器件间距、过孔类型等。DRC 是 PCB 设计正确性和完整性的重要保证。灵活运用 DRC，可以保障 PCB 设计的顺利进行并完成正确的输出文件。

执行菜单命令 Tools→Design Rule Check ...，系统弹出如图 7-4-1 的 Design Rule Checker（设计规则检测）对话框。该对话框的左侧是检查器的内容列表，右侧是其对应的具体内容。对话框由两部分内容构成，即 DRC 报告选项和 DRC 规则列表。

扫码看原图

图 7-4-1

图 7-4-1　Design Rule Checker 对话框

1. DRC 报告选项

在 Design Rule Checker 对话框左侧的列表框中单击 Report Options（报告选项），即显示 DRC 报告选项的具体内容。这里的选项主要用于对 DRC 报表的内容和方式进行设置，通常保持默认设置即可，其中部分主要选项的功能如下。

Create Report File（创建报告文件）复选框：运行批处理 DRC 后会自动生成报告文件（设计名.DRC），包含本次 DRC 运行中的使用规则、违例数量和细节描述。

Create Violations（创建违反事件）复选框：能在违例对象和违例消息之间直接建立连接，使用户可以直接通过 Message（信息）面板中的违例消息进行错误定位，找到违例对象。

Sub-Net Details（子网络详细描述）复选框：对网络连接关系进行检查并生成报告，即列出违反设计规则的子网络，并可以设置当设计规则的冲突数目超过"500"时，系统将自动中止校验。

Verify Shorting Copper（校验短敷铜）复选框：对敷铜或非网络连接造成的短路进行检查。

2．DRC 规则列表

在图 7-4-1 所示的 Design Rule Checker 对话框左侧的列表框中单击 Rules To Check（检查规则），即可显示所有可进行检查的设计规则，其中包括了 PCB 制作中常见的规则，也包括了高速电路板设计规则，如图 7-4-2 所示。例如，线宽设定、引线间距、过孔大小、网络拓扑结构、元器件安全距离、高速电路设计的引线长度、等距引线等，可以根据规则的名称进行具体设置。在规则栏中，通过"在线"（Online）和"批量"（Batch）两个选项，用户可以选择在线 DRC 或批量处理 DRC。单击【Run Design Rule Check...】按钮，即可进行批量处理 DRC 操作。

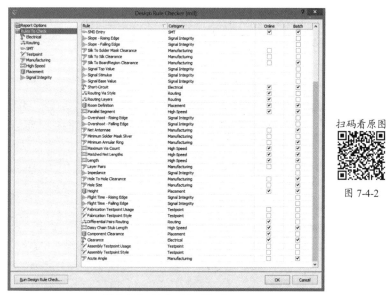

扫码看原图

图 7-4-2

图 7-4-2　Rules To Check

对【例 7.2】进行 DRC 检查，操作方法：执行菜单栏命令 Tools→Design Rule Check ...，重新配置 DRC 规则，如图 7-4-2 所示，单击【Run Design Rule Check...】按钮，在 Messages 面板上得到运行结果，如图 7-4-3 所示。

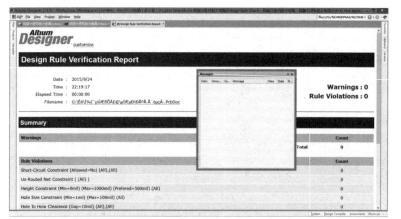

扫码看原图

图 7-4-3

图 7-4-3　DRC 检查后的 Messages 面板及检查报告网页

查看检查报告，系统设计中不存在违反设计规则的问题，系统布线成功。

7.5 电路板的 3D 显示

用户可以通过 3D 效果图看到 PCB 的实际效果和全貌。

执行菜单命令 View→3D Layout Mode 或在英文输入法状态下按【3】键，PCB 编辑器内的工作窗口变成 3D 仿真图形，如图 7-5-1 所示。用户在编辑窗口中可以看到制成后的 PCB 仿真图。

从 3D 效果返回到 2D 普通效果,执行菜单命令 View→2D Layout Mode 或在英文输入法状态下按【2】键即可。如果需要电路板翻转，在英文输入法状态下依次按【V】键和【B】键。

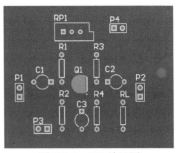

图 7-5-1　3D 效果图

7.6 原理图与 PCB 图的一致性

在项目设计过程中，用户有时要对原理图或电路板中的某些参数进行修改，如元器件的标号、封装等，并希望将修改状态同时反映到电路板或原理图中去。Altium Designer 提供了这方面的功能，使用户很方便地通过 PCB 文件更新原理图文件，或通过原理图文件更新 PCB 文件。下面介绍相互更新的操作步骤。

7.6.1 将 PCB 图中的改变更新到原理图

以【例 7.2】为例，在 PCB 中将 Q1 的封装由 TO-92A 改为 TO-18，并将此信息在原理图中更新，其操作步骤如下。

1. 在 PCB 中将 Q1 的封装由 TO-92A 改为 TO-18

（1）在 PCB 编辑环境中，双击需要更换封装的元器件 Q1，弹出元器件参数对话框，如图 7-6-1 所示。

图 7-6-1　元器件参数对话框

（2）单击图 7-6-1 中 Footprint（封装）区域内 Name（元器件名称）后的浏览按钮【...】，弹出如图 7-6-2 所示的元器件封装浏览库对话框，图中右侧区域显示的是左侧所选元器件封装的图形。

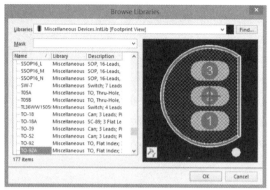

图 7-6-2　元器件封装浏览库对话框

（3）单击相关元器件封装栏中的封装名称，就可以浏览其他相关的封装。此处选中 TO-18，在元器件封装浏览库对话框的右侧区域显示 TO-18 的封装图形，如图 7-6-3 所示。

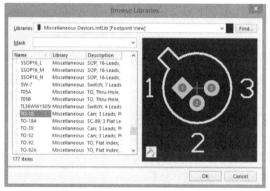

图 7-6-3　显示 TO-18 封装图形

（4）单击图 7-6-3 中的【OK】按钮，返回图 7-6-1，再单击该对话框中的【OK】按钮，此时图 7-3-43 中 Q1 的封装发生了变化，其效果如图 7-6-4 所示。

（5）经过拆线及重新布线后，效果如图 7-6-5 所示。

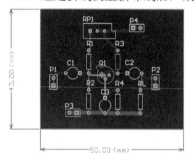

图 7-6-4　完成更换元器件封装后的 PCB 板

图 7-6-4

图 7-6-5

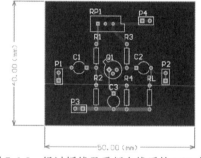

图 7-6-5　经过拆线及重新布线后的 PCB 板

2．更新到原理图

（1）在 PCB 编辑环境中，执行菜单命令 Design→Update Schematic in 低频小信号放大电路.PrjPcb，启动更新确认对话框，如图 7-6-6 所示。

（2）单击【Yes】按钮，弹出更新文件 ECO 对话框，对话框中列出了所有的更新内容，如图 7-6-7 所示。

图 7-6-6

图 7-6-6　更新确认对话框

图 7-6-7

图 7-6-7　更新文件 ECO 对话框

（3）单击【Validate Changes】按钮校验改变，检查改变是否有效，如果所有的改变有效，则 Status 栏中的 Check 列出现 √，否则出现错误符号，如图 7-6-8 所示。

图 7-6-8

图 7-6-8　校验后的 ECO 对话框

（4）单击【Execute Changes】按钮执行改变，将有效修改发送到原理图，完成后 Done 列出现 √，表示执行完成，如图 7-6-9 所示。

图 7-6-9

图 7-6-9　执行后的 ECO 对话框

（5）单击【Report Changes..】按钮，系统生成更改报告文件，如图 7-6-10 所示。

图 7-6-10

图 7-6-10　更改报告文件

（6）完成以上操作后，单击【Close】按钮关闭 ECO 对话框，即可实现由 PCB 到原理图的更新。

7.6.2　将原理图中的改变更新到 PCB 图

由原理图文件更新 PCB 文件的操作方法同本章中"数据导入"的操作步骤一样，读者可以参考本章里关于电路设计过程的内容，将原理图中的改变更新到 PCB 图。

7.6.3 原理图与 PCB 图的一致性检查

在原理图或 PCB 文件修改后，可能存在原理图或 PCB 文件没有及时更新的情况，为了保证原理图和 PCB 文件能够相互对应，需要对原理图与 PCB 图的一致性进行检查。以【例 7.2】为例，检查步骤如下。

（1）在 PCB 编辑环境或是在原理图编辑环境中，执行菜单命令 Project→Show Differences...，随后弹出 Choose Documents To Compare（选择文件对比）对话框，如图 7-6-11 所示。

（2）选中图 7-6-11 左下角的 Advanced Mode 复选框，此时分别在对话框左、右两栏中出现原理图和 PCB 文件，如图 7-6-12 所示。

图 7-6-11　Choose Documents To Compare 对话框　　　　图 7-6-12　出现原理图和 PCB 文件

（3）单击【OK】按钮，弹出如图 7-6-13 所示的选择对话框。

扫码看原图

图 7-6-13

图 7-6-13　选择对话框

（4）单击【Yes】按钮，弹出如图 7-6-14 所示的文件区别结果对话框。对话框内没有不一致的元器件，说明原理图与 PCB 图一致。

扫码看原图

图 7-6-14

图 7-6-14　文件区别结果对话框

假如将原理图中的 R1 改为 R10，进行一致性检查后得到的结果则如图 7-6-15 所示，说明了 R1 以及 R1 所关联的网络存在区别。

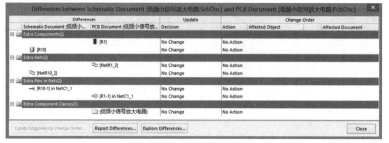

扫码看原图

图 7-6-15

图 7-6-15　R1 改为 R10 后的文件区别结果对话框

7.7　根据 PCB 文件产生元器件清单

执行菜单命令 Reports→Bill of Materials，系统将弹出相应的元器件报表对话框，如图 7-7-1 所示。在该对话框中，可以对要创建的元器件清单进行设置，主要包括以下两个区域。

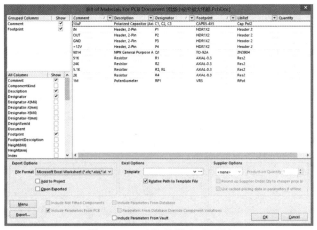

图 7-7-1

图 7-7-1　元器件报表对话框

（1）Grouped Columns（聚合的纵队）列表框：用于设置元器件的归类标准。可以将 All Columns（全部纵队）中的某一属性信息拖到该列表框中，则系统将以该属性信息为标准，对元器件进行归类，显示在元器件清单中。

（2）All Columns（全部纵队）列表框：列出了系统提供的所有元器件属性信息，如"Description（描述信息）""Component Kind（类型）"等。对于需要查看的有用信息，选中右侧与之对应的复选框，即可在元器件清单中显示出来。在图 7-7-1 中，使用系统的默认设置，即只选中"Comment（标注）""Description（描述）""Designator（标号）""Footprint（封装）""LibRef（元器件库名称）"和"Quantity（数量）"6 个复选框。

若要生成并保存报表文件，单击对话框中的【Export...】按钮，系统将弹出 Export For（输出为）对话框。选择保存类型和保存路径，保存文件即可。

7.8　创建当前 PCB 文件封装库

本节以【例 7.2】为例，说明创建当前 PCB 文件封装库的步骤。

在 PCB 编辑环境中，执行菜单命令 Design→Make PCB Library，系统则在项目下生成"低频小信号放大电路.PcbLib"封装集成库文件，如图 7-8-1 所示，然后进行保存。

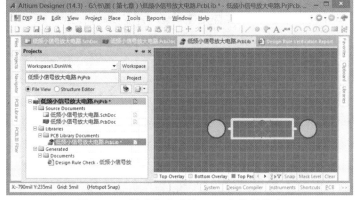

图 7-8-1

图 7-8-1　创建完成后的 PCB 文件封装库

7.9　在 PCB 文件中快速查找有关内容

如果 PCB 文件中元器件较多，则需要在布局以及布线工作中能快速找到某个元器件、网络、焊盘、字符。通常情况下，人工查找工作量较大，且影响 PCB 设计效率；而 Altium Designer14 中提供了多种查找方法，使用较为方便，以下介绍两种常用的方法。

（1）跳转查找方式。

执行菜单命令 Edit→Jump 即可弹出跳转方式子菜单，如图 7-9-1 所示。其中，要注意以下几点。

① 跳转到绝对原点。绝对原点即系统坐标系的原点。

② 跳转到当前原点。当前原点有两种情况：若用户设置了自定义坐标系的原点，则指的是该原点；若用户没设置自定义坐标系的原点，则指的是绝对原点。

③ 跳转到错误标志处。错误标志是指由 DRC 检测产生的标志。

④ 设置位置标志和跳转到位置标志处。位置标志是用数字表示的记号，这两个命令应配合使用，即先设置位置标志后，才能使用跳转到位置标志处命令。

在 PCB 文件中要快速查找某个元器件，执行 Edit→Jump→ Component 命令，会弹出 Component Designator（元器件指示器）对话框，如图 7-9-2 所示，在对话框内填入元器件的标号如"R1"，单击【OK】按钮即可在 PCB 中将 R1 显示在较为明显的位置。其快捷操作方式为按【J】+【C】组合键。同样，快速查找某网络的操作命令为 Edit→Jump→Net 命令，快捷操作方式为按【J】+【N】；快速查找某焊盘的操作命令为 Edit→Jump→Pad，快捷操作方式为按【J】+【P】组合键；快速查找某字符的操作命令为 Edit→Jump→String，快捷操作方式为按【J】+【S】组合键。

图 7-9-1　跳转方式子菜单　　　　　图 7-9-2　Component Designator 对话框

（2）首先确认原理图与 PCB 文件在同一工程下，并且原理图与 PCB 文件均已打开，然后选择原理图中想要查找的元器件，按【T】+【S】组合键，即可找到所选择的元器件在 PCB 中的位置，并且处于被选中状态。

7.10　单面板、多层板设计

7.10.1　单面板设计

单面板的工作层面包括元器件面、焊接面和丝印面。元器件面上无铜膜线，一般作为顶层；焊接面上有铜膜线，一般作为底层。以低频小信号放大电路为例，介绍单面板的设计方法。

单面板设计过程和双面板设计过程基本一样，只是布线规则的设置有所区别。

设置单面板布线规则的具体方法如下。

（1）设置顶层不允许布线。执行菜单命令 Design→Rules，在 PCB 规则和约束编辑器对话框左侧的导航菜单中选择 Routing Layers，然后在约束特性栏中去掉 Top Layer 所对应的 Allow Routing（允许布线）复选框中的对钩，使其处于非选中状态，如图 7-10-1 所示。

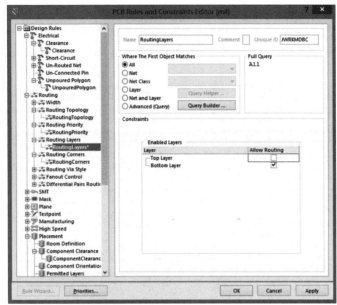

扫码看原图

图 7-10-1　设置顶层不允许布线

（2）设置底层布线方式。在 PCB 规则和约束编辑器对话框左侧的导航菜单中选择 Routing Topology（布线方式），在约束特性栏中，将 Bottom Layer 中的走线模式设置为 Shortest（最短），如图 7-10-2 所示。

（3）关闭对话框，其他设置为默认值，剩余操作与双面板布线的步骤相同。对低频小信号放大电路进行单面布线后，其结果如图 7-10-3 所示。

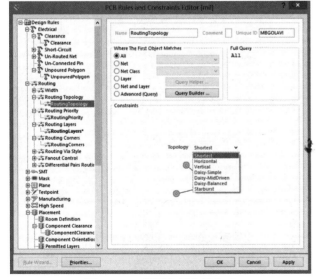

扫码看原图　　　　扫码看原图

图 7-10-2　　　　图 7-10-3

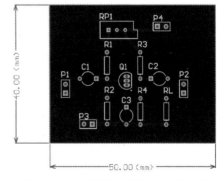

图 7-10-2　设置底层布线方式

图 7-10-3　低频小信号放大电路单面布线结果

同一电路在相同面积的电路板上布线，单面板布通率有可能达不到 100%。这就是目前普遍使用双面板的原因。适当地排布元器件，可以提高单面板的布通率。

7.10.2 多层板设计

Altium Designer 系统除了顶层和底层还提供了 30 个信号布线层、16 个电源地线层,满足了多层板的设计需要。这里以四层板为例介绍多层板的设计方法。

四层板是在双层板的基础上增加了电源层和地线层。其中,电源层和地线层分别占据一个覆铜层,由于增加了两层,所以布线更容易。

设计方法和步骤与前面设计双层板及单面板类似,不同之处为在电路板层规划中必须增加两个层。具体步骤如下。

(1)在低频小信号放大电路 PCB 编辑过程中,在图 7-2-21 所示的手动调整布局后的 PCB 文件基础上,执行菜单命令 Design→Layer Stack Manager...,即可启动板层管理器。如图 7-10-4 所示。

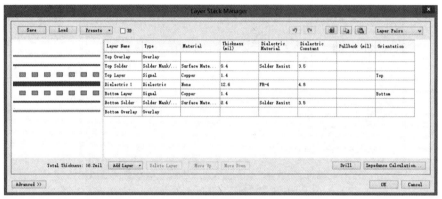

扫码看原图

图 7-10-4

图 7-10-4 板层管理器

(2)单击【Presets】按钮,在下拉菜单中选择 Four Layer(2×Signal,2×Plane),如图 7-10-5 所示,即可增加两个内电层(Internal Plane):一个是地线层(Ground Plane),另一个是电源层(Power Plane),单击【OK】按钮,关闭对话框。

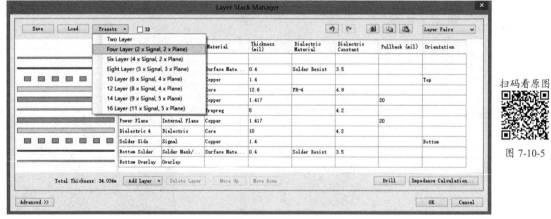

扫码看原图

图 7-10-5

图 7-10-5 增加两个内电层后的板层管理器

(3)在 PCB 编辑环境中双击 Ground Plane 工作层名称,即可弹出 Ground Plane properties(地线层属性)对话框,单击 Net name 右侧的下拉菜单按钮,在弹出的有效网络列表中选择 GND,即将此地线层定义为 GND,如图 7-10-6 所示。设置结束后单击【OK】按钮,关闭对话框。

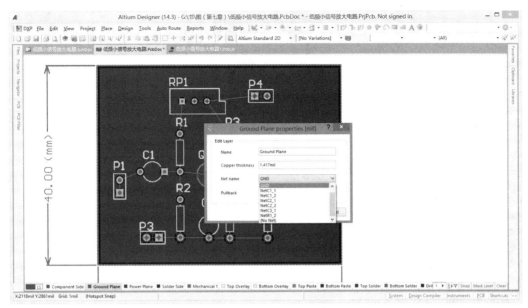

图 7-10-6　地线层属性对话框

（4）在 PCB 编辑环境中双击 Power Plane 工作层名称，即可弹出 Power Plane properties（电源层属性）对话框，单击 Net name 右侧的下拉菜单按钮，在弹出的有效网络列表中选择+12V，即将此电源层定义为+12V 电源，如图 7-10-7 所示。设置结束后单击【OK】按钮，关闭对话框。

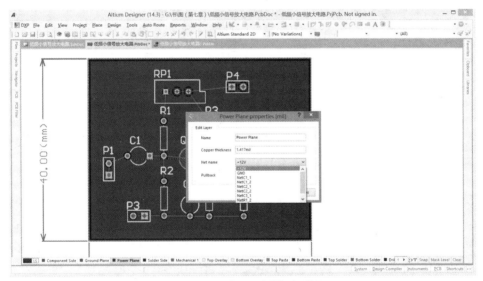

图 7-10-7　电源层属性对话框

（5）恢复双层 PCB 的布线规则，并且在 RoutingLayers 中设置为默认走线。

（6）执行 Auto Route→All...命令，重新进行自动布线，四层板布线结果如图 7-10-8 所示。

将图 7-10-8 的四层板与图 7-3-43 的双层板比较，可以发现四层板少了两条粗的电源网络线和接地线，取而代之的是在 GND 和+12V 电源的相应焊盘上出现了十字标记，表示该焊盘与内层电源相连。

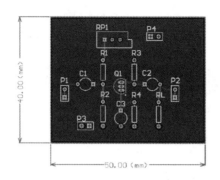

扫码看原图

图 7-10-8

图 7-10-8 低频小信号放大电路四层板布线结果

7.1 设计制作"LM386 功放模块"印刷电路，电路如题图 7-1 所示。电路中各元器件的属性如题表 7-1 所示。

设计要求如下。

（1）创建工程项目和原理图文件：工程项目命名为"LM386 功放模块.PrjPcb"，原理图文件命名为"LM386 功放模块.SchDoc"。

（2）绘制符合要求的电路原理图。注意题表 7-1 中所给出的元器件属性信息。

（3）创建一个 PCB 文件，命名为"LM386 功放模块.PcbDoc"。

（4）PCB 尺寸为 50mm×40mm，采用直插式元器件，两层布线。

（5）电路板中焊盘与走线的安全距离为 8mil。

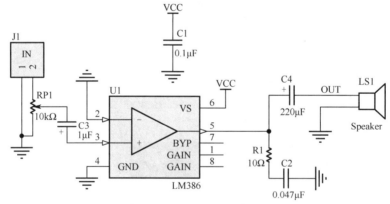

题图 7-1 LM386 功放模块电路图

（6）VCC 在顶层走线且线宽为 40mil，GND 在底层走线且线宽为 50mil，其余线宽为 20mil。

（7）要求 PCB 元器件布局合理，符合 PCB 设计规则。

题表 7-1 题图 7-1 元器件符号属性列表

Design Item ID（元器件名称）	Designator（元器件标号）	Comment（元器件标注）	Footprint（元器件封装）
Cap	C1	0.1μF	RAD-0.1
Cap	C2	0.047μF	RAD-0.1
Cap Pol2	C3	1μF	CAPR5-4X5
Cap Pol2	C4	220μF	CAPR5-4X5

Design Item ID（元器件名称）	Designator（元器件标号）	Comment（元器件标注）	Footprint（元器件封装）
Rpot	RP1	10kΩ	VR5
Res2	R1	10Ω	AXIAL-0.3
Header 2	J1	IN	HDR1X2
Speaker	LS1	Speaker	PIN2
自制	U1	LM386	DIP-8

7.2 设计制作"十路流水灯"印刷电路，电路如题图 7-2 所示。电路中各元器件的属性如题表 7-2 所示。

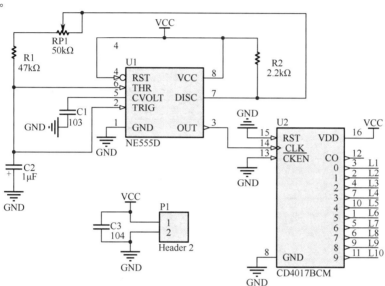

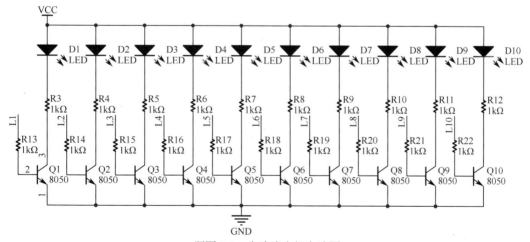

题图 7-2 十路流水灯电路图

设计要求如下。

（1）创建工程项目和原理图文件：工程项目命名为"十路流水灯.PrjPcb"，原理图文件命名为"十路流水灯.SchDoc"。

（2）绘制符合要求的电路原理图。注意题表 7-2 中所给出的元器件属性信息。

（3）创建一个 PCB 文件，命名为"十路流水灯.PcbDoc"。

（4）PCB 尺寸为 90mm×50mm，采用直插式元器件，两层布线。

（5）电路板中焊盘与走线的安全距离为 10mil。

（6）VCC 在顶层走线且线宽为 40mil，GND 在底层走线且线宽为 50mil，其余线宽为 20mil。

（7）要求 PCB 元器件布局合理，符合 PCB 设计规则。

题表 7-2　题图 7-2 元器件符号属性列表

Design Item ID（元器件名称）	Designator（元器件标号）	Comment（元器件标注）	Footprint（元器件封装）
Res2	R1	47kΩ	AXIAL-0.3
Res2	R2	2.2kΩ	AXIAL-0.3
Res2	R3～R22	1kΩ	AXIAL-0.3
Cap	C1	103	RAD-0.1
Cap Pol2	C2	1μF	CAPR5-4X5
Cap	C3	104	RAD-0.1
RPot	RP1	50kΩ	VR5
LED1	D1～D10	LED	LED-1
2N3904	Q1～Q10	8050	TO-92A
Header 2	P1	Header 2	HDR1X2
自制	U1	NE555D	DIP-8
自制	U2	CD4017BCM	DIP-16

7.3　设计制作"LM317 可调稳压"印刷电路，电路如题图 7-3 所示。电路中各元器件的属性如题表 7-3 所示。

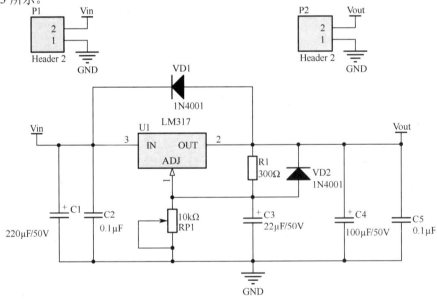

题图 7-3　LM317 可调稳压电路图

设计要求如下。

（1）创建工程项目和原理图文件：工程项目命名为"LM317 可调稳压.PrjPcb"，原理图文件命名为"LM317 可调稳压.SchDoc"。

（2）绘制符合要求的电路原理图。注意题表 7-3 中所给出的元器件属性信息。

（3）创建一个 PCB 文件，命名为"LM317 可调稳压.PcbDoc"。

（4）PCB 尺寸为 50mm×40mm，采用直插式元器件，两层布线。

（5）电路板中焊盘与走线的安全距离为 10mil。

（6）Vin 在顶层走线且线宽为 40mil，GND 在底层走线且线宽为 50mil，其余线宽为 20mil。

（7）要求 PCB 元器件布局合理，符合 PCB 设计规则。

题表 7-3　题图 7-3 元器件符号属性列表

Design Item ID（元器件名称）	Designator（元器件标号）	Comment（元器件标注）	Footprint（元器件封装）
Cap Pol2	C1	220μF/50V	CAPR5-4X5
Cap	C2、C5	0.1μF	RAD-0.1
Cap Pol2	C3	22μF/50V	CAPR5-4X5
Cap Pol2	C4	100μF/50V	CAPR5-4X5
Res2	R1	300Ω	AXIAL-0.3
自制	RP1	10kΩ	VR5
Diode 1N4001	VD1、VD2	1N4001	DO-41
Header 2	P1、P2	Header 2	HDR1X2

7.4　设计制作"红外计数器"印刷电路，电路如题图 7-4 所示。电路中各元器件的属性如题表 7-4 所示。

设计要求如下。

（1）创建工程项目和原理图文件：工程项目命名为"红外计数器.PrjPcb"，原理图文件命名为"红外计数器.SchDoc"。

（2）绘制符合要求的电路原理图。注意题表 7-4 中所给出的元器件属性信息。

（3）创建一个 PCB 文件，命名为"红外计数器.PcbDoc"。

（4）PCB 尺寸为 150mm×100mm，采用直插式元器件，两层布线。

（5）电路板中焊盘与走线的安全距离为 10mil。

（6）VCC 在顶层走线且线宽为 40mil，GND 在底层走线且线宽为 50mil，其余线宽为 20mil。

（7）要求 PCB 元器件布局合理，符合 PCB 设计规则。

题表 7-4　题图 7-4 元器件符号属性列表

Design Item ID（元器件名称）	Designator（元器件标号）	Comment（元器件标注）	Footprint（元器件封装）
Cap	C1	103	RAD-0.1
Cap Pol2	C2	100μF	CAPR5-4X5
自制	RP1、RP2、RP3	503	VR5
Res2	R1	100Ω	AXIAL-0.3
Res2	R2	10kΩ	AXIAL-0.3
Res2	R3	1kΩ	AXIAL-0.3
Photo Sen	D1	接收管	LED-0
LED-0	D2	发射管	LED-0
LED1	D3	LED0	LED-1
自制	U1、U2	7 段	H
自制	U3	NE555	DIP-8
自制	U4、U5	CD4511	DIP16
自制	U6A、U6B	CD4518	DIP16

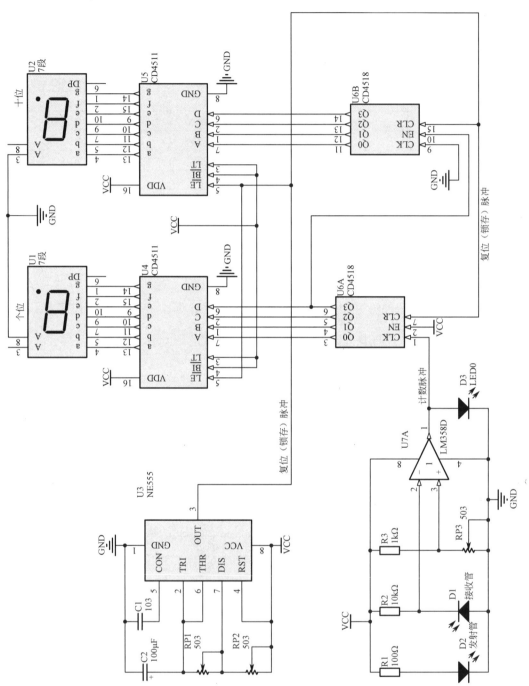

题图 7-4　红外计数器电路图

第8章 PCB 编辑器常用编辑方法

知识目标：掌握在 PCB 编辑器中放置各种对象的操作方法；掌握 PCB 编辑器中对象编辑的操作方法。

技能目标：能够在 PCB 编辑器中放置元器件封装、焊盘、过孔等对象；能够在 PCB 编辑器中绘制连线、绘制圆弧、补泪滴等操作；能够在 PCB 编辑器中进行对象的选择、复制、粘贴、移动、排序、旋转等操作。

思政目标：加强学生对实践重要性的认识，锻炼学生在解决问题时的逆向思维能力，引导学生养成分析、归纳、总结的学习习惯。坚持育人的根本在于立德，培养担当民族复兴大任的时代新人。落实德育为先，要坚持不懈用习近平新时代中国特色社会主义思想凝心铸魂、用社会主义核心价值观铸魂育人。

8.1 放置各种对象

PCB 板的基本图元对象有连线、线段、焊盘、过孔、填充、圆弧、文本字符串和特殊字符串等几种类型。本节将介绍这些基本图元对象的放置步骤。

8.1.1 放置元器件封装

当需要手动添加 PCB 元器件封装时，可执行以下步骤。

（1）在工作区选择要放置 PCB 元器件封装的 PCB 板层，单击 Wiring 工具栏中的放置 PCB 元器件封装按钮 ，或执行菜单命令 Place→Component，打开如图 8-1-1 所示的 Place Component 对话框。

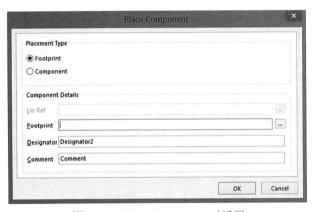

图 8-1-1　Place Component 对话框

（2）单击 Place Component 对话框 Component Details 区域内的 Footprint 编辑框右侧的□按钮，打开如图 8-1-2 所示的 Browse Libraries 对话框。

（3）单击 Browse Libraries 对话框中 Libraries 下拉菜单右侧的【Find...】按钮，打开如图 8-1-3 所示的 Available Libraries 对话框。

（4）单击【Install...】按钮，弹出"打开"对话框。

（5）在"打开"对话框中选择需要添加的 PCB 元器件封装所在的 PCB 元器件封装库文件，然后单击【打开】按钮，将该库文件添加到 Available Libraries 对话框的列表中。

（6）单击 Available Libraries 对话框的【Close】按钮，关闭该对话框。

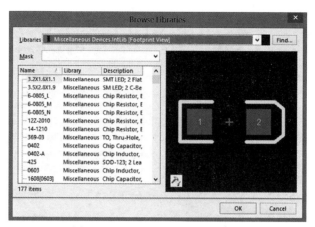

图 8-1-2　Browse Libraries 对话框

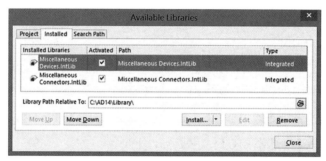

图 8-1-3　Available Libraries 对话框

（7）在 Browse Libraries 对话框的 Libraries 下拉菜单中选择添加的 PCB 元器件封装库，然后在该对话框中选择需要添加的 PCB 元器件封装，单击【OK】按钮。

（8）单击 Place Component 对话框中的【OK】按钮。

（9）移动鼠标指针到合适位置，按【空格】键调整 PCB 元器件封装的旋转角度，然后单击，将该 PCB 元器件封装放置到 PCB 板上。

（10）重复步骤（9），在 PCB 板上放置同样的 PCB 元器件封装，放置完毕后，右击或按【Esc】键，重新打开 Place Component 对话框。

（11）重复步骤（2）～（10），放置其他的 PCB 元器件封装，所有的 PCB 元器件封装放置结束后，单击 Place Component 对话框中的【Cancel】按钮，结束操作。

8.1.2　放置焊盘

自由焊盘是指没有被编入元器件库的焊盘，该焊盘能被放在任何地方。放置焊盘的步骤如下。

（1）单击 Wiring 工具栏中的放置焊盘按钮 ◎，或执行菜单命令 Place→Pad，启动放置焊盘命令。

（2）按【Tab】键，打开如图 8-1-4 所示的 Pad 对话框。

焊盘有很多属性，一般绘制双层板时只需配置以下属性即可，其他属性均可采用默认值。

Location 区域中的 X 和 Y 表明了当前焊盘所处的坐标位置，该坐标通过移动焊盘的位置可以改变，也可以手动输入要放置焊盘的坐标值加以调整。Rotation 编辑框用于改变焊盘的旋转角度。一般情况下，焊盘是圆形的，不需要修改该属性。

Hole Information 区域中的 Hole Size 编辑框用于确定焊盘开孔的大小，该属性需要用户根据实际元器件管脚的粗细来确定。例如，元器件的管脚粗细为 0.8mm，那么该焊盘的 Hole Size 应设置为 0.9~1mm 为宜。Hole Information 区域中有三个单选框，分别为 Round（圆形）、Square（正方形）和 Slot（开槽），这三个单选框用于确定焊盘开孔的形状，如无特殊要求，焊盘的开孔形状一般都为 Round。

Size and Shape 区域中的单选框 Simple、Top-Middle-Bottom 和 Full Stack 用于确定焊盘的开孔穿过 PCB 板的哪几层，一般在制作双层板时，该处选择 Simple 即可。下面的 X-Size 和 Y-Size 用于确定焊盘的尺寸。一般在可行的范围内，可尽量增大焊盘的尺寸，这样可以增加焊接面积，使元器件管脚与 PCB 板有良好的接触。Shape 下拉菜单用于确定焊盘的形状，包括 Round、Rectangular（矩形）、Octagonal（八角形）和 Rounded Rectangle（圆角矩形）。该项需要根据用户的要求进行选择。

图 8-1-4　Pad 对话框

Properties 区域中，Designator 编辑框用于确定焊盘的序号。系统默认放置的第一个焊盘的序号为"0"。Layer 下拉菜单用于确定焊盘所处层的位置。如果元器件为插接式封装，那么焊盘所处层的位置为 Multi-Layer（多层）；若元器件为贴片式封装，那么焊盘所处层的位置一般为 Top Layer。Plated 复选框为镀金选项，一般用在多层板中，双层板通常不考虑该选项。

8.1.3　放置过孔

当不同层之间的连线需要连接时，就需要放置一个过孔在不同层之间传递信号。过孔的外观类似圆形的焊盘，中间打孔，制板时通常贯穿镀层。过孔可以是多层孔、盲孔或埋孔。多层孔可从顶层通到底层，并且允许连接所有的内部信号层；盲孔则从表层通到内层；埋孔从一个内层通到另一个内层。过孔的直径一般在 0~1000mil 之间，过孔盘的直径一般在 2~10000mil 之间。如果在手工放置连线或者自动布线时改变了布线所在的电气层，过孔会被自动放置。手动放置过孔的步骤如下。

（1）在 Wiring 工具栏中选择放置过孔按钮 ，或执行菜单命令 Place→Via，准备放置过孔。

（2）按【Tab】键，打开如图 8-1-5 所示的 Via 对话框。该对话框用来设置过孔的属性，其中 Properties 区域中的 Start Layer 下拉菜单用于设置过孔的起始 PCB 板层，End Layer 用于设置过孔的终止 PCB 板层。对话框中的其余选项与 Pad 对话框中相应的选项功能相同，读者可参考 Pad 对话框中的相关介绍。

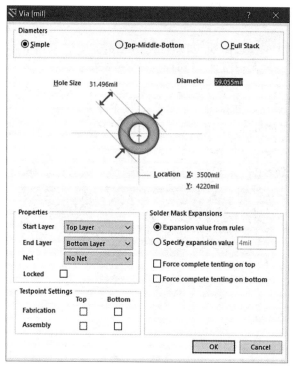

图 8-1-5　Via 对话框

（3）在 Via 对话框中设置过孔的属性，单击【OK】按钮。

（4）移动鼠标指针到合适位置并单击，即可放置一个过孔。

（5）继续放置其他过孔，当所有过孔放置完毕后，右击或按【Esc】键，结束操作。

8.1.4　放置字符串

Altium Designer 中的字符串能被放在任何层，宽度可在 0.001~10000mil 之间选择。系统提供三种字体绘制文本。默认的形式是简单的矢量字体，这种字体支持笔绘和矢量光绘。

自由文本能被放在任何层。当元器件被放置时，元器件上的文本（如元器件标号等）被自动放在 Top Overlay 或 Bottom Overlay，这些文本不能被移到其他层。

放置字符串的操作方法如下。

（1）在工作区选择放置字符串的 PCB 板层，单击 Wiring 工具栏中的放置字符串按钮 A，或执行菜单命令 Place→String。

（2）按【Tab】键，打开如图 8-1-6 所示的 String 对话框。该对话框用于设置字符串的属性，各选项的功能如下。

- Width 编辑框用于设置文字笔画的宽度。
- Height 编辑框用于设置文字的高度。
- Rotation 编辑框用于设置文字的旋转角度。
- Location 编辑框用于设置文字左下角位置坐标。

Properties 区域用于设置字符串的性质，各选项的功能如下。

- Text 下拉菜单用于设置文字的内容。
- Layer 下拉菜单用于设置放置字符串的 PCB 板层。
- Font 单选框区域用于设置字符串的字体。
- Locked 复选框用于锁定字符串。

● Mirror 复选框用于镜像翻转字符串。

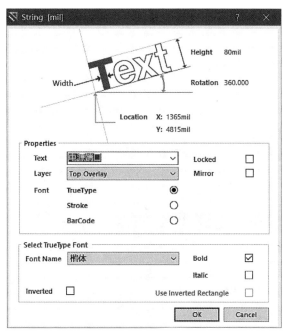

图 8-1-6　String 对话框

（3）在 String 对话框 Properties 区域的 Text 下拉菜单内输入字符串或者从列表中选择特殊字符串。

（4）在 String 对话框中设置字符串的其他属性，单击【OK】按钮。

（5）单击即可放置字符串到指定位置。放置字符串时，按【X】键或【Y】键可以沿 X 坐标轴或 Y 坐标轴镜像变化，按【空格】键可以旋转字符串。

（6）重复以上步骤，继续放置其他字符串，所有字符串放置完成后，右击或按【Esc】键结束操作。

在 String 对话框 Properties 区域的 Text 下拉菜单内提供了特殊字符串 Special Strings，这些特殊字符串用来放置一些特殊用途的文本，这些文本在打印、绘图或生成 Gerber 文件时被替换成对应的字符串。特殊字符串的含义如表 8-1 所示。

表 8-1　特殊字符串及其含义

特殊字符串	表示的含义	特殊字符串	表示的含义
PRINT DATA	打印日期	HOLE COUNT	孔计数
PRINT TIME	打印时间	NET COUNT	网络计数
PRINT SCALE	打印标尺	PAD COUNT	焊盘计数
LAYER NAME	层名	STRING COUNT	字符串计数
PCB FILE NAME	PCB 文件名	TRACK COUNT	连线计数
PCB FILE NAME NO PATH	PCB 无路径文件名	VIA COUNT	过孔计数
PLOT FILE NAME	绘图文件名	DESIGNATOR	标号
ARC COUNT	圆弧计数	COMMENT	注释
COMPONENT COUNT	元器件计数	LEGEND	图例
FILL COUNT	填充计数	NET NAMES ON LAYER	网络层名

8.1.5 放置位置标注

坐标标注用于显示工作区里指定点的坐标，坐标标注可以放在任意层。坐标标注包括一个十字形标记和位置坐标（*X,Y*），设置坐标标注的操作方法如下。

（1）单击 Utilities 工具栏中的绘图工具按钮 ，在弹出的工具栏中单击坐标标注按钮 ，或执行菜单命令 Place→Coordinate。

（2）按【Tab】键，打开如图 8-1-7 所示的 Coordinate 对话框。

其中各选项功能与 Linear Dimension 对话框中的对应各选项相同。可参考"8.1.6"节中有关 Linear Dimension 对话框的介绍。

（3）单击需要放置坐标标注的点，即可在该点放置坐标标注。

（4）重复步骤（3），可在其他点放置坐标标注，所有标注放置完毕后，右击或按【Esc】键，结束操作。放置的坐标标注如图 8-1-8 所示。

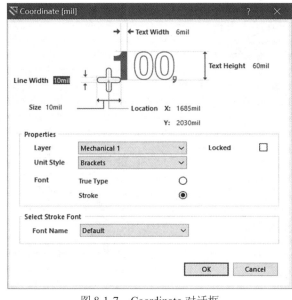

图 8-1-7 Coordinate 对话框

81.026,86.741 （mm）

图 8-1-8 放置的坐标标注

8.1.6 放置尺寸标注

尺寸标注是由文本和连线元素组成的特殊实体。Altium Designer 提供了智能尺寸标注功能。一般来说，尺寸标注通常放在某个机械层，用户可以从 16 个机械层中指定一层进行尺寸标注。根据标注对象的不同，尺寸标注可分为以下几种。

1．直线尺寸标注

对直线距离进行尺寸标注。

（1）单击 Utilities 工具栏中的尺寸工具按钮 ，在弹出的工具栏中单击直线尺寸标注按钮 ，或执行菜单命令 Place→Dimension→Linear。

（2）按【Tab】键，打开如图 8-1-9 所示的 Linear Dimension 对话框，各选项的功能如下。

● Pick Gap 编辑框用来设置尺寸线与标注对象间的距离。

● Extension Width 编辑框用来设置尺寸延长线的线宽。

● Arrow Length 编辑框用来设置箭头线长度。

● Arrow Size 编辑框用来设置箭头长度（斜线）。

● Line Width 编辑框用来设置箭头线宽。

- Offset 编辑框用来设置箭头与尺寸延长线端点的偏移量。
- Text Height 编辑框用来设置尺寸字体高度。
- Rotation 编辑框用来设置尺寸标注线的旋转角度。
- Text Width 编辑框用来设置尺寸字体线宽。
- Text Gap 编辑框用来设置尺寸字体与尺寸线左右的间距。

Properties 区域用来设置直线标注的属性，各选项的功能如下。
- Layer 下拉菜单用来设置当前尺寸文本所放置的 PCB 板层。
- Font 用于选择当前尺寸文本所使用的字体。当选择 Stroke 单选框时，可以在下面的 Font Name 下拉菜单中选择尺寸文本的字体。
- Format 下拉菜单用来设置当前尺寸文本的放置风格。共有四个选项：None 为不显示尺寸文本；0.00 为只显示尺寸，不显示单位；0.00mil 为同时显示尺寸和单位；0.00（mil）为显示尺寸和单位，并将单位用括号括起来。
- Text Position 下拉菜单用来设置当前尺寸文本的放置位置。
- Unit 下拉菜单用来设置当前尺寸采用的单位。系统提供了 Mils、Millimeters、Inches、Centimeters 和 Automatic 五个选项，其中 Automatic 项表示使用系统定义的单位。
- Precision 下拉菜单用来设置当前尺寸标注精度。下拉菜单中的数值表示小数点后面的位数。默认标注精度为 2，一般标注精度最大为 6，角度标注精度最大为 5。
- Prefix 编辑框用来设置尺寸标注时添加的前缀。
- Suffix 编辑框用来设置尺寸标注时添加的后缀。
- Sample 编辑框用来显示用户设置的尺寸标注风格示例。
- Locked 复选框用来锁定标注尺寸。

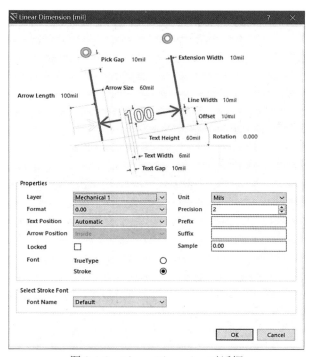

图 8-1-9　Linear Dimension 对话框

（3）在 Linear Dimension 对话框中设置标注的属性，单击【OK】按钮。

（4）单击需要标注距离的一端，确定一个标注箭头位置。

（5）单击需要标注距离的另一端，确定另一个标注箭头位置，如果需要垂直标注，可以按【空格】键旋转标注的方向。

（6）重复步骤（2）和（3），继续标注其他的水平或垂直距离尺寸。

（5）标注结束后，右击或按【Esc】键，结束操作。

2．角度标注

对 PCB 图中的角度进行标注，可按照如下步骤操作。

（1）单击 Utilities 工具栏中的尺寸工具按钮，在弹出的工具栏中单击角度标注按钮，或执行菜单命令 Place→Dimension→Angular。

（2）按【Tab】键，打开如图 8-1-10 所示的 Angular Dimension 对话框。该对话框各参数设置与 Linear Dimension 对话框中的对应项相同，故本处不再赘述。

（3）在 Angular Dimension 对话框中设置角度标注的属性，单击【OK】按钮。

（4）移动鼠标指针，在工作区选择欲标注的角度的顶点并单击，确定该顶点。

（5）单击欲标注角度的一条射线上的点，确定该射线。

（6）单击欲标注角度的顶点，然后单击另外一条射线上的点，确定另一条射线。

（7）移动鼠标指针，调整标注文本位置，单击完成角度标注。操作过程如图 8-1-11 所示。

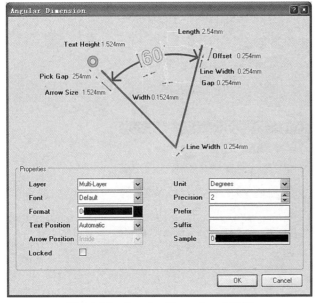

图 8-1-10　Angular Dimension 对话框

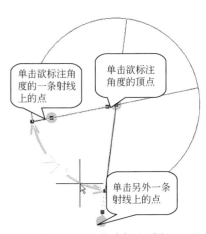

图 8-1-11　角度标注过程

（8）重复步骤（4）～（7），对其他需要标注的角度进行标注，角度标注结束后，右击或按【Esc】键，结束操作。

3．半径尺寸标注

对 PCB 图中的圆弧半径进行标注，操作步骤如下。

（1）单击 Utilities 工具栏中的尺寸工具按钮，在弹出的工具栏中单击半径尺寸标注按钮，或执行菜单命令 Place→Dimension→Radial。

（2）按【Tab】键，打开如图 8-1-12 所示的 Radial Dimension 对话框。该对话框各参数设置与 Linear Dimension 对话框中的对应各项相同，此处不再赘述。

（3）单击需要标注的圆弧或圆。

（4）移动鼠标指针，调整半径标注中的箭头所在位置，单击确定半径标注中的箭头位置和方向。

200
PAGE

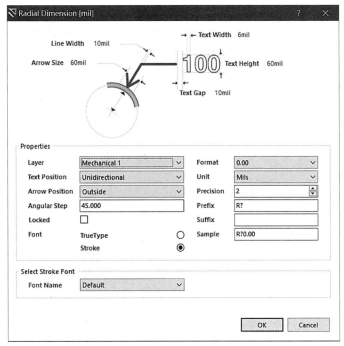

图 8-1-12　Radial Dimension 对话框

（5）移动鼠标指针，调整箭头后的引线长度，单击确定该引线，然后再调整箭头后部折线的方向。

（6）重复步骤（3）～（5），标注其他圆弧，当标注完成后，右击或按【Esc】键结束操作。

4．引线标注

引线标注用于标明电路中的某点，对其进行文字注释。放置引线标注的操作步骤如下。

（1）单击 Utilities 工具栏中的尺寸工具按钮，在弹出的工具栏中单击引线标注按钮，或执行菜单命令 Place→Dimension→Leader。

（2）按【Tab】键，打开如图 8-1-13 所示的 Leader Dimension 对话框。该对话框部分参数设置与 Linear Dimension 对话框中的对应各项相同，可参考 Linear Dimension 对话框中的相应内容，与 Linear Dimension 对话框中不同的选项设置介绍如下。

- Text 编辑框用于填写要标注的文本信息。
- Dot 复选框。选中该复选框后，指向标注对象的引线端点位置显示实心圆点。未选中时，以箭头指向该点。
- Size 编辑框用于设置在引线端点位置显示实心圆点的大小，仅当 Dot 复选框被选中时，该项有效。
- Shape 下拉菜单用于设置标注文字的显示形式。其中 None 表示只显示文字；Round 表示将文字压缩显示在一个圆中，且圆的直径由 Size 编辑框中的数值确定。Square 表示将文字压缩显示在一个正方形中，且正方形的大小由 Size 编辑框中的数值确定。系统默认设置为 None。

（3）在 Text 编辑框内输入要标注的文字。

（4）确定要标注的位置，单击标注线的端点。

（5）移动鼠标调整引线的长度，单击确定标注线的折点。

（6）单击确定标注线其他折点的位置，所有折点确定后，在标注线的终点右击，确定标注线的终点位置，完成本次标注操作。标注过程如图 8-1-14 所示。

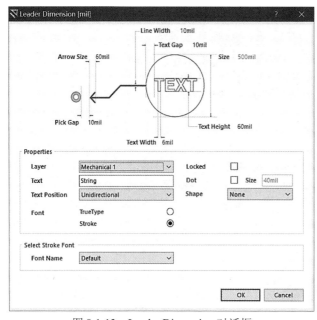

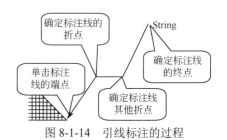

图 8-1-13　Leader Dimension 对话框　　　　图 8-1-14　引线标注的过程

5．标尺标注

标尺标注用于在 PCB 板上设置尺寸标尺，放置尺寸标尺的操作步骤如下。

（1）单击 Utilities 工具栏中的尺寸工具按钮 ，在弹出的工具栏中单击标尺标注按钮 ，或执行菜单命令 Place→Dimension→Datum。

（2）按【Tab】键，打开如图 8-1-15 所示的 Datum Dimension 对话框。该对话框各参数设置与 Linear Dimension 对话框中的对应各项相同，此处不再赘述。

（3）在 Datum Dimension 对话框中设置标尺的属性，单击【OK】按钮。

（4）移动鼠标指针至基准处，单击确定标尺基准 "0" 的位置。

（5）移动鼠标指针至第一个标尺处，单击确定标尺刻度，若需要标注垂直距离尺寸，可按【空格】键，旋转标注的方向。

（6）移动鼠标指针至下一个标尺刻度处，单击确定下一个标尺刻度。

（7）重复步骤（6），确定所有的标尺刻度，右击或按【Esc】键。

（8）移动鼠标，调整标尺数值的位置，结束操作。放置过程如图 8-1-16 所示。

6．基准标注

对连续的点相对于同一个基准的直线距离进行标注，操作步骤如下。

（1）单击 Utilities 工具栏中的尺寸工具按钮 ，在弹出的工具栏中单击基准标注按钮 ，或执行菜单命令 Place→Dimension→Baseline。

（2）按【Tab】键，打开如图 8-1-17 所示的 Baseline Dimension 对话框。该对话框各参数设置与 Linear Dimension 对话框中的对应各项相同，此处不再赘述。

（3）在 Baseline Dimension 对话框中设置基准标注的属性，单击【OK】按钮。

（4）移动鼠标指针至基准处，单击确定尺寸基准位置。

（5）移动鼠标指针至工作区中需要标注的第一个尺寸处，单击确定基准标注的另一个端点，移动鼠标指针，调整标注文字的位置，单击确定标注文字位置。若需要标注垂直距离尺寸，可按【空格】键，旋转标注的方向。

（6）重复步骤（5），继续标注其他点与尺寸基准的距离。

（7）所有尺寸标注完毕后，右击或按【Esc】键结束操作。操作过程如图 8-1-18 所示。

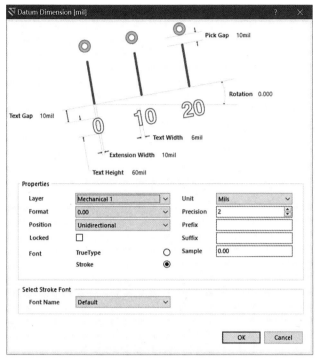

图 8-1-15　Datum Dimension 对话框

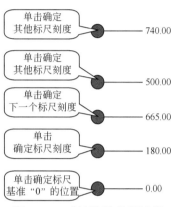

图 8-1-16　标尺标注放置过程

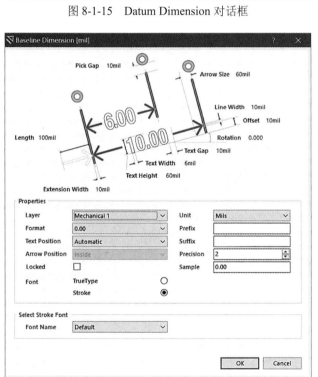

图 8-1-17　Baseline Dimension 对话框

图 8-1-18　基准标注放置过程

7. 中心标注

中心标注用于定位圆心或其他中心，放置中心标注的操作步骤如下。

（1）单击 Utilities 工具栏中的尺寸工具按钮，在弹出的工具栏中单击中心标注按钮，或执行菜单命令 Place→Dimension→Center。

（2）按【Tab】键，打开如图 8-1-19 所示的 Center Dimension 对话框。

其中 Rotation 编辑框用于设置中心标注的旋转角度。Size 编辑框用于设置中心标注的大小。Layer 下拉菜单用于设置中心标注所在的 PCB 板层。Locked 复选框用来锁定中心标注。

（3）在 Center Dimension 对话框中设置中心标注的属性，单击【OK】按钮。

（4）单击需要放置中心标注的圆弧或圆，确定中心标注的位置。

（5）移动鼠标指针，调整中心标注的大小，并单击确定。

（6）重复步骤（4）和（5），放置其他中心标注，所有中心标注放置完毕后，右击或按【Esc】键，结束操作。

8．线性直径标注

线性直径标注采用标注直线的方式标注圆的直径，放置线性直径标注的操作步骤如下。

（1）单击 Utilities 工具栏中的尺寸工具按钮，在弹出的工具栏中单击线性直径标注按钮，或执行菜单命令 Place→Dimension→Linear Diameter。

（2）按【Tab】键，打开如图 8-1-20 所示的 Linear Diameter Dimension 对话框。该对话框各参数设置与 Linear Dimension 对话框中的对应各项相同，此处不再赘述。

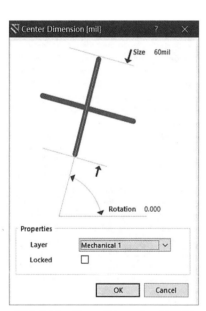

图 8-1-19　Center Dimension 对话框

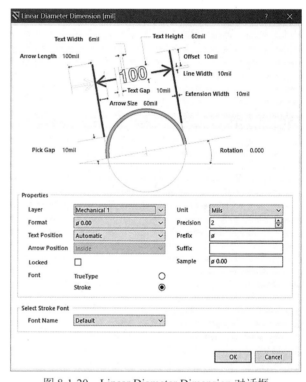

图 8-1-20　Linear Diameter Dimension 对话框

（3）在 Linear Diameter Dimension 对话框中设置线性直径标注的属性，单击【OK】按钮。

（4）单击需要进行线性直径标注的圆弧或圆，移动鼠标指针调整直径标注文本的位置，单击确定标注文本的位置。

（5）重复步骤（4），对其他的圆弧进行标注，标注结束后，右击或按【Esc】键，结束操作。

9．射线式直径标注

射线式直径标注是圆或圆弧直径标注的常用方式，放置射线式直径标注的操作步骤如下。

（1）单击 Utilities 工具栏中的尺寸工具按钮，在弹出的工具栏中单击射线式直径标注按钮，或执行菜单命令 Place→Dimension→Radial Diameter。

（2）按【Tab】键，打开如图 8-1-21 所示的 Radial Diameter Dimension 对话框。该对话框各参数设置与 Linear Dimension 对话框中的对应各项相同，此处不再赘述。

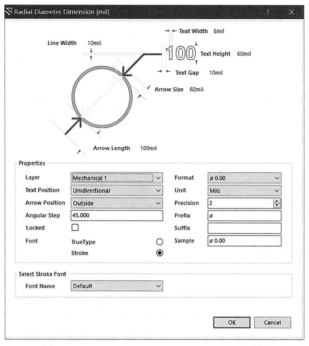

图 8-1-21　Radial Diameter Dimension 对话框

（3）在 Radial Diameter Dimension 对话框中设置射线式直径标注的属性，单击【OK】按钮。

（4）单击需要进行射线式直径标注的圆弧或圆，移动鼠标指针调整射线式直径标注箭头的位置，单击确定箭头位置。

（5）移动鼠标指针调整射线式直径标注引线的终点位置，单击确定引线终点，结束该直径标注。

（6）重复步骤（4）和（5），对其他的圆弧进行标注，标注结束后，右击或按【Esc】键，结束操作。

10．标准标注

标准标注用于任意倾斜角度的直线距离标注，设置标准标注的操作步骤如下。

（1）单击 Utilities 工具栏中的尺寸工具按钮 ，在弹出的工具栏中单击标准标注按钮 ，或执行菜单命令 Place→Dimension→Dimension。

（2）按【Tab】键，打开如图 8-1-22 所示的 Dimension 对话框。

其中 Start、End 项中的 X、Y 编辑框用于设置标注起始点和终点的坐标。对话框中其他参数设置与 Linear Dimension 对话框中的对应各项相同，此处不再赘述。

（3）在 Dimension 对话框中设置标准标注的属性，单击【OK】按钮。

（4）移动鼠标指针到需要标注的距离的一端，单击确定一个标注箭头位置。

（5）移动鼠标指针到需要标注的距离的另一端，单击确定标注另一个箭头的位置，系统会自动调整标注的箭头方向。

（6）重复步骤（4）和（5），继续标注其他的直线距离。

（7）标注结束后，右击或按【Esc】键，结束操作。

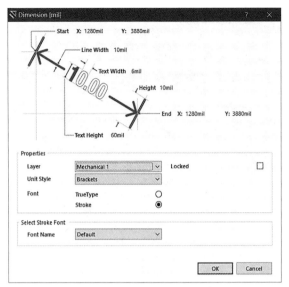

图 8-1-22　Dimension 对话框

8.1.7　放置矩形填充

Altium Designer 提供的填充区域功能用于在电路板的任意层放置形状为矩形的填充块。如果在信号层放置填充区域，填充的区域就成为实心敷铜区，可以用来屏蔽，或者形成传导平面，用户可以将不同大小的填充区域重叠连接，连成不规则形状的敷铜区域。当在非电气层填充时，如在 Keep-Out Layer 布置一个填充区域，可以用来指定一个自动布局器都"不能进去"的禁区。在电源层、阻焊层或者阻粘层可以放置一个填充区域作为空白区域。放置填充区域的步骤如下。

（1）单击需要放置填充区域的 PCB 板层标签。

（2）在主菜单中执行菜单命令 Place→Fill 或者直接单击 Wiring 工具栏中的填充工具按钮 。

（3）按【Tab】键，打开如图 8-1-23 所示的 Fill 对话框，各选项的功能如下。

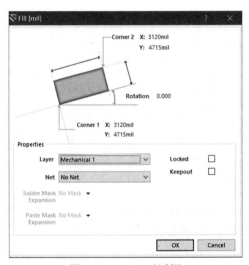

图 8-1-23　Fill 对话框

● Corner 1 和 Corner 2 中的 X、Y 编辑框用于设置填充区域两个对角顶点的坐标。

● Rotation 编辑框用于设置填充的矩形区域逆时针旋转的角度。

Properties 区域用于设置填充区域的特性，各选项功能如下。

- Layer 下拉菜单用于设置填充区域所在的 PCB 板层。
- Net 下拉菜单用于设置填充区域所连接的网络。
- Locked 复选框用于设置是否锁定该填充区域。
- Keepout 复选框用于设置该填充区域为布线禁区。当选中该项后，系统会在填充区域上添加一个禁止布线边框。

（4）在 Fill 对话框中设置填充区域的属性，单击【OK】按钮。

（5）移动鼠标指针到合适位置，单击确定填充矩形区域的一个顶点。

（6）移动鼠标指针到对角处并单击，定义填充矩形区域的另一个对角的顶点，完成这个填充区域的放置操作。

（7）重复以上操作，继续放置其他的填充区域，当所有填充区域放置完毕后，右击或按【Esc】键，结束操作。

8.1.8　放置多边形填充

执行菜单命令 Place → Solid Region 可以在 PCB 板上放置多边形填充。本节通过一个实例来说明放置多边形填充的操作步骤。

例如，要求在 Top Layer 中填充如图 8-1-24 所示的多边形。

填充多边形有两种方法，一种方法是直接通过鼠标指针定位多边形的顶点位置来确定多边形填充；另一种方法是直接输入要填充的多边形顶点的坐标值来确定多边形填充。下面分别介绍。

（1）第一种方法。执行菜单命令 Place → Solid Region，鼠标指针变为十字形。将鼠标指针移至坐标（25mil,75mil）处单击确定顶点；再将鼠标指针移至坐标（75mil,75mil）处单击确定顶点；然后将鼠标指针移至坐标（75mil,40mil）处单击确定顶点，如图 8-1-25 所示。

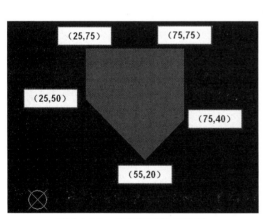

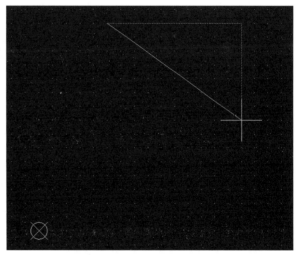

图 8-1-24　需要填充的多边形　　　　　图 8-1-25　确定了三个顶点的多边形填充

再将鼠标指针移至坐标（55mil,20mil）处单击确定顶点，然后将鼠标指针移至坐标（25mil,50mil）处单击确定顶点，最后移至坐标（25mil,75mil）处单击确定顶点，如图 8-1-26 所示。右击填充多边形，如图 8-1-27 所示。再次右击取消填充多边形操作。在空白处单击即可得到图 8-1-24 所示的多边形填充。

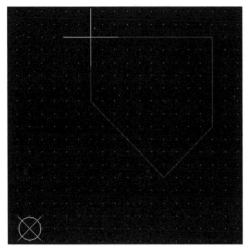

图 8-1-26　确定了五个顶点的多边形填充

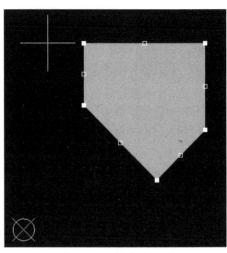

图 8-1-27　填充多边形

（2）第二种方法。执行菜单命令 Place → Solid Region，鼠标指针变为十字形。按【Tab】键，弹出 Region 对话框，如图 8-1-28 所示。单击 Outline Vertices 标签，如图 8-1-29 所示。标签中的 Index 数值为顶点序号，默认第一个顶点的序号为 0。后面的 X 和 Y 就是顶点的坐标。图中的顶点坐标为鼠标指针当前的位置坐标。手动修改第 0 号坐标值，单击 X 的数值 30 即可进入编辑状态，如图 8-1-30 所示，填入数值 25。利用该方法将 Y 的数值修改为 75，在空白处单击确认修改，如图 8-1-31 所示。单击【Add】按钮增加一个顶点，默认情况下，增加的顶点其坐标值与上一个坐标的数值相同，如图 8-1-32 所示。利用刚才所述方法将坐标修改为（75,75），如图 8-1-33 所示。同上，再增加三个顶点，将坐标值分别设置为（75,40）、（55,20）和（25,50），如图 8-1-34 所示。单击【OK】按钮即可得到图 8-1-24 所示的多边形填充。

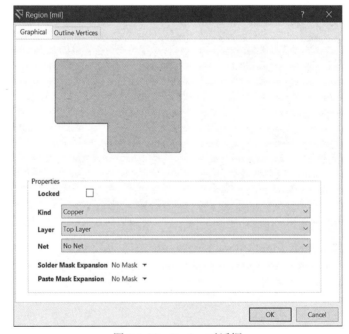

图 8-1-28　Region 对话框

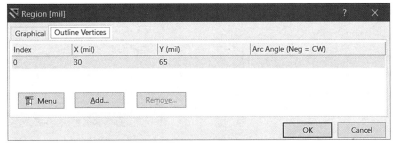

图 8-1-29　Region 对话框中的 Outline Vertices 标签

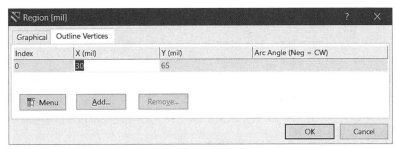

图 8-1-30　处于编辑状态的坐标值

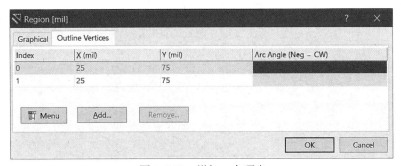

图 8-1-31　修改坐标后

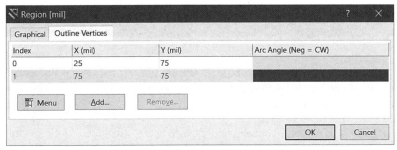

图 8-1-32　增加一个顶点

图 8-1-33　修改增加的顶点坐标值

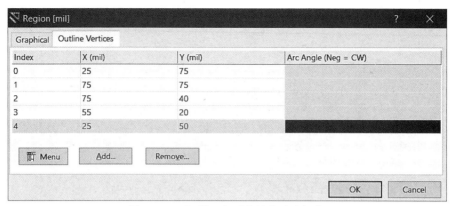

图 8-1-34　新增三个顶点并修改坐标值

8.1.9　铺铜

PCB 的铺铜操作是指在 PCB 的空余平面内用铜皮大面积地覆盖。一般对接地信号或电源信号进行铺铜操作。铺铜的优点是能够减小电源阻抗或地阻，减小环路面积，增加屏蔽性。下面通过一个实例来说明铺铜的操作步骤。

如图 8-1-35 所示的 PCB 板，该 PCB 板上只有地信号（GND）没有进行连接。这里采用铺铜的方式将地信号连接起来。

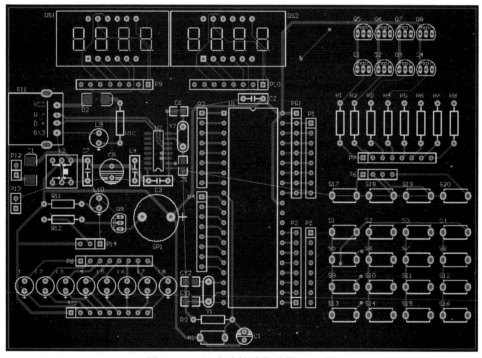

图 8-1-35　没有连接地信号的 PCB 板

执行菜单命令 Place → Polygon Pour 或单击 Wiring 工具栏上的 Place Polygon Plane 按钮，如图 8-1-36 所示，弹出如图 8-1-37 所示的 Polygon Pour 对话框。

对话框中 Fill Mode 区域内的单选框为配置铺铜的方式，共有三种，分别是 Solid（Copper Regions）（实心铺铜）、Hatched（Tracks/Arcs）（网格铺铜）和 None（Outlines Only）（仅边框铺铜）。这里选中 Solid（Copper Regions）单选框，因为频率相对较低的电路多采用实心铺铜的方式。

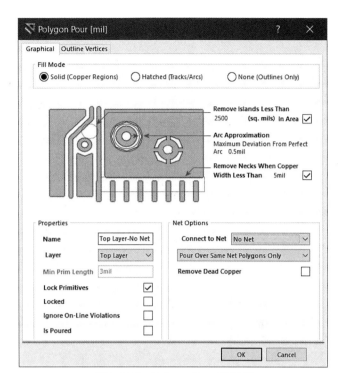

图 8-1-37　Polygon Pour 对话框

图 8-1-36　Place Polygon Plane 按钮

　　其中 Remove Islands Less Than 参数用于确定铺铜与电路走线或焊盘之间的距离。该数值不可设置过大，否则铺铜就失去了意义。同时该值也不能设置过小，否则由于 PCB 制作工艺的原因会导致短路。这里建议该参数设置为默认值。

　　Arc Approximation 参数用于确定铺铜包围圆孔的曲线其近似弧度值，一般采用默认值。

　　Remove Necks When Copper Width Less Than 参数的作用是：当铜皮宽度小于该值时，则要被删除。该值一般采用默认值。

　　Properties 区域的 Name 编辑框用于为铺铜命名，此处由于是铺地信号，故命名为 GND_Copper。Layer 下拉菜单用于确定铺铜所在的板层，这里选择 Bottom Layer。

　　Net Options 区域下的 Connect to Net 下拉菜单用于确定铺铜的接入网络，这里选择 GND。下面的下拉菜单用于确定铺铜时的连接对象。这里有三个选项可供选择，各项的含义如下。

- Pour Over Same Net Polygons Only（仅仅对相同网络的焊盘、覆铜区域进行连接，其他如导线等不连接）。
- Pour Over All Same Net Objects（对于相同网络的焊盘、导线以及覆铜的区域进行连接和覆盖）。
- Don't Pour Over All Same Net Objects（仅仅对相同网络的焊盘进行连接，其他如覆铜、导线不连接）。

一般选择 Pour Over All Same Net Objects 选项。

选中 Remove Dead Copper 复选框，删除孤岛铜皮（和所有网络都不相连的孤立铜皮）。

设置后的 Polygon Pour 对话框如图 8-1-38 所示。单击【OK】按钮，此时鼠标指针变为十字形。沿着 PCB 板的边沿绘制封闭的四边形，如图 8-1-39 所示。绘制完毕后，双击确定封闭的四边形，然后右击即可进行铺铜操作。铺铜后的 PCB 板如图 8-1-40 所示。此时所有的 GND 网络都被铺铜连接起来。

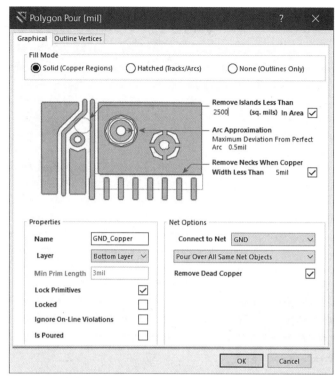

图 8-1-38　设置后的 Polygon Pour 对话框

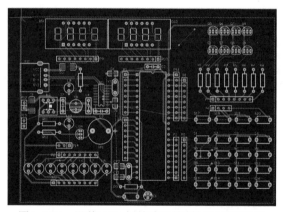

图 8-1-39　沿着 PCB 板的边沿绘制封闭的四边形

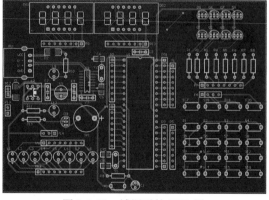

图 8-1-40　铺铜后的 PCB 板

8.1.10　绘制连线

连线是连接元器件管脚的基本工具。执行菜单命令 Place→Interactive Routing 或单击 Wiring 工具栏中的绘制连线按钮 即可将系统置于绘制连线状态。请注意，只能在信号层绘制连线，在其他层走线可以选择线段，下节将介绍绘制线段的相关内容。

绘制连线一般是在 PCB 布局完毕之后进行。绘制连线的过程就是将 PCB 中所有具有电气属性的元器件管脚连接起来的过程。一定要在有电气连接关系的元器件管脚之间绘制连线，否则连线将毫无意义。本节将用一个实例来介绍如何绘制连线及设置连线的相关属性。

图 8-1-41 为布局完毕的 PCB 板图。要求将图中的元器件 P7 与电阻 R1~R8 的一端管脚连接起来，如图 8-1-42 所示。

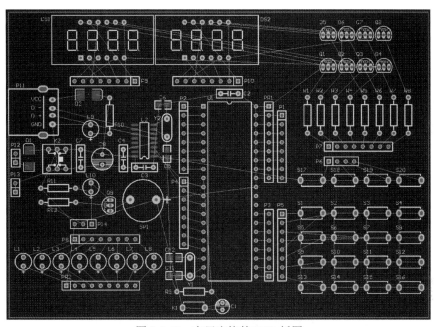

图 8-1-41　布局完毕的 PCB 板图

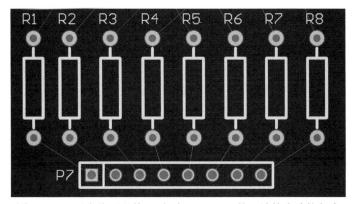

图 8-1-42　要求将元器件 P7 与电阻 R1~R8 的一端管脚连接起来

（1）将当前工作层设置为 Top Layer。

（2）执行菜单命令 Place → Interactive Routing 或单击 Wiring 工具栏中的绘制连线按钮 ，鼠标指针变为十字形。

（3）将鼠标指针移至元器件 P7 的方形焊盘上，单击确定连线的起点，按【Tab】键，弹出

Interactive Routing For Net[NetP7_1][mil]对话框，如图 8-1-43 所示。对话框名称中的[NetP7_1]为电气连接的网络标号，[mil]为连线的宽度单位。

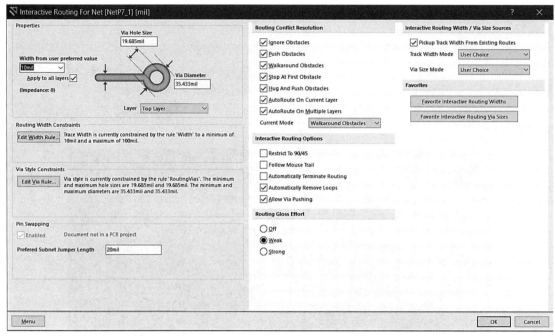

图 8-1-43　Interactive Routing For Net[NetP7_1][mil]对话框

（4）对话框中和连线相关的配置属性只有 Properties 区域下的 Width form user preferred value 属性。该属性确定了连线的宽度，默认值为 10mil，该值是由用户配置布线约束条件时指定的，若没有配置布线约束，则系统默认的连线宽度为 10mil。本例由于布线空间充足，故将该值修改为 20mil，如图 8-1-44 所示。单击【OK】按钮进行确认。

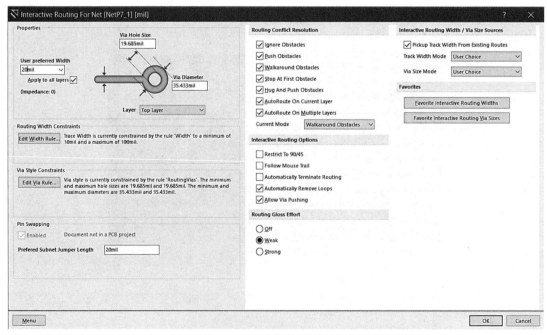

图 8-1-44　将连线宽度属性修改为 20mil

说明：该对话框中的其他配置都是和布线约束条件相关的，这部分内容以后介绍。

（5）将鼠标指针移至电阻 R1 的下端焊盘处，如图 8-1-45 所示。

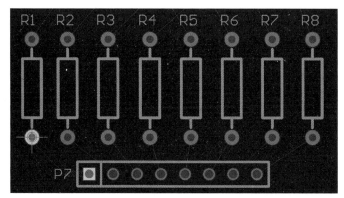

图 8-1-45　将鼠标指针移至电阻 R1 的下端焊盘处

（6）双击确认连线的终点后，右击结束这两个焊盘之间的绘制连线操作。此时元器件 P7 的管脚 1（方形焊盘）就和电阻 R1 的下端管脚连接在一起了，如图 8-1-46 所示。

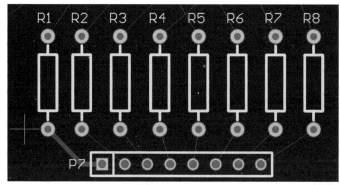

图 8-1-46　一条连线绘制完毕

（7）鼠标指针的形状仍然保持十字形，说明目前还处于绘制连线状态。若要取消该状态，只需右击即可。

注意：系统默认连线的拐角为 45°，这个拐角可以在用户配置布线约束条件时修改。

按照上述步骤，将 P7 的其他管脚和电阻 R2~R8 的下端管脚连接起来，最终效果如图 8-1-47 所示。

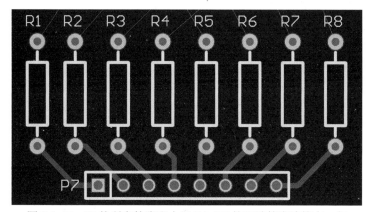

图 8-1-47　P7 的所有管脚和电阻 R1~R8 的下端管脚连接在一起

8.1.11　绘制线段

线段（Line）的属性除没有网络特性外，其他都与连线相同。

即使从带有网络的焊盘上引出的线段也不带有任何电气属性，因此线段被用来布放没有电气性能的连线，比如定义结构尺寸、标注等一系列机械层信息或者禁止布线层信息。

绘制线段的方法如下。

（1）单击 Utilities 工具栏中的绘图工具按钮 ，在弹出的工具栏中选择绘制线段按钮 ，或执行菜单命令 Place→Line，即可启动绘制线段命令。

（2）按照"8.1.9"节中介绍的绘制连线的方法，绘制线段。

（3）绘制完毕后右击，结束线段的绘制操作。

8.1.12　绘制圆弧

圆弧是圆形的连线元素，在 PCB 设计中有很多用途，例如，在丝印层用来显示元器件的形状，或者在机械层中显示板的轮廓等。圆弧能被放在任何层，半径可在 0.001～16000mil 范围内任意设置，宽度可在 0.001～10000mil 范围内任意设置。圆弧可以单独绘制；或者作为连线的一部分，在绘制连线的过程中进行绘制。绘制圆弧有三种方法，具体内容如下。

1．确定圆心的方式绘制圆弧

（1）选择需要绘制圆弧的 PCB 板层，单击 Utilities 工具栏中的绘图工具按钮 ，在弹出的工具栏中单击圆心方式绘制圆弧按钮 ，或执行菜单命令 Place→Arc（Center）。

状态栏上会显示 Start Arc Center，提示用户设置圆弧的圆心。

（2）移动鼠标指针至将要放置圆弧的圆心位置，单击确定圆弧圆心。

（3）移动鼠标指针，调整圆弧所在圆的半径至合适大小后，单击确定圆弧所在的圆。

（4）在圆弧所在的圆上，移动鼠标指针至圆弧的起点处，单击确定圆弧起点。

（5）在圆弧所在的圆上，移动鼠标指针至圆弧的终点处，单击确定圆弧终点。

这样，就完成了一次圆弧绘制操作，绘制圆弧的过程如图 8-1-48 所示。

（6）重复步骤（2）～（5）绘制其他圆弧，所有圆弧绘制结束后，右击或按【Esc】键，结束操作。

如果想要定义一个完整的圆，执行到步骤（4）和（5）时，在不移动鼠标指针的情况下，连续单击即可。

2．确定圆弧的两个端点方式绘制圆弧

通过确定圆弧的两个端点绘制圆弧的方式只能绘制圆心角为 90° 的圆弧。操作方法如下。

（1）单击 Wiring 工具栏中的绘制圆弧按钮 ，或执行菜单命令 Place→Arc（Edge）。

（2）移动鼠标指针至圆弧起点，单击确定圆弧起点。

（3）移动鼠标指针至圆弧终点，单击确定圆弧终点，完成一次圆弧绘制操作。

（4）重复步骤（2）、（3）绘制新的圆弧。当所有圆弧绘制完毕后，右击或按【Esc】键结束操作。

3．任意角度方式绘制圆弧

以圆弧的一端作为起点，绘制一个任意角度的圆弧。这种绘制圆弧的方法与圆心方式绘制圆弧类似，操作方法如下。

（1）单击 Utilities 工具栏中的绘图工具按钮 ，在弹出的工具栏中单击任意角度绘制圆弧按钮 ，或执行菜单命令 Place→Arc（Any Angle）。

（2）移动鼠标指针至圆弧起点，单击确定圆弧起点。

（3）移动鼠标指针至圆弧圆心处，单击确定圆弧圆心。

（4）移动鼠标指针至圆弧终点，单击确定圆弧终点。

这样，就完成了一次圆弧绘制操作，绘制圆弧的过程如图 8-1-49 所示。

（5）重复操作（2）～（4）绘制其他圆弧，所有圆弧绘制结束后，右击或按【Esc】键，结束操作。

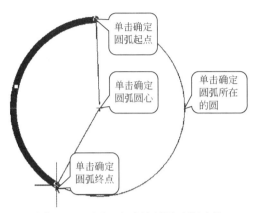

图 8-1-48　圆心方式绘制圆弧的过程

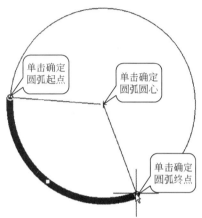

图 8-1-49　任意角度方式绘制圆弧的过程

8.1.13　补泪滴操作

在 PCB 设计中，为了让焊盘更坚固，防止机械制板时焊盘与导线断开，常在焊盘和导线之间用铜膜布置一个过渡区，形状像泪滴，通常把上述操作称为补泪滴（Tear Drops）。

补泪滴操作一般是在 PCB 布线完成后才进行。本节用一个实例来介绍补泪滴操作的具体步骤。

图 8-1-50 为布线完毕后的 PCB 板图。执行菜单命令 Tool→Teardrops...弹出 Teardrops 对话框，如图 8-1-51 所示。

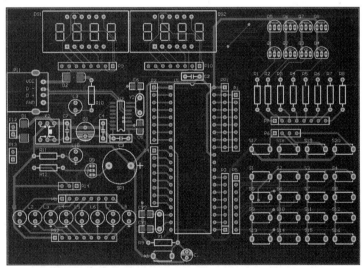

图 8-1-50　布线完毕后的 PCB 板图

对话框中 Working Mode 区域中有两个单选框，Add 用于补泪滴，Remove 用于删除泪滴。

Objects 区域中，All 指对全部元器件进行补泪滴；Selected only 表示只对选中的元器件进行补泪滴。

Options 区域中，Teardrop style 表示泪滴类型，有两种选择：Curved 用于弧线补泪滴，Line 用于导线补泪滴。

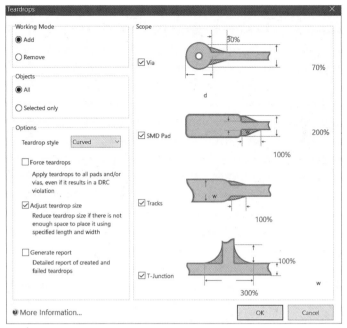

图 8-1-51　Teardrops 对话框

Force teardrops 复选框用于设置是否强制性补泪滴。

Adjust teardrops size 复选框用于调整泪滴大小，即如果没有足够的空间使用指定长度和宽度的线来补泪滴，就适当调整泪滴的大小。PCB 设计时常选中此项。

Generate report 复选框，即用户创建报告，选中该复选框，进行补泪滴操作后将自动生成一个有关补泪滴操作的报表文件，同时该报表也将在工作窗口显示。

Scope 区域中的各项功能如下。

● Via 复选框：选中该复选框，将对所有的过孔补泪滴。

● SMD Pad 复选框：选中该复选框，将对所有的焊盘补泪滴。

● Tracks 复选框：选中该复选框，将对所有的导线补泪滴。

● T-Junction 复选框：选中该复选框，将对所有的 T 字形走线补泪滴。

一般情况下，补泪滴操作的属性采用系统默认的配置。故此处可直接单击【OK】按钮进行补泪滴操作。补泪滴操作后的效果如图 8-1-52 所示。

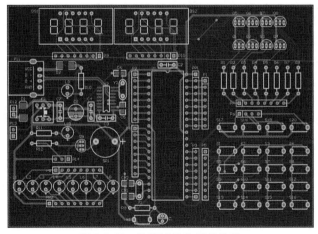

扫码看原图

图 8-1-52

图 8-1-52　补泪滴操作后的效果

为了便于观察补泪滴操作前后的区别，将元器件 P7 和电阻 R1~R8 下端管脚的补泪滴操作前后的效果进行比较，分别如图 8-1-53 和图 8-1-54 所示。

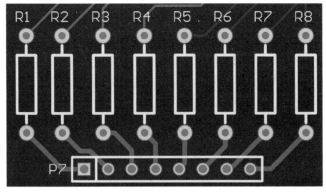

扫码看原图

图 8-1-53

图 8-1-53　元器件 P7 和电阻 R1~R8 下端管脚的补泪滴操作前的效果

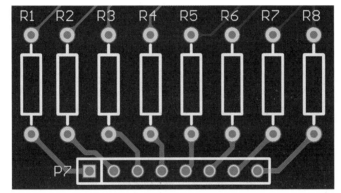

扫码看原图

图 8-1-54

图 8-1-54　元器件 P7 和电阻 R1~R8 下端管脚的补泪滴操作后的效果

8.2　对象的剪切、复制、粘贴、删除、排列、旋转等

8.2.1　对象的剪切、复制、粘贴和删除

Altium Designer 提供了一个剪贴板，最多可存储 24 块内容，该剪贴板可以与 Windows 操作系统的剪贴板共享空间，可方便用户在不同的应用程序之间"剪切""复制"和"粘贴"对象。用户可以将 Altium Designer 中的 PCB 图元复制到 Word 文档和 PowerPoint 报告中去，也可以将剪贴板中的其他内容粘贴到 Altium Designer 的 PCB 图中或封装编辑环境。图元对象的剪切、复制和粘贴方法具体如下。

1．剪切图元对象

剪切就是将选取的对象直接移入剪贴板中，同时删除 PCB 图中被选取的对象。剪切图元对象的步骤如下。

（1）选取需要剪切的图元对象。

（2）执行菜单命令 Edit→Cut，或者单击标准工具栏上的剪切工具按钮 ，或按【Ctrl】+【X】组合键，启动剪切命令。此时，选中的图元对象将被添加到剪贴板中，用户可单击工作区域右侧的 Clipboard 页面标签，打开 Clipboard 页面，检查剪贴板。

2．复制图元对象

复制就是将选取的对象复制到剪贴板中，同时还保留 PCB 图中被选取的对象。复制图元对象的步骤如下。

（1）选取需要复制的图元对象。

（2）单击标准工具栏上的复制工具按钮，或者执行菜单命令 Edit→Copy 命令，或按【Ctrl】+【C】组合键，启动复制命令。此时，选中的图元对象将被添加到剪贴板中。

3. 粘贴图元对象

粘贴就是将剪贴板上的内容复制后插入当前文档中。只有在剪贴板中有内容的情况下，粘贴操作才可进行。粘贴复制后的图元对象步骤如下。

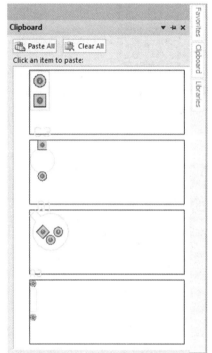

图 8-2-1　Clipboard 页面

（1）执行菜单命令 Edit→Paste，或者单击标准工具栏上的粘贴按钮，或按【Ctrl】+【V】组合键。

启动粘贴命令后，鼠标指针变成十字形，且十字形指针上附着剪贴板中最新的图元对象。

（2）将十字形指针移到合适的位置，单击即可在该处放置粘贴的图元对象。

执行粘贴操作时，与放置新的图元的方法一样，可以按【空格】键旋转十字形指针上所附着的对象，按【X】键可左、右翻转图元对象，按【Y】键可上、下翻转图元对象。

如果用户需要粘贴剪贴板中的其他图元对象时，操作步骤如下。

① 单击工作界面右侧的 Clipboard 页面标签，打开如图 8-2-1 所示的 Clipboard 页面。

② 在 Clipboard 页面中选中需要粘贴的内容块，移动鼠标指针至工作区域，此时鼠标指针变成十字形，上面附着剪贴板刚刚被选中的图元对象。

③ 将十字形指针移到合适的位置，单击即可在该处放置粘贴的图元对象。

4. 阵列复制

使用 PCB 编辑环境中的阵列粘贴功能，可按一定阵列方式将被复制对象一次性重复粘贴生成多个复制对象。在需要绘制阵列元器件（如键盘）时，此方法可省大量时间，具体操作如下。

（1）在 PCB 图中添加键盘元器件 SW-DPST，并设置其标号为 S1，如图 8-2-2 中的 S1 所示。

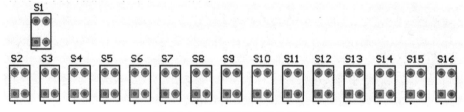

图 8-2-2　数组阵列粘贴效果图

（2）选中开关 S1，然后单击复制按钮，或者在主菜单中执行菜单命令 Edit→Copy，或按【Ctrl】+【C】组合键，启动复制命令。此时，选中的图元对象将被添加到剪贴板中。

（3）在主菜单中执行菜单命令 Edit→Paste Special，打开 Paste Special 对话框。如图 8-2-3 所示。设置粘贴属性，图 8-2-3 中所列的粘贴方式有如下几种。

① Paste on current layer 粘贴在当前层，将对象粘贴在当前的工作层。

② Keep net name 保持网络名，将保持对象所属的网络名称。

③ Duplicate designator 重复的指示器，粘贴的对象与原来的对象具有相同的标号。

④ Add to component class 添加到组件类，粘贴的对象与原来的对象属于相同的元器件组。

根据本例要求，选中 Paste on current layer 复选框。

（4）在 Paste Special 对话框中单击【Paste Array】按钮，执行数组式粘贴操作，弹出 Setup Paste Array 对话框，如图 8-2-4 所示。如果单击【Paste】按钮，则执行一般的粘贴操作，直接将对象粘贴到目标位置。

Setup Paste Array 对话框中的各区域用于设置阵列元器件的属性参数。具体的各项功能如下。

① Placement Variables 选项区域中，Item Count 文本框用来设置重复粘贴的次数，Text Increment 文本框用于设置所要粘贴的元器件标号的增量值。例如，将两个值分别设为 3 和 1，复制的元器件为电阻 R1，然后执行数组式粘贴，结果在电路板上出现三个电阻，标号分别为 R2、R3 和 R4。本例因要求出现 S2~S16，所以设置两个值分别为 15 和 1。

② Array Type 选项区域用来设置阵列粘贴类型。其中 Circular 单选框为圆形放置；Linear 单选框为线形放置。

③ Circular Array（环形排列）选项区域：在选中了 Circular 单选框时有效，用于设置圆形放置时各对象间隔的角度。当选中 Rotate Item to Match 复选框时，表示要适当旋转对象；Spacing （degrees）文本框用来设置对象间隔的角度。

④ Linear Array 选项区域：在选中了 Linear 单选框时有效，用于设置线形放置对象时各对象的间隔。其中 X-Spacing 文本框用来设置 X 方向的间隔（正数从左到右放置，负数从右到左放置）；Y-Spacing 框用来设置 Y 方向的间隔（正数从下向上放置，负数从上向下放置）。线形放置与粘贴相对容易，而且与原理图编辑器基本相似，这里省略。本例中 X-Spacing 设置为 300mil，Y-Spacing 设置为 0mil。

（5）在 Setup Paste Array 对话框中设置完成后，单击【OK】按钮即可完成数组阵列粘贴。如图 8-2-2 所示。

（6）经过移动、排列对齐操作后，效果如图 8-2-5 所示。

图 8-2-3　特殊粘贴对话框

图 8-2-4　Setup Poste Array 对话框

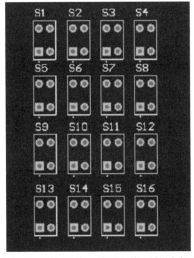

图 8-2-5　经过移动、排列对齐后的键盘阵列

5．橡皮图章

橡皮图章与直接复制命令相似，使用该功能可以一次性完成复制、粘贴的操作，还能设定复

制图元的位置，使用该命令前要确认 Preferences 系统参数设置对话框的 Graphical Editing 选项卡中的 Clipboard Reference 复选框被选中了。该命令的使用方法如下。

（1）选择需要复制的对象，将其设置为已选中状态。

（2）执行菜单命令 Edit→Rubber Stamp，或者单击标准工具栏上的橡皮图章按钮 ，或使用【Ctrl】+【R】组合键。此时，被选中的图元对象将被复制，复制后的图元将附着到鼠标指针上。

（3）移动鼠标指针到合适位置，单击放置复制的图元对象。

（4）重复步骤（3），在其他位置放置复制的图元对象，图元对象复制结束后右击退出当前状态。若使用该命令，系统会自动将复制对象放到剪贴板上，所有图元对象的选中状态不发生改变。

6．删除图元对象

Altium Designer 提供两种删除图元对象的命令，即 Clear 和 Delete 命令，含义如下。

（1）Clear 命令。Clear 命令的功能是删除已选取的对象，使用方法如下。

① 选取需要删除的图元对象。

② 执行菜单命令 Edit→Clear，或按【Delete】键，删除所选图元对象。

（2）Delete 命令。Delete 命令与 Clear 命令的区别在于，使用 Clear 命令只是执行一次删除动作，删除事先选中的图元对象，而使用 Delete 命令会将系统转换到删除状态，在该状态下选取的图元对象都将被删除。Delete 命令的使用方法如下。

① 执行菜单命令 Edit→Delete。启动 Delete 命令后，鼠标指针变成十字形。

② 单击欲删除的图元对象，即可删除该对象。

③ 重复步骤②，继续删除其他欲删除的图元对象，删除完成后右击或按【Esc】键，结束操作。

8.2.2　对象的排列

1．对象的排列

PCB 元器件等对象的排列操作可以使 PCB 布局更好地满足"整齐、对称"的要求。这样不仅使 PCB 看起来美观，而且也有利于进行布线操作。对元器件未整齐排列的 PCB 进行布线时会有很多转折，走线的长度较长，占用的空间也较大，这样会降低布通率，同时也会使 PCB 信号的完整性变差。可以利用"对齐"子菜单中的有关命令来实现对齐操作，常用对齐命令如图 8-2-6 所示。

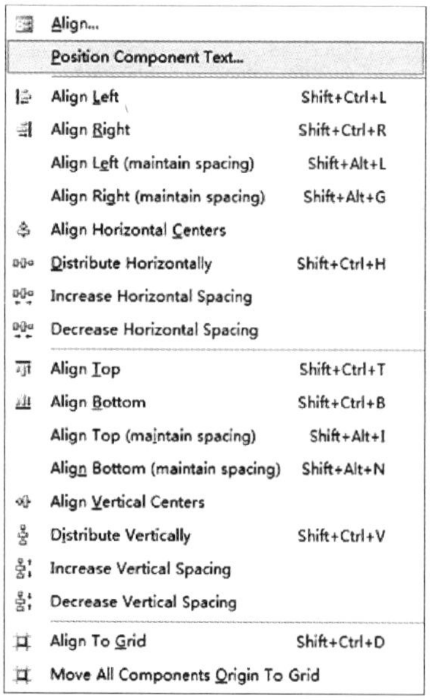

图 8-2-6　常用对齐命令

部分菜单命令介绍如下。

- Align Left 命令：左对齐排列。
- Align Right 命令：右对齐排列。
- Align Left（maintain spacing）命令：左对齐且等间距排列。
- Align Right（maintain spacing）命令：右对齐且等间距排列。
- Align Horizontal Centers 命令：水平中心对齐排列。
- Distribute Horizontally 命令：水平方向等间距排列。
- Increase Horizontal spacing 命令：使被选择元器件之间的间距随 X 轴方向放置的元器件的栅格逐步增加，即增加横向间距排列。
- Decrease Horizontal spacing 命令：使被选择元器件之间的间距随 X 轴方向放置的元器件的栅格逐步减小，即减小横向间距排列。
- Align Top 命令：顶部对齐排列。

- Align Bottom 命令：底部对齐排列。
- Align Top（maintain spacing）命令：顶部对齐且等间距排列。
- Align Bottom（maintain spacing）命令：底部对齐且等间距排列。
- Align Vertical Centers 命令：垂直中心对齐排列。
- Distribute Vertically 命令：垂直方向等间距排列。
- Increase Vertical spacing 命令：使被选择元器件之间的间距随 Y 轴方向放置的元器件栅格逐步增加，即增加横向间距排列。
- Decrease Vertical spacing 命令：使被选择元器件之间的间距随着 Y 轴方向放置的元器件栅格逐步减小，即减小横向间距排列。
- Align to Grid 命令：使所选元器件以格点为基准进行排列。

选中要进行对齐操作的多个对象，执行菜单命令 Edit→Align→Align...，系统将弹出如图 8-2-7 所示的 Align Objects（排列对象）对话框，其中 Space equally 单选框用于在水平或垂直方向上平均出现重叠现象，对象将被从当前的格点移开直到不重叠为止。

水平和垂直两个方向设置完毕后，单击【OK】按钮，即完成对所选元器件的对齐排列。

2．封装标号和标注的排列

对元器件说明文字进行调整，除了可以手动拖曳外，还可以通过菜单命令来实现。执行菜单命令 Edit→Align→Position Component Text...，系统将弹出如图 8-2-8 所示的 Component Text Position（元器件文本定位）对话框。在该对话框中，用户可以对元器件说明文字（标号和标志）的位置进行设置，左栏中 Designator 代表元器件标号，右栏中 Comment 代表注释即标注。该命令是对所有元器件说明文字的全局编辑，每项都有 9 种不同的摆放位置。选择合适的摆放位置后，单击【OK】按钮，即可完成元器件说明文字的调整。

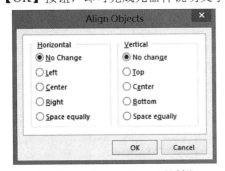

图 8-2-7　Align Objects 对话框

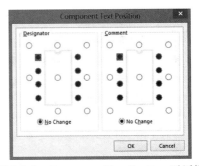

图 8-2-8　Component Text Position 对话框

8.2.3　对象的旋转

旋转对象，操作步骤如下。

（1）选择对象。

（2）执行菜单命令 Edit→Move→Rotate Selection，即可出现如图 8-2-9 所示的对话框。在该对话框中输入所要旋转的角度，单击【OK】按钮。

图 8-2-9　输入旋转角度

（3）确定旋转中心位置。将鼠标指针移到适当位置，单击确定旋转中心，则被复制的对象将以该点为中心旋转指定角度。

8.3　导入图片

导入图片的步骤依次为准备图片，在 PCB 中安装运行 LOGO 转换器，最后导入图片，具体操作过程如下。

1．准备图片

（1）利用 Windows 环境中的画图工具，把图片转换成单色的 BMP 位图（LOGO 图片在该格式下像素最高）。例如，网上下载十二生肖之龙的简笔画，如图 8-3-1 所示。用画图工具打开后，执行菜单命令"文件"→"另存为"→"BMP 图片"，如图 8-3-2 所示。

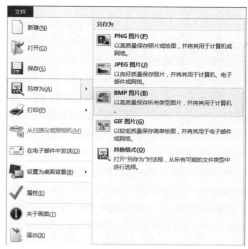

图 8-3-1　龙的简笔画

图 8-3-2　图片保存菜单

（2）图片命名后，选择保存类型为单色位图（*.bmp;*.dib），如图 8-3-3 所示。

图 8-3-3　图片保存设置

（3）单击【保存】按钮后会出现警告对话框，提示信息为"如果以此格式保存图片，可能会降低颜色质量。你想继续吗？"如图 8-3-4 所示。

（4）单击【确定】按钮即可完成图片的处理操作，如图 8-3-5 所示。

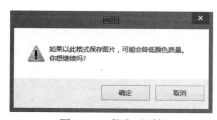

图 8-3-4　警告对话框

图 8-3-5　处理后的单色 BMP 位图

2. 在 PCB 中安装运行 LOGO 转换器

（1）打开 Altium Designer 软件，执行菜单命令 DXP→Run Script..，如图 8-3-6 所示，随后出现 Select Item To Run 对话框，如图 8-3-7 所示。

图 8-3-6　Run Script 命令　　　　　　图 8-3-7　Select Item To Run 对话框

（2）安装 LOGO 转换器，路径在安装目录下，如 C：\Program Files \Altium Designer Summer \AD14\Examples\Altium Designer 2013 PCB Logo Creator，如图 8-3-8 所示，选中之后再回到 Select Item To Run 对话框。如果在软件安装目录里面找不到 PCB Logo Creator（LOGO 转换器），请自行从网上下载或复制此文件并安装 LOGO 转换器。

图 8-3-8　安装 LOGO 转换器

（3）在 Select Item To Run 对话框中选择 RunConverterScript，如图 8-3-9 所示。

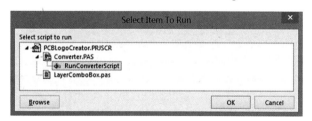

图 8-3-9　选择 RunConverterScript

3. 导入图片

（1）在弹出的如图 8-3-10 所示的 PCB Logo Creator 对话框中，单击【Load】按钮即可选择图片路径，指向准备好的 BMP 文件。在 Board Layer 下拉菜单中选择图片将要放置的工作层，这里选择 Top Layer。

（2）转换效果如图 8-3-11 所示。最后全部选中图片，放置到所需要的位置即可。

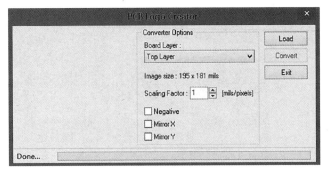

图 8-3-10　PCB Logo Creator 对话框　　　图 8-3-11　转换效果图

8.1　创建一个 PCB 文件，命名为"Lx8_1.PcbDoc"。在 PCB 中画出下列图形。如题图 8-1-a～题图 8-1-c 所示。（**注意：每格的距离为标准 100mil**）

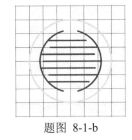

题图 8-1-a　　　　　　　　　题图 8-1-b　　　　　　　　　题图 8-1-c

8.2　设计制作"FFT 音乐频谱显示"印刷电路，其电路如题图 8-2 所示。电路中各元器件的属性见题表 8-1。设计要求如下。

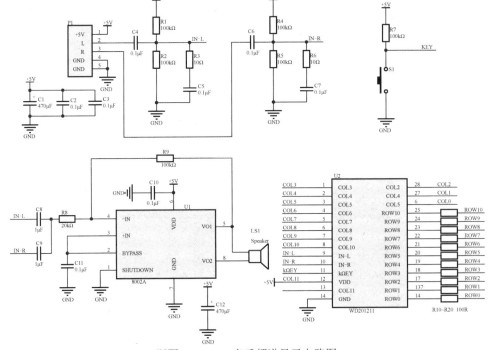

题图 8-2　FFT 音乐频谱显示电路图

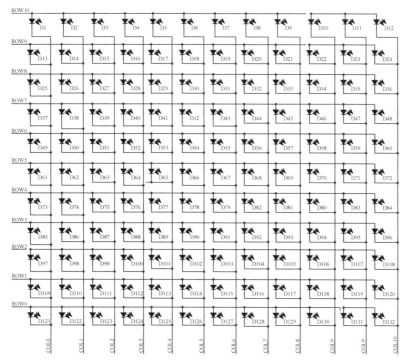

题图 8-2　FFT 音乐频谱显示电路图（续）

题表 8-1　题图 8-2 元器件符号属性列表

Design Item ID（元器件名称）	Designator（元器件标号）	Comment（元器件标注）	Footprint（元器件封装）
Res2	R1、R2、R4、R5、R7、R9	100kΩ	AXIAL-0.3
Res2	R3、R6	10Ω	AXIAL-0.3
Res2	R10～R20	100R	AXIAL-0.3
Res2	R8	20kΩ	AXIAL-0.3
Cap Pol2	C1、C12	470μF	CAPR5-4X5
Cap	C2～C7、C10、C11	0.1μF	RAD-0.1
Cap	C8、C9	1μF	RAD-0.1
Header 5	P1	隐藏	HDR1X5
Speaker	LS1	Speaker	PIN2
自制	U1	8002A	DIP-8
自制	U2	WD201211	DIP-28
LED1	D1～D132	隐藏	0805
Cap	C2	0.047μF	RAD-0.1
SW-PB	S1	隐藏	SPST-2

（1）创建工程项目和原理图文件：工程项目命名为"FFT 音乐频谱显示.PrjPcb"，原理图文件命名为"FFT 音乐频谱显示.SchDoc"。

（2）绘制符合要求的电路原理图。注意题表 8-1 中所给出的元器件属性信息。

（3）创建一个 PCB 文件，命名为"FFT 音乐频谱显示.PcbDoc"。

（4）PCB 尺寸为 100mm×60mm，采用直插式元器件，两层布线。

（5）电路板中焊盘与走线的安全距离为 8mil。

（6）VCC 在顶层走线且线宽为 40mil，GND 在底层走线且线宽为 50mil，其余线宽为 20mil。

（7）要求 PCB 元器件布局合理，符合 PCB 设计规则。

8.3　创建一个 PCB 文件，命名为"Lx8_4.PcbDoc"。请自行在网上下载十二生肖简笔画，如题图 8-3 所示，并将图形以顶层丝印层（Top Overlay）形式导入 PCB 中。

狗.jpg　　　　猴.jpg　　　　虎.jpg　　　　鸡.jpg　　　　龙.jpg　　　　马.jpg

牛.jpg　　　　蛇.jpg　　　　鼠.jpg　　　　兔.jpg　　　　羊.bmp　　　　猪.jpg

题图 8-3　十二生肖图

第9章 元器件封装符号设计

知识目标：掌握创建 PCB 封装库文件的方法；掌握绘制封装的方法；掌握给元器件封装添加三维模型的方法；掌握创建集成库的方法。

技能目标：能够在在项目中创建 PCB 封装库文件；能够绘制各种元器件的封装；能够给元器件封装添加三维模型；能够制作集成库并使用。

思政目标：培养学生综合分析判断的科学素养，培养学生科学严谨、精益求精的职业精神。弘扬理论联系实际的马克思主义学风，坚持知行合一，务求学懂弄通，务求取得实效。

为方便用户处理设计中的 PCB 元器件封装，Altium Designer 提供了 PCB 元器件封装编辑器，用户可以在该编辑器中对 PCB 元器件封装库进行编辑操作，包括复制 PCB 元器件封装，删除 PCB 元器件封装、新建自定义的 PCB 元器件封装以及修改 PCB 元器件封装等操作。本章将简单介绍 PCB 元器件封装编辑器的使用方法，之后通过具体实例介绍使用元器件封装编辑器自定义 PCB 元器件封装的具体步骤。

9.1 PCB 元器件封装编辑器

9.1.1 创建新的 PCB 封装库文件

创建新的 PCB 封装库的操作步骤如下。

执行菜单命令 File→New→Library→PCB Library，新建一个 PCB 封装文件，默认的文件名为 PcbLib.PcbLib。

保存文件并将文件名改为 NewPcbLib.PcbLib。可以看到，在 Projects（工程）面板的 PCB 库文件管理文件夹中出现了所需要的 PCB 封装库文件，如图 9-1-1 所示，单击左侧的 PCB Library 标签即可进入 PCB 库编辑器，如图 9-1-2 所示。

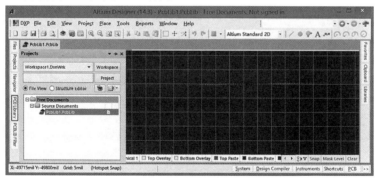

图 9-1-1 PCB 元器件封装编辑器工作界面

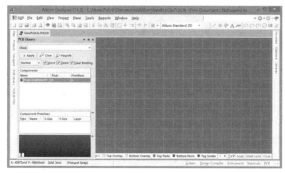

图 9-1-2 PCB 库编辑器

与 PCB 编辑器的界面相比，PCB 元器件封装编辑器的界面少了一些布线的工具栏，多了一个名为 PCB Library 的标签（图 9-1-1 中左侧方框内），该标签所对应的工作面板用于管理 PCB 元器件封装库中的元器件封装。

9.1.2 工作窗口

根据要绘制的元器件封装类型对 PCB 库编辑器环境进行相应的设置。PCB 库编辑器环境包括元器件库选项、板层和颜色、层叠管理和优先选项等。我们首先要了解这些设置的工作窗口。

1. 元器件库选项设置

执行菜单命令 Tools（工具）→Library Options（库选项），或者在工作区右击，在弹出的快捷键菜单中选择 Library Options，打开 Board Options（板选项）对话框，如图 9-1-3 所示，各选项的含义如下。

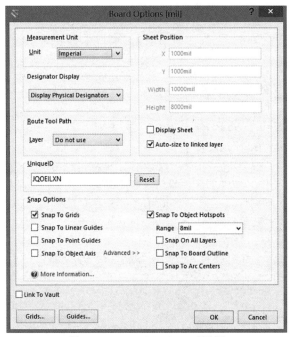

图 9-1-3　Board Options 对话框

- Measurement Unit（度量单位）区域：用于设置 PCB 板的单位。
- Designator Display（标识显示）区域：用于进行显示设置。
- Route Tool Path（布线工具路径）区域：用于设置布线所在层。
- Snap Options（捕获选项）选项组：用于进行捕获设置。
- Sheet Position（图纸位置）选项组：用于设置 PCB 图纸的坐标以及长、宽。

其他选项保持默认设置，单击【OK】按钮，关闭该对话框，完成设置。

2. 板层和颜色设置

执行菜单命令 Tools→Layers &Colors（板层和颜色），或者在工作区右击，在弹出的快捷键菜单中选择 Options→Board Layers &Colors，或者按【L】键，系统将弹出如图 9-1-4 所示的 View Configurations（视图配置）对话框。

在该对话框中共有七个选项区域，分别对 Signal Layers（信号层）、Internal Planes（内层）、Mechanical Layers（机械层）、Mask Layers（阻焊层）、Silkscreen Layers（丝印层）、Other Layers（其他层）和 System Colors（系统颜色）进行颜色设置。每项设置中都有 Show 复选框，决定是否显示。单击对应颜色图标，将弹出 Choose Color（颜色选择）对话框，可在其中进行颜色设定。

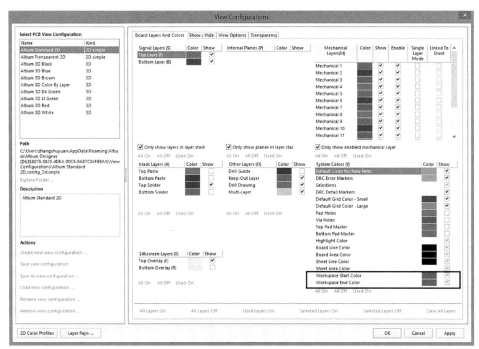

图 9-1-4

图 9-1-4　View Configurations 对话框

如果要设置 PCB 元器件封装编辑环境的背景颜色，可以更改图 9-1-4 中 Workspace Start Color 和 Workspace End Color 工作区域中的颜色设置（右下角方框内）。一般默认选择深灰色，这样符合长期注视的视觉效果。

3. 层堆栈管理设置

执行菜单命令 Tools→Layer Stack Manager（层堆栈管理器），或者在工作区右击，在弹出的快捷键菜单中选择 Options→Layer Stack Manager，或者依次按【O】键、【K】键，系统将弹出如图 9-1-5 所示的 Layer Stack Manager 对话框。若保持系统默认设置，则单击【OK】按钮，关闭该对话框。

图 9-1-5

图 9-1-5　Layer Stack Manager 对话框

4. 优先选项设置

执行菜单命令 Tools→Preferences（优先选项），或者在工作区右击，在弹出的快捷菜单中选择 Options→Preferences，或者依次按【O】键、【P】键，系统将弹出如图 9-1-6 所示的 Preferences 对话框。若保持系统默认设置，单击【OK】按钮，关闭该对话框。

完成以上四项设置后，PCB 库编辑器环境设置完毕。

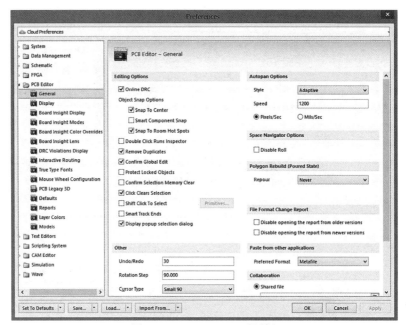

图 9-1-6　Preferences 对话框

9.1.3　PCB Library 面板

PCB Library（PCB 元器件库）面板如图 9-1-7 所示，分为 Mask（面具）、Components（元器件）、Component Primitives（元器件的图元）、缩略图显示框四个区域。

Mask 区域用于对该库文件内的所有元器件封装进行查询，并根据屏蔽栏中的内容将符合条件的元器件封装列出。

Components 区域列出了该库文件中所有符合屏蔽栏设定条件的元器件封装名称，并注明其焊盘数、图元数等基本属性。单击元器件列表中的元器件封装名，工作区将显示该封装，并弹出如图 9-1-8 所示的 PCB Library Component 对话框，在该对话框中可以修改元器件封装的名称和高度。高度是供 PCB 3D 显示时使用的。

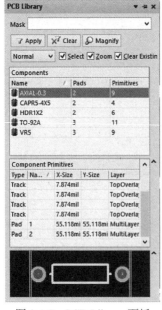

图 9-1-7　PCB Library 面板

图 9-1-8　PCB Library Component 对话框

在元器件列表中右击，弹出的快捷菜单如图 9-1-9 所示。通过该菜单可以对元器件库进行各种编辑操作。

New Blank Component	新建空白元器件
Component Wizard...	元器件向导
Cut	剪切
Copy	复制
Copy Name	复制名称
Paste	粘贴
Delete	删除
Select All	选择所有
Component Properties...	元器件属性
Place...	放置
Update PCB With AXIAL-0.3	与AXIAL-0.3封装同名的封装库将被更新
Update PCB With All	与该封装库中同名的封装库将被全部更新
Report	报告
Delete All Grids And Guides in Library...	删除库中的所有栅格和指引

图 9-1-9　快捷菜单

9.1.4　有关参数设置

1. 单位

与 PCB 编辑环境相同，PCB 封装库编辑环境也有英制单位（Imperial）mil、公制单位（Metric）mm 两种，系统默认采用英制单位 mil（100mil=2.54mm），切换方法是执行菜单命令 View（查看）→Toggle Units（切换单位）。每执行一次，单位将切换一次，在窗口下方的状态信息栏中有显示。也可以在英文输入法的状态下，通过按【Q】键完成切换。

2. 格点设置

PCB 封装编辑环境格点设置可以在 Grid Manager（栅格管理器）对话框中进行设置，打开该对话框的方法有如下几种。

（1）在主菜单栏中，执行菜单命令 Tools→Grid Manager，可打开 Grid Manager 对话框，如图 9-1-10 所示。

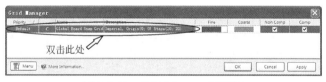

图 9-1-10　Grid Manager 对话框

（2）在主菜单栏中，执行菜单命令 Tools→Library Options（库选项）→Grid（栅格），可打开 Grid Manager 对话框。

（3）在右边 PCB 封装编辑区内右击，从弹出的快捷菜单中选择 Snap Gird→Grid Manager，可打开 Grid Manager 对话框。

（4）在主菜单栏中，执行菜单命令 View（查看）→Grid→Grid Manager，可打开 Grid Manager 对话框。

（5）在右边 PCB 封装编辑区内，依次按【O】键、【G】键，或者依次按【G】键、【M】键，可打开 Grid Manager 对话框。

双击该对话框中名称下面的内容，出现 Cartesian Grid Editor（笛卡儿网格编辑器，即直角网格编辑器）对话框，如图 9-1-11 所示，也可以在没有打开 Grid Manager 对话框的情况下，直接按

【Ctrl】+【G】组合键调出该对话框。

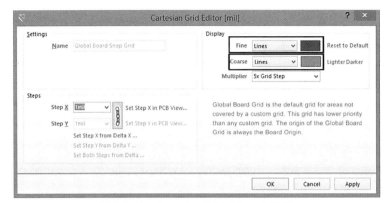

图 9-1-11　Cartesian Grid Editor 对话框

在 Cartesian Grid Editor 对话框中，左侧 Steps 区域的步进值是设置鼠标动作时最小的移动距离，改变此值的同时栅格大小也会发生相应变化，这个值就是 Snap Grid（捕获栅格），即设置鼠标每移动一格的距离（Grid Step）。该值越小，精度越高。

在 Display（显示）区域可以设置 Visible Grid（可视栅格）的参数。Fine（细）是 Grid 1（栅格 1）设置项，该项的网格线设置有 Lines（线）、Dot（点）和 Do not Draw（不画）三种形式，该栅格的大小为 Snap Grid 的大小。例如，将 Steps 区域步进值 X、Y 都设成 1mil，那么 Grid 1 的大小即 Grid Step 值为 1mil。该栅格的颜色可通过双击颜色选择区域进行更换。

如果只设置栅格 Snap Grid 大小，可以右击，在弹出的快捷菜单中选择 Snap Grid→Set Global Snap Grid。在弹出的对话框中输入 1mil，如图 9-1-12 所示。也可以通过按【Ctrl】+【Shift】+【G】组合键或连续两次快速按下【G】键来实现此功能。

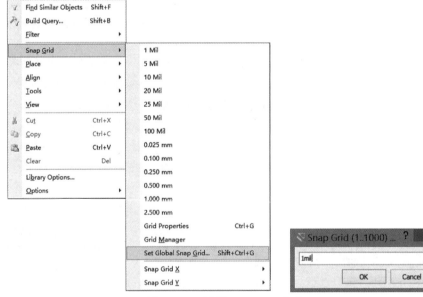

图 9-1-12　设置 Snap Grid 大小

Coarse（粗）是 Grid 2（栅格 2）设置项，同样，该项的网格线设置有 Lines、Dot 和 Do not Draw 三种形式，该栅格的颜色可通过双击颜色选择区域进行更换。该栅格的大小可以通过 Grid Step 的倍数进行设置，即设置 Multiplier（乘数）的大小。例如，将 Grid Step 设置为 1mil，Multiplier 设置为 5×Grid Step，则 Grid 2 的大小为 5mil。那么在 PCB 元器件封装编辑环境中，通过这两个栅格就很容易知道所画线的长度、焊盘的大小等，节省了画图中测量尺寸的时间。

9.2　使用 PCB Component Wizard 绘制封装

使用 PCB Component Wizard（PCB 元器件封装向导）生成 PCB 元器件封装，由用户在一系列对话框中输入参数，然后根据这些参数自动创建元器件封装。

【例 9.1】　创建一个双列直插式封装 DIP40，封装尺寸如图 9-2-1 所示。两排焊盘间距 E 为600mil，两个焊盘间距 100mil。操作步骤如下。

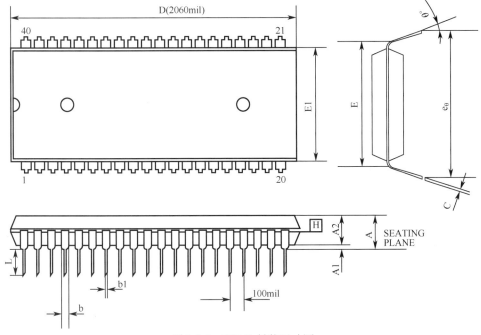

图 9-2-1　DIP40 封装尺寸图

（1）在 PCB 元器件封装编辑器中，执行菜单命令 Tools→Component Wizard，或者直接在PCB Library 工作面板的 Component 区域右击，在弹出的菜单中选择 Component Wizard，系统将弹出如图 9-2-2 所示的 Component Wizard 对话框。

图 9-2-2　Component Wizard 对话框

（2）单击【Next】按钮，进入 Component patterns 元器件封装模式选择界面。在模式列表框中列出了各种封装模式，如图 9-2-3 所示。这里选择 Dual In-line Packages（DIP）双列直插式封装模式，在 Select a unit（选择单位）下拉菜单中选择英制单位 Imperial（mil）。

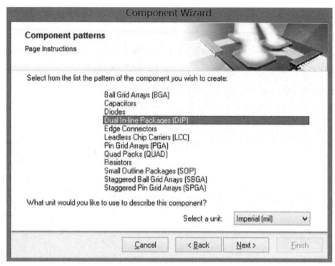

图 9-2-3　元器件封装模式选择界面

（3）单击【Next】按钮设置焊盘尺寸。设置焊盘尺寸要根据元器件的管脚尺寸参数进行设定，本例管脚的直径为 b1（15mil<b1<21mil），则焊盘的内孔直径数值应大于 b1，预留出管脚与焊盘直径的缝隙，可将焊盘的孔直径设置为 30mil，设置焊盘的纵向外径尺寸为 50mil，焊盘横向外径尺寸为 100mil，如图 9-2-4 所示。

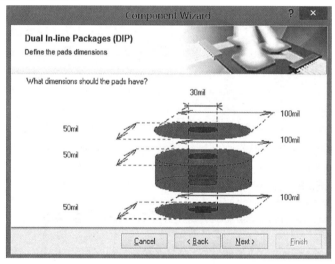

图 9-2-4　焊盘尺寸设定界面

（4）单击【Next】按钮设置焊盘之间的间距。本例设置横向焊盘间距为 600mil，纵向焊盘间距为 100mil，如图 9-2-5 所示。

（5）单击【Next】按钮设置元器件轮廓线宽度。单击轮廓线宽度尺寸标注，可以设置轮廓线的宽度。这里采用默认值 10mil，如图 9-2-6 所示。

（6）单击【Next】按钮设置焊盘数目。在编辑框中输入 40，设置总焊盘数为 40，如图 9-2-7 所示。

（7）单击【Next】按钮为元器件封装命名。在编辑框中输入 DIP40，作为 PCB 元器件封装名称，如图 9-2-8 所示。

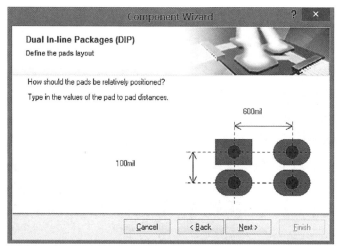

图 9-2-5　焊盘间距设置界面

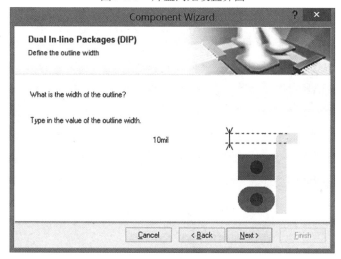

图 9-2-6　轮廓线宽度设置界面

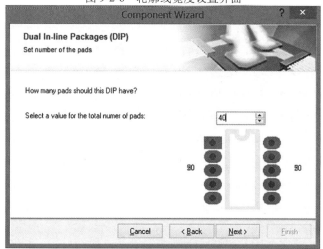

图 9-2-7　焊盘数目设置界面

（8）单击【Next】按钮，显示结束对话框，如图 9-2-9 所示。单击【Finish】按钮，结束 PCB 元器件封装的创建操作，DIP40 封装图形如图 9-2-10 所示。

图 9-2-8　封装命名界面　　　　　　　　　　图 9-2-9　封装制作完成界面

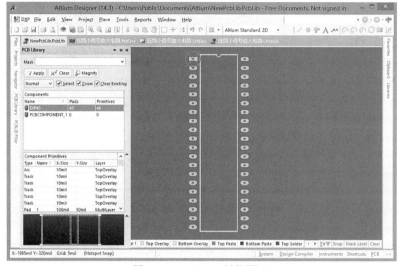

扫码看原图

图 9-2-10

图 9-2-10　DIP40 封装图形

（9）执行菜单命令 File→Save，或单击工具栏中的保存图标按钮，保存该 PCB 封装库文件。

9.3　手工绘制封装

在实际设计中，设计人员会遇到一些管脚比较特殊或者新型的电子元器件，自带封装库和 PCB Component Wizard 创建工具均无法满足元器件的封装要求，这就需要根据元器件的实际参数进行手工绘制封装。

【例 9.2】　制作轻触按键 6mm×6mm×5mm 的封装，实物外形如图 9-3-1 所示，尺寸如图 9-3-2 所示。

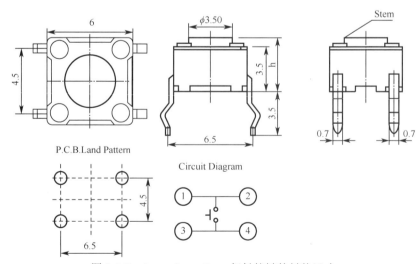

图 9-3-1　轻触按键的　　　　图 9-3-2　6mm×6mm×5mm 轻触按键的封装尺寸
　　　　　实物外形

1. 元器件命名

（1）在 PCB 元器件封装编辑器中，执行菜单命令 Tools→New Blank Component（新的空白元器件），或者直接在 PCB Library 工作面板的 Component 区域右击，在弹出的菜单中选择 New Blank Component，PCB Library 工作面板的 Component 区域会出现一个默认名为 PCBCOMPONENT_1 的新元器件封装，如图 9-3-3 所示。

（2）在 PCB Library 工作面板中选中元器件名称，然后右击，在弹出的菜单中选择 Component Properties...，弹出元器件属性设置对话框，如图 9-3-4 所示。也可以执行菜单命令 Tools→Component Properties...或在 PCB Library 工作面板中双击元器件名称，均可打开元器件属性设置对话框。

（3）根据所绘制的元器件参数，设置元器件属性，并重命名元器件，如图 9-3-5 所示。

图 9-3-4　元器件属性设置对话框

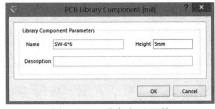

图 9-3-3　新建元器件封装的 PCB Library 工作面板

图 9-3-5　重命名元器件

2. 确定长度单位

本例选择 mm（毫米）作为长度单位。

3. 设置环境参数

执行菜单命令 Tools→Library Options...，打开 Board Options 对话框，如图 9-3-6 所示，按图中所示内容设置各参数。主要参数是元器件栅格和捕获栅格，这里选择系统默认值即可，如图 9-3-6 所示。

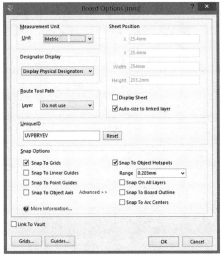

扫码看原图

图 9-3-6

图 9-3-6　Board Options 对话框

4．放置焊盘

（1）将 Multi-Layer 设置为当前层，直插式元器件封装焊盘一定要放置在 Multi-Layer 工作层。

（2）执行菜单命令 Place→Pad 或单击 PCB Lib Placement 工具栏中的 ⊙ 按钮，出现十字形指针并带有焊盘符号，进入放置焊盘状态。按【Tab】键，进入焊盘属性对话框，如图 9-3-7 所示，按图中所示内容设置有关参数（Location 区域中的 X、Y 是焊盘所在位置的坐标，不必设置）。这里要设置的主要参数是焊盘标识（编号）、形状及内外孔径，通常焊盘 1 设置为方形。实际的管脚直径为 0.7mm，设置 Hole Size 孔的尺寸时应稍大于 0.7mm，并预留出焊接间隙，故在这里设置为 1mm，焊盘外径为 2mm。

（3）单击【OK】按钮，十字形指针上附着一个方形焊盘，按照顺序按键盘上的【E】键、【J】键、【R】键，相当于执行菜单命令 Edit→Jump→Reference，即十字形指针跳转到基准参考点即坐标原点（0,0）处，单击放置焊盘 1。或者在十字形指针上附着一个方形焊盘状态下，按【Ctrl】+【End】组合键时，十字形指针同样跳转到基准参考点（坐标原点）处，单击放置焊盘 1。

（4）放置三个圆形焊盘，其参数设置与焊盘 1 一致，分别命名为焊盘 2、焊盘 3 和焊盘 4，如图 9-3-8 所示。

图 9-3-7　焊盘属性对话框——设置焊盘 1

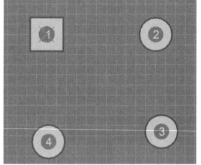

图 9-3-8　放置焊盘

（5）根据实际元器件管脚之间的距离设置其他三个焊盘的位置，即管脚 1 和管脚 2 之间的距离为 6.5mm，管脚 1 和管脚 4 之间的距离为 4.5mm，所以焊盘 1 为基准参考点（坐标原点）时，焊盘 2 的坐标为（6.5mm,0），焊盘 4 的坐标为（0,-4.5mm），焊盘 3 的坐标为（6.5mm,-4.5mm）。例如，焊盘 2 的参数设置如图 9-3-9 所示，单击【OK】按钮，则将焊盘 2 放置在了（6.5mm,0）坐标位置。正确放置焊盘后可得到如图 9-3-10 所示的封装。

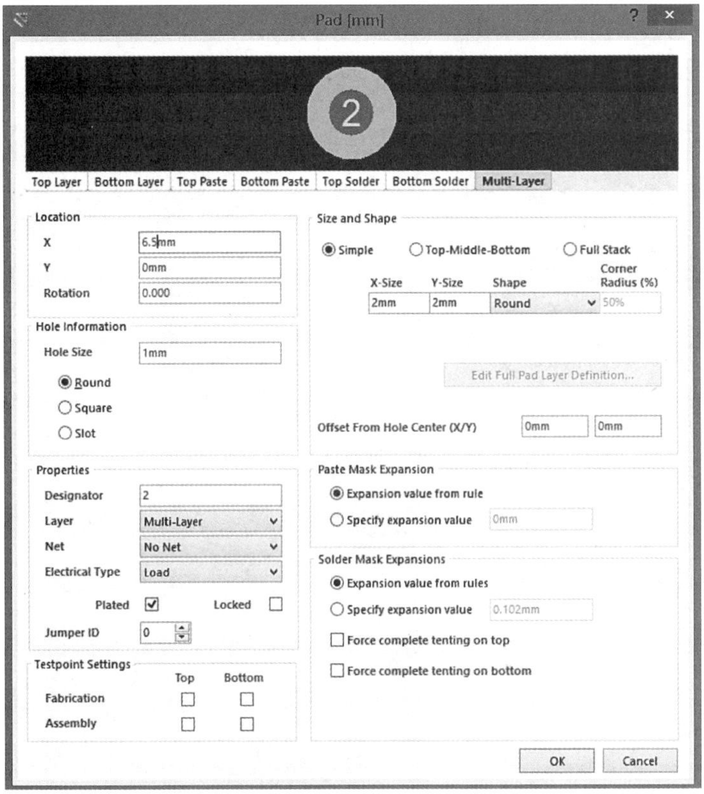

图 9-3-9 焊盘属性对话框——设置焊盘 2

图 9-3-10 位置参数设置后的
焊盘位置

5. 绘制外形轮廓

所谓元器件轮廓线，就是该元器件封装在电路板上占用的空间尺寸。轮廓线的形状和大小取决于实际元器件的形状和大小，通常需要测量实际元器件。绘制外形轮廓需要将 Top Overlay（顶层丝印层）置为当前层。

对于本例的 6mm×6mm×5mm 轻触按键来说，它的实际平面尺寸为 6mm×6mm，小于焊盘所覆盖的尺寸，所以无须画出它的边界尺寸。

6. 设置元器件封装的参考点

每个元器件封装都应有一个参考点。执行菜单命令 Edit→Set Reference，在子菜单中选择 Center，确定元器件封装中心为参考点。图 9-3-11 列出了三种参考点的子菜单。

Pin 1   焊盘1作为参考点

Center   元器件封装中心作为参考点

Location   指定位置作为参考点

图 9-3-11 确定参考点子菜单

7. 放置相关标识

放置标识是为了方便识别元器件的极性、电气特性和放置顺序。在元器件封装中所绘制的各种符号，一般放置在 Top Overlay。由于本例需要表示出管脚 1 和管脚 2 有电气连接，管脚 3 和管脚 4 有电气连接，并且表示为轻触按键，所以将焊盘 1 和焊盘 2 之间画出连线，焊盘 3 和焊盘 4 之间画出连线，并在中间位置画出一个圆圈来代表按钮，其操作步骤如下。

（1）将 Top Overlay 设置为当前层。

（2）执行菜单命令 Place→Full Circle 或单击 PCB Lib Placement 工具栏中的 ◎ 按钮，出现十字形指针并带有圆形符号，进入放置圆形状态，圆心为元器件封装中心即参考点，先随意画出圆，然后双击圆上的线段，出现如图 9-3-12 所示对话框，设置圆半径为 1.75mm，线宽默认为 0.254mm。

（3）执行菜单命令 Place→Full Line 或单击 PCB Lib Placement 工具栏中的 ／ 按钮，出现十字形指针并带有线段符号，进入放置线段状态，设置线段的线宽为 0.254mm，从焊盘 1 到焊盘 2 画一条线段，再从焊盘 3 到焊盘 4 画一条线段。

8．保存封装

执行菜单命令 File→Save 或单击标准工具栏中的保存按钮，将其保存。最终的设计效果如图 9-3-13 所示。

扫码看原图

图 9-3-13

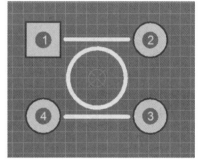

图 9-3-12　设置圆的参数　　　　图 9-3-13　轻触按键最终设计效果

需要注意的是所创建封装中的焊盘号要与其对应的原理图元器件的引脚号一致，否则封装将无法使用，如果两者不相符，需要双击焊盘，进入焊盘属性对话框修改焊盘号。

9.4　绘制不规则形状焊盘的封装

绘制不规则形状焊盘的方法有多种，在这里主要讲解两种制作方法，第一种是利用焊盘对象的设置或叠加构成不规则形状焊盘；第二种是利用其他对象构成不规则形状焊盘。

9.4.1　利用焊盘对象的设置或叠加构成不规则形状焊盘

（1）利用焊盘对象的设置构成不规则形状焊盘。单击 ◉ 按钮或按【P】建放置一个焊盘，双击焊盘打开属性对话框，在 Size 和 Shape 里可以更改焊盘的外形尺寸，在 Hole Information 中选择 Slot，可以按照打孔形状定义孔的外形，调整孔的角度和焊盘的角度，可得到如图 9-4-1 所示的不规则形状焊盘。设计人员可以根据实际需要采用此方法设计不规则焊盘。

（2）利用焊盘对象的叠加构成不规则形状焊盘。图 9-4-2 所示的焊盘就是将多个焊盘进行叠加而构成的（由多个焊盘 1 叠加组成），这种焊盘在使用时若遇到 DRC 检查会报错，因为规则设置中不允许焊盘叠加。

图 9-4-1　利用焊盘对象的设置构成不规则形状焊盘　　图 9-4-2　利用焊盘对象的叠加构成不规则形状焊盘

9.4.2　封装库阻焊层和助焊层

阻焊层（Solder Mask）是指印制板上要涂绿油的部分；因为它是负片输出，所以实际上有阻焊层的部分并不涂绿油，而是镀锡，呈银白色。

助焊层（Paste Mask）在机器贴片时使用，是对应所有贴片元器件焊盘的，其大小与 Top Layer 和 Bottom Layer 一样，它是用来开钢网漏锡用的，业内俗称"钢网"或"钢板"。助焊层并不存在于印制板上，它其实是一张单独的钢网，上面有 SMD 焊盘的位置被镂空，一般镂空的形状与 SMD 焊盘一样，尺寸略小。这张钢网的作用是在 SMD 自动装配焊接工艺中，用来在 SMD 焊盘上涂锡浆膏的。

我们可以这样理解阻焊层和助焊层，分析如下。

- 阻焊层是在整片阻焊的绿油上开窗，目的是允许焊接。
- 默认情况下，没有阻焊层的区域都要涂绿油。
- 助焊层用于贴片封装。

SMT 封装用到了 Top Layer、Top Paste 和 Top Solder，且 Top Layer 和 Top Paste 大小一样，Top Solder 大小比前两者大一圈。DIP 封装仅用到了 Top Solder 和 Multi-Layer（其实，Multi-Layer 就是 Top Layer、Bottom Layer、Top Solder 和 Bottom Solder 四层重叠，且 Top Solder 和 Bottom Solder 比 Top Layer 和 Bottom Layer 大一圈）。

9.4.3　利用其他对象构成不规则形状焊盘

根据对封装库阻焊层和助焊层的理解，我们知道对于创建不规则形状焊盘的封装，可以使用库编辑器中的任意设计对象完成，但有一个重要因素需要考虑：软件会根据焊盘对象自动创建阻焊层和助焊层，如果设计者使用焊盘对象构建不规则形状，那么将生成正确且匹配的不规则屏蔽形状。如果通过其他对象，如线段（轨）、填充、区域对象或者弧线生成不规则形状，则需要同时在阻焊层或助焊层定义适当的阻焊和锡膏层。

图 9-4-3 和图 9-4-4 是不同设计师创建的 SOT-89 封装版本。图 9-4-3 使用两个焊盘在中心创建大型不规则形状焊盘；图 9-4-4 使用焊盘和线段（轨），需要手动定义阻焊层和助焊层。应用其他对象绘制不规则形状焊盘，可参照下面的【例 9.3】。

扫码看原图
图 9-4-3

图 9-4-3　SOT-89 封装 1

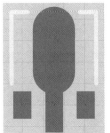

扫码看原图
图 9-4-4

图 9-4-4　SOT-89 封装 2

【例 9.3】　半圆焊盘的制作。

（1）新建一个 PCB 封装并将其命名为"半圆焊盘"，选择 Top Overlay，执行菜单命令 Place→Arc，绘制一个半圆，再执行菜单命令 Place→Line 将其封闭，如图 9-4-5 所示。

（2）选中整个半圆区域，并选中 Top Layer，然后执行菜单命令 Tools→Convert→ Create Region from selected primitives（从选定的图元创建区域），便可获得如图 9-4-6 所示的半圆形区域。

（3）按照以上步骤，在 Top Paste 和 Top Solder 上画同样形状的半圆，将半圆复制到 PCB 库里面的 Top Layer，然后将贴片 Pad 放在半圆的区域，此时只要复制并粘贴即可。保存 PCB 库文件，焊盘组成成分展示如图 9-4-7 所示。

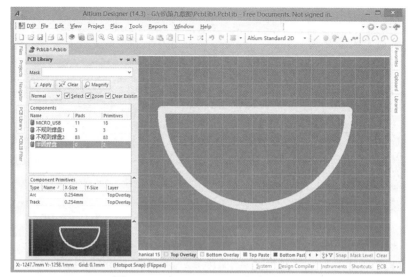

图 9-4-5　在 Top Overlay 上绘制半圆

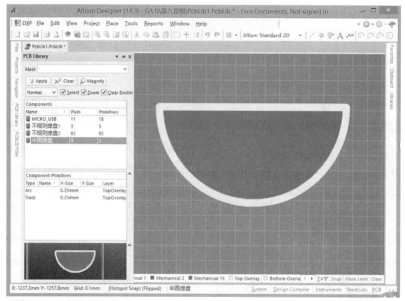

图 9-4-6　在半圆上执行 Create Region from selected primitives 命令后的效果

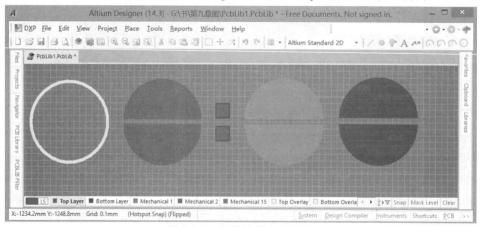

图 9-4-7　焊盘组成成分展示

（4）将 Top Paste、Top Solder 和 Top Layer 中各自的上半圆叠放在一起，然后再将各自的下半圆叠放在一起，并放入丝印层的圆中，并让上、下半圆留出一定距离，把两个焊盘分别放置在上、下半圆中，将这个自建的库添加到 Libraries 里，以便将其放到 PCB 文件中，如图 9-4-8 所示。

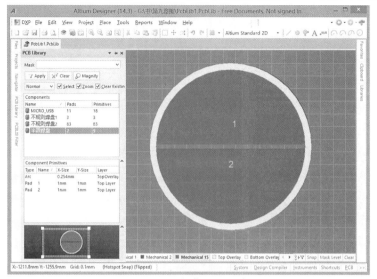

扫码看原图

图 9-4-8

图 9-4-8　制作好的焊盘

9.5　设计实例

【例 9.4】　绘制一种常用的 Micro USB 接口母座：Micro USB 5PIN 接口两脚鱼叉贴板，有柱镀雾锡端子 1.0MM（SMT），有卷边焊盘全贴式。实物外形如图 9-5-1 所示，尺寸如图 9-5-2 所示。

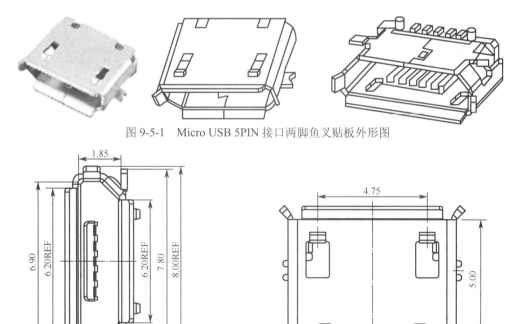

图 9-5-1　Micro USB 5PIN 接口两脚鱼叉贴板外形图

图 9-5-2　Micro USB 5PIN 接口两脚鱼叉贴板尺寸图

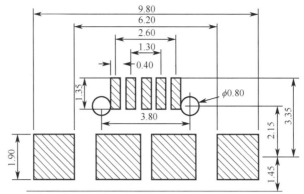

图 9-5-2　Micro USB 5PIN 接口两脚鱼叉贴板尺寸图（续）

操作步骤如下。

（1）在 PCB 封装编辑器中，执行菜单命令 Tools→New Blank Component，或者在 PCB Library

图 9-5-3　PCB Library Component 对话框

工作面板的 Component 区域右击，在弹出的菜单中选择 New Blank Component，则 PCB Library 工作面板的 Component 区域会出现一个默认名为 PCBCOMPONENT_1 的封装，双击该名称弹出 PCB Library Component 对话框，将名称修改为 Micro-USB，元器件高度为 3mm，故在 Height 文本框输入 3mm，如图 9-5-3 所示，最后单击【OK】按钮。

（2）将长度单位切换到公制单位 mm，打开栅格设置对话框，将栅格 Snap Grid 设置为 0.1mm，即 Grid Step 为 1mil，将 Grid 2 中 Multiplier（乘数）设置为 5×Grid Step，则 Grid 2 的大小为 5mm，如图 9-5-4 所示。

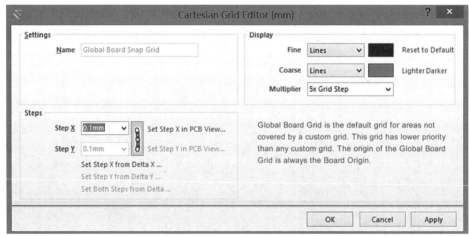

图 9-5-4　设置栅格参数

（3）放置 5 个管脚对应的焊盘，即 5 个矩形焊盘。根据图 9-5-2 可知每个焊盘的长和宽分别为 1.35mm 和 0.4mm，相邻两个管脚之间的距离为 0.65mm。

① 执行菜单命令 Place→Pad 或单击 PCB Lib Placement 工具栏中的 ● 按钮，出现十字形指针并带有焊盘符号，进入放置焊盘状态。按【Tab】键，进入焊盘属性对话框，如图 9-5-5 所示，按照图中内容设置有关参数，Properties 区域中的焊盘标识编号 Designator 设置为 1，Layer 选择为 Top Layer；Size and Shape 区域中将 X-Size 设置为 0.4mm，Y-Size 设置为 1.35mm，Shape 设置为

Rectangular（矩形），其他参数默认不变。

图 9-5-5　焊盘属性对话框

② 画出其余 4 个焊盘，并按照相邻间距 0.65mm 排列。

为方便操作，使用智能粘贴的方式。选择已画好的焊盘 1，按【Ctrl】+【X】组合键或右击，在弹出的菜单中选择 Cut，在出现十字形指针后单击，这时十字形指针和焊盘 1 同时消失，然后执行菜单命令 Edit→Paste Special，出现如图 9-5-6 所示的 Paste Special（智能粘贴）对话框，单击【Paste Array...】按钮，出现 Setup Paste Array 对话框，将对话框中的 Placement Variables 区域中的 Item Count 设置为 5，即复制焊盘个数为 5，Text Increment 设置为 1，即焊盘编号序列的公差值为 1，如图 9-5-7 所示。由于焊盘横向排列，并且相邻两焊盘间距为 0.65mm，所以在 Array Type 区域中选择 Linear（线形排列）单选框，Linear Array 区域中将 X-Spacing 设置为 0.65mm，Y-Spacing 设置为 0mm。单击【OK】按钮，出现十字形指针，单击封装编辑器中欲绘制元器件的区域即可得到所选的排列顺序和等间距的 5 个焊盘，如图 9-5-8 所示。

图 9-5-6　Paste Special 对话框　　图 9-5-7　Setup Paste Array 对话框

图 9-5-8　5 个焊盘排列效果

③ 放置 4 个近似正方形的焊盘，每个焊盘的长、宽分别为 1.9mm、1.8mm。首先将参考点设

置为中心位置，即管脚 3 的中心，然后放置一个焊盘，将其参数按照图 9-5-9 进行设置。4 个焊盘的放置位置分别为（–4mm,–2.675mm）、（–1.15mm,–2.675mm）、（1.15mm,–2.675mm）、（4mm,–2.675mm）。放置完成后，效果如图 9-5-10 所示。

图 9-5-9　焊盘属性设置

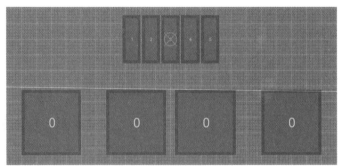

图 9-5-10　4 个焊盘放置效果

④ 放置两个直径为 0.8mm 的圆孔。首先放置一个焊盘，焊盘参数设置如图 9-5-11 所示，复制该焊盘，粘贴到编辑环境中，将其位置改为（1.9mm,–0.525mm），如图 9-5-12 所示。单击【OK】按钮后，在编辑环境中即可得到 9-5-13 所示的图形。

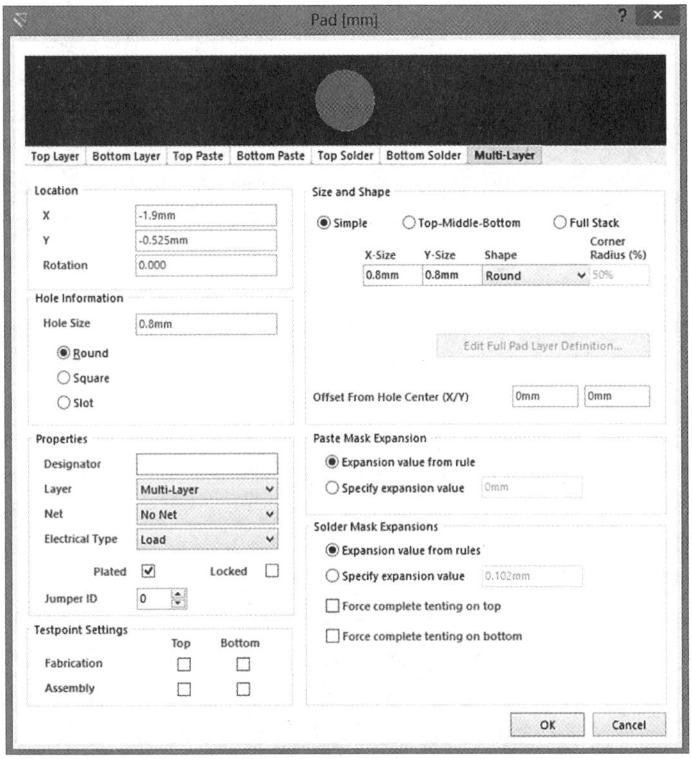

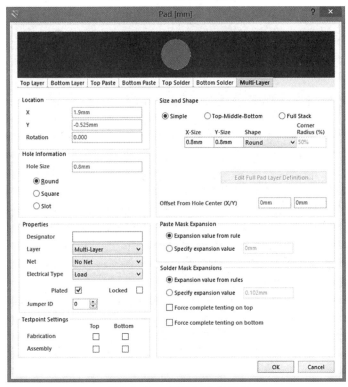

图 9-5-11 圆孔属性设置 1

图 9-5-12 圆孔属性设置 2

⑤ 添加丝印层标注，将当前工作层设置为 Top Overlay，通过画线工具画出如图 9-5-14 所示的丝印标注。

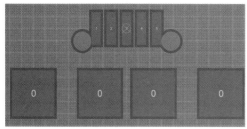

图 9-5-13　焊盘放置效果

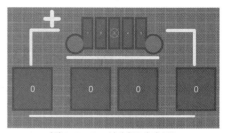

图 9-5-14　绘制丝印标注

⑥ 保存文件后得到如图 9-5-15 所示的图形。

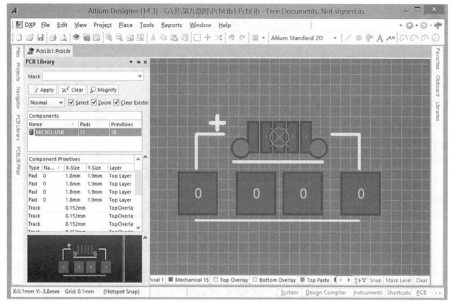

扫码看原图

图 9-5-15

图 9-5-15　Micro USB 5PIN 接口两脚鱼叉贴板最终效果

9.6　添加元器件封装的三维模型信息

本节主要介绍使用 Altium Designer 14 自带的 3D Body 工具制作简单的三维模型，以及 PCB 编辑环境下调用现有的 STEP 三维模型的操作方法。

为方便设计者使用元器件，许多元器件供应商以发布通用机械 CAD 文件包的方式提供了详细的元器件 3D 模型。Altium Designer 允许设计者直接将这些 3D 模型（*.STEP 或*.STP 文件）导入元器件封装中，避免了设计者自己设计三维模型而浪费时间，同时也保证了三维模型的准确性与可靠性。

STEP（Standard for the Exchange of Product model data——IS010303）是一个流行的数据交换格式。支持所有主流的 M-CAD 软件，是大多数机械 CAD 工具都支持的标准文件格式。有不同版本的 STEP 格式，其中包括 AP203 和 AP214。

注意：AP203 格式不支持颜色信息，这种格式的模型在 Altium Designer 中显示浅灰色。

9.6.1　利用自带的 3D Body 制作简单的三维模型

【例 9.5】　制作 0805 贴片电阻的三维模型，实物如图 9-6-1 所示，其英制封装图尺寸为 0805，公制封装图尺寸为 2012，如图 9-6-2 所示。具体步骤如下。

（1）对元器件的封装尺寸图进行分析，在 0805 电阻中，有两个管脚均接近长方体，两管脚之间的部分为长方体，这样至少需要三个长方

图 9-6-1　贴片 0805 实物图

体外形的三维体，如果要标注字符，则还需要一个三维体。所以电阻 0805 封装的完整三维模型图应包含四个三维模型对象。

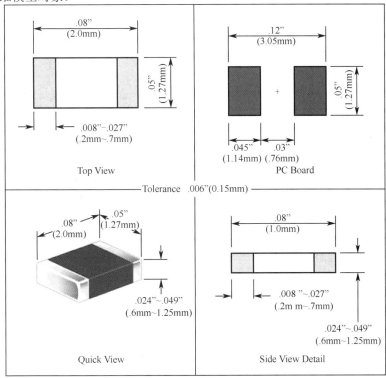

图 9-6-2　封装尺寸图

注意： 此处的参数数值按照封装尺寸图中允许的数值范围取值，实际工作中可以按实物为准。

① 一个基础性的三维模型对象，根据封装轮廓建立（overall height 25mil，standoff height 0mil，Body 3D，color basic 215）。

② 两个基础性的三维模型对象，根据封装轮廓建立（overall height 25mil，standoff height 0mil，Body 3D，color basic 29）。

③ 一个基础性的三维模型对象，加载图片"0805"，根据封装轮廓建立（overall height 27mil，standoff height 25mil，Body 3D，color basic 3）。

（2）准备"0805"显示字符图画，可打开画图工具，加入白色字符"0805"，并把背景颜色设为黑色，如图 9-6-3 所示，并将其保存为 0805R.bmp。

图 9-6-3　制作 0805R.bmp

（3）创建一个 0805 的封装，如图 9-6-4 所示。

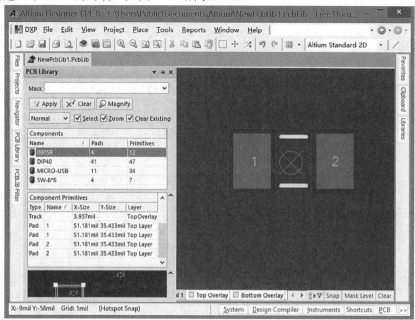

图 9-6-4　创建 0805 的封装

（4）为方便确定三维图形的大小，将元器件封装编辑环境的栅格按如下设置：Grid Step 设置为 1mil，Multiplier 设置为 5×Grid Step，如图 9-6-5 所示。

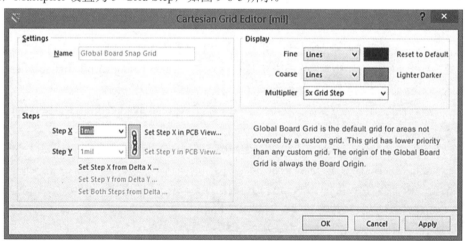

图 9-6-5　栅格的设置

（5）在该封装编辑环境中添加第一种基础性三维模型对象，执行菜单命令 Place→3D Body，如图 9-6-6 所示，则会弹出如图 9-6-7 所示的 3D Body（三维体）对话框。将对话框中的 3D Mode Type（三维模型类型）设置为 Extruded（突出），Overall Height 值设置为 25mil，Standoff Height 值设置为 0mil。在 Display 工作区域中双击 3D Color 颜色框，在弹出的 Choose Color 对话框中选择 Basic 标签下的 215 号颜色，如图 9-6-8 所示，单击【OK】按钮，返回 3D Body 对话框，单击【OK】按钮后，则会在 PCB 封装编辑环境中出现十字形指针并带有三维体符号，进入放置三维对象状态，绘制一个长、宽分别为 72mil、50mil 的长方形，如图 9-6-9 所示。

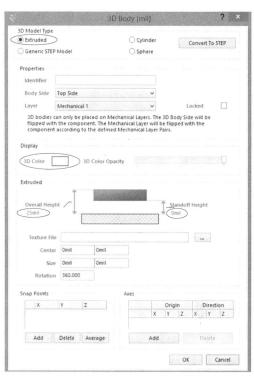

图 9-6-6　执行菜单命令 Place→3D Body

图 9-6-7　添加第一种基础性三维模型对象并设置

扫码看原图

图 9-6-9

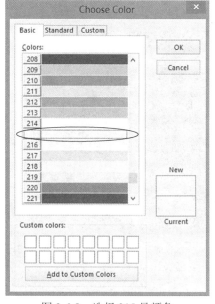

图 9-6-8　选择 215 号颜色

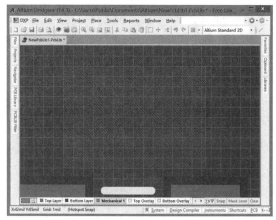

图 9-6-9　放置三维对象

（6）添加两个第二种基础性三维模型对象，即管脚的三维模型对象，同样执行菜单命令 Place→3D Body，弹出 3D Body 对话框。将对话框中的 3D Mode Type 设置为 Extruded，Overall Height 值设置为 25mil，Standoff Height 值设置为 0mil，如图 9-6-10 所示。在 Display 工作区域中双击 3D Color 颜色框，在弹出的 Choose Color 对话框中选择 Basic 标签下的 29 号颜色，如图 9-6-11 所示，单击【OK】按钮，返回 3D Body 对话框，单击【OK】按钮，则在 PCB 封装编辑环境中出现十字形指针并带有三维体符号，进入放置三维模型对象状态，绘制一个长、宽分别为 13mil、50mil

的长方形，并将其复制、粘贴，形成两个这样的三维模型对象，如图 9-6-12 所示。

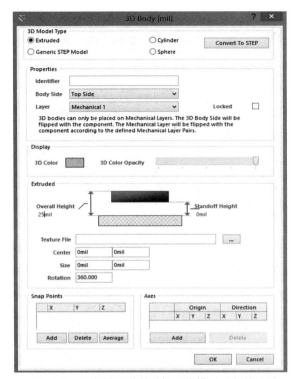

图 9-6-10　添加第二种基础性三维模型对象并设置

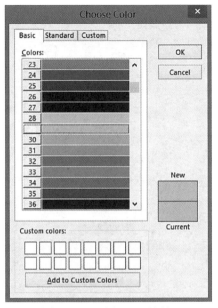

图 9-6-11　选择 29 号颜色

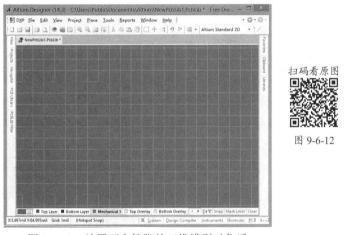

图 9-6-12　放置两个管脚的三维模型对象后

（7）将两个管脚的三维模型对象放置在第一种三维模型对象的两侧，并保证完全紧密连接。二维视图效果如图 9-6-13 所示，三维视图效果如图 9-6-14 所示。

（8）添加第三种基础性三维模型对象，即显示字符的三维模型对象，同样执行菜单命令 Place→3D Body，弹出 3D Body 对话框。将对话框中的 3D Mode Type 设置为 Extruded，Overall Height 值设置为 26mil，Standoff Height 值设置为 25mil；Texture File 指向 0805R.bmp 图画文件，如图 9-6-15 所示，单击【打开】按钮；Size 设置为 72mil、50mil，如 9-6-16 图所示。

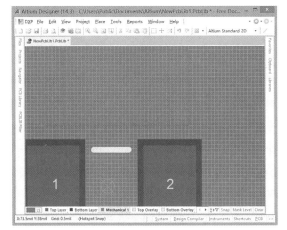

扫码看原图

图 9-6-13

图 9-6-13　二维视图效果

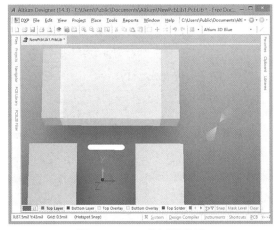

扫码看原图

图 9-6-14

图 9-6-14　三维视图效果

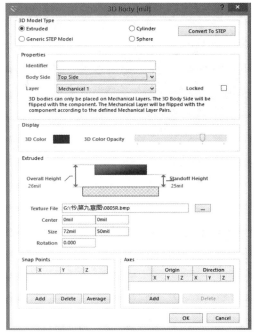

图 9-6-15　0805R.bmp 的路径设置　　　　图 9-6-16　添加第三种基础性三维模型对象并设置

在 Display 工作区域中双击 3D Color 颜色框,在弹出的 Choose Color 对话框中选择 Basic 标签下的 3 号颜色,如图 9-6-17 所示,单击【OK】按钮,返回 3D Body 对话框,单击【OK】按钮后,则在 PCB 封装编辑环境中出现十字形指针并带有三维体符号,进入放置三维对象状态,沿着第一种三维模型的边框绘制一个长、宽分别为 72mil、50mil 的长方形,如图 9-6-18 所示。

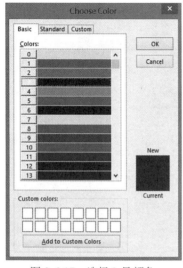

图 9-6-17　选择 3 号颜色

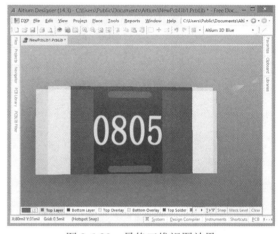

图 9-6-18　绘制长方形

(9)将四个三维模型对象选中后移至封装的上方,并将管脚对齐,将其保存。其最终二维视图效果如图 9-6-19 所示,三维视图效果如图 9-6-20 所示,多角度三维视图效果如图 9-6-21 所示。

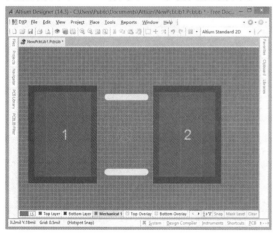

图 9-6-19　最终二维视图效果

图 9-6-20　最终三维视图效果

（a）

（b）

（c）

（d）

图 9-6-21　多角度三维视图效果

9.6.2 调用现有的 STEP 三维模型

首先要准备格式为.STEP 的三维模型文件。例如，我们给电阻 AXIAL-0.4 添加三维模型信息，需要找到如图 9-6-22 所示的 AXIAL-0.4-0.25W.STEP 文件。文件可以在网上自行下载或从本书提供的材料中查找，确定文件存在且路径正确。

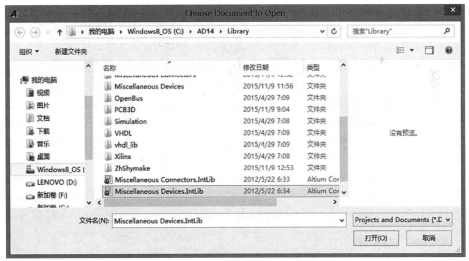

图 9-6-22　AXIAL-0.4-0.25W.STEP 文件

（1）执行菜单命令 File→Open，路径指向 AD14 根目录下 Library 中的 Miscellaneous Devices.IntLib 集成库，如图 9-6-23 所示，单击【打开】按钮后，出现 Extract Sources or Install（提取来源或安装）对话框，如图 9-6-24 所示，单击【Extract Sources】按钮，出现如图 9-6-25 所示的界面，即打开 Miscellaneous Devices.PcbLib 封装库。

图 9-6-23　打开集成库所在目录

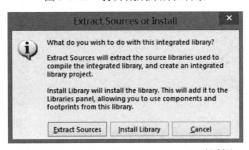

图 9-6-24　Extract Sources or Install 对话框

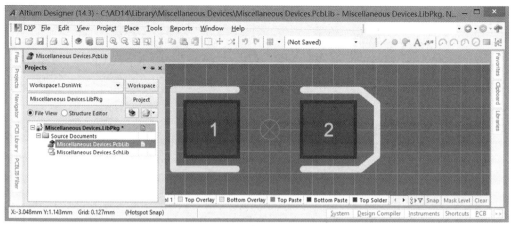

图 9-6-25   打开 Miscellaneous Devices.PcbLib 封装库

（2）双击 Miscellaneous Devices.PcbLib 封装库，双击 PCB Library 中 Components 区域中的 AXIAL-0.4，如图 9-6-26 所示。

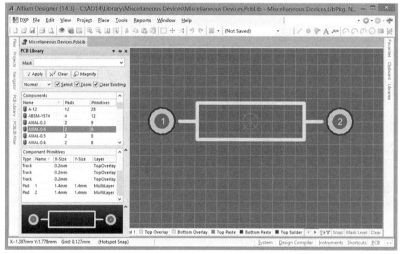

图 9-6-26   选择 AXIAL-0.4

（3）文件打开后开始导入三维模型，执行菜单命令 Place→3D Body，弹出如图 9-6-27 所示的 3D Body 对话框。

（4）在对话框中的 3D Body Type 中选择 Generic STEP Model 单选框，单击【Embed STEP Model】按钮，显示 Choose Model 对话框，可在其中查找 AXIAL-0.4-0.25W.STEP 文件，如图 9-6-28 所示（实际操作过程中，请按自己的文件存放路径查找）。

（5）单击【打开】按钮后，返回 3D Body 对话框，再单击【OK】按钮，则在 PCB 封装编辑环境中出现十字形指针并带有三维体符号，进入放置三维对象状态，将其放置在以参考点为中心的位置，如图 9-6-29 所示，这样就加载了电阻的三维模型信息。

（6）执行菜单命令 View→3D Layout Mode，或者按【3】键，可以将二维画面切换到三维画面，如图 9-6-30 所示。如果模型和焊盘的孔位不一致，可通过移动或旋转三维模型使三维模型的管脚和焊盘匹配。可以同时按下【Shift】键+鼠标右键对三维模型进行多角度观察；选择三维模型，按下鼠标右键移动鼠标可以对三维模型进行移动；3D Body 对话框中的 Rotation X°、Rotation Y°和 Rotation Z°三项可以对三维模型的放置角度进行设置，Standoff Height 可以设置三维模型放置的高度。图 9-6-31 为不同角度的电阻三维模型效果图。

（7）对封装库和集成库进行保存。

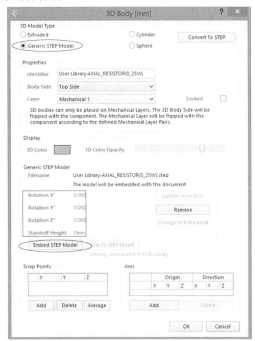

图 9-6-27　3D Body 对话框

图 9-6-28　AXIAL-0.4-0.25W.STEP 文件路径

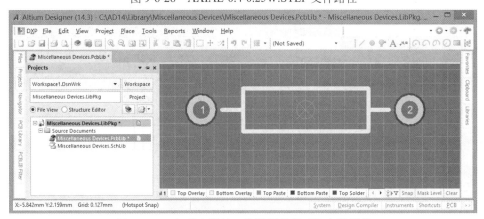

图 9-6-29　加载电阻的三维模型信息后的电阻封装

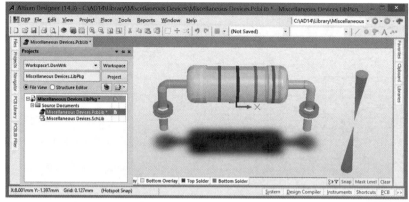

图 9-6-30 加载电阻的三维模型信息后呈现的三维画面

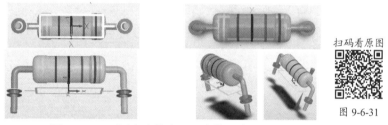

扫码看原图

图 9-6-31

图 9-6-31 不同角度的电阻三维模型效果图

9.7 创建集成库

9.7.1 集成库概念

Altium Designer 引入了集成库的概念,就是把原理图符号、PCB 封装、仿真模型、信号完整性分析模型和 PCB 3D 模型都集成在了一起。如图 9-7-1 所示,需要将每个元器件的 PCB 封装、仿真模型、信号完整性分析模型和 3D 模型都添加到原理图符号上,进行关联,然后编译,使之生成集成库。这样,用户采用集成库中的元器件做好原理图设计之后,就不需要再为每个元器件添加各自的模型了,大大减少了设计者的重复劳动,提高了设计效率。

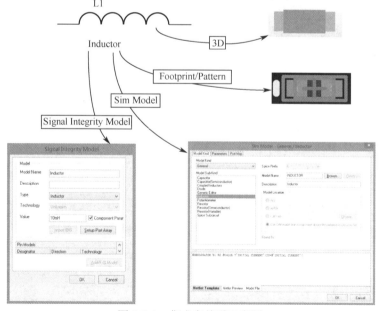

图 9-7-1 集成库关联示意图

Altium Designer 支持集成库的创建及使用。集成库（.IntLib）包含了原理图库文件（.SchLib）、PCB 库文件（.PcbLib）、SPICE 模型库文件（.ckt 和.mdl）、信号完整性模型文件以及 PCB 3D 模型文件。如图 9-7-2 所示。

在 Altium Designer 中，元器件库能作为独立的文档存在，如原理图库包含原理图符号；PCB 库包含 PCB 封装模型；同样，一些其他的库文件包含各自的相关文件内容等。

集成库具有以下优点：便于移植和共享，元器件和模块之间的连接具有安全性。集成库在编译过程中会检测错误，如引脚封装对应等。

9.7.2 集成库制作

集成库制作步骤：第一步，新建集成库项目；第二步，新建原理图符号库；第三步，新建 PCB 封装库；第四步，元器件符号模块与各模块连接；第五步，编译生成集成库。

仿真模型、信号完整性分析模型的关联操作在实际制作电路板时应用较少，在此不进行讲解。下面介绍原理图符号与 PCB 封装以及 3D 模型的集成与关联，具体的实施步骤如下。

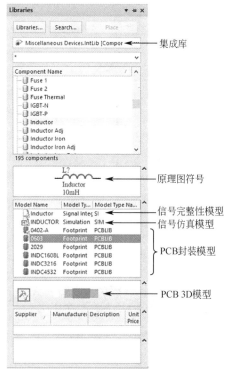

图 9-7-2　集成库关联说明

（1）建立集成库文件包——集成库的原始工程文件。执行菜单命令 File→New→Project，然后在 New Project 对话框中选择 Integrated Library，如图 9-7-3 和图 9-7-4 所示，创建一个集成库工程，这样在 Projects 标签栏中出现如图 9-7-5 所示的 "Integrated_Library_2.LibPkg" 工程文件，然后重命名为 "元件集成库.LibPkg" 工程文件，并保存到指定的目录，如图 9-7-6 所示。

图 9-7-3　新建集成库工程文件操作命令

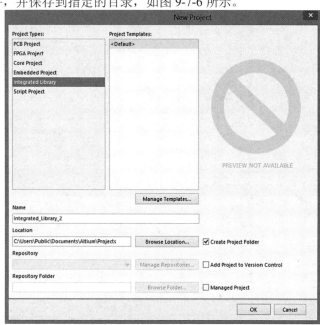

图 9-7-4　新建集成库工程设置对话框

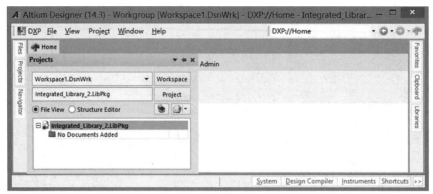

图 9-7-5 新建集成库工程

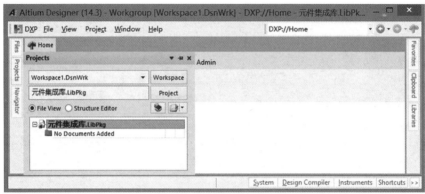

图 9-7-6 重新命名后的集成库工程

（2）为库文件包添加原理图库并在原理图库中建立一个原理图元器件。

① 在 Projects 标签中，右击工程文件"元件集成库.LibPkg"，如图 9-7-7 所示，在弹出的快捷菜单中选择 Add New to Project→Schematic Library，增加原理图库，命名为"原理图元件库.SchLib"并保存，如图 9-7-8 所示。

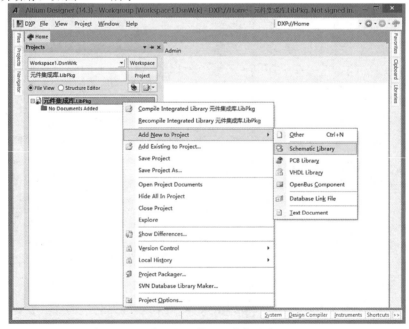

图 9-7-7 右击工程文件"元件集成库.LibPkg"

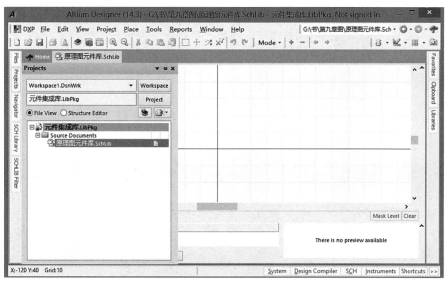

图 9-7-8　集成库工程添加原理图库后

② 在编辑界面，绘制一个 6×6 轻触按键元器件符号，并命名为 Key。如图 9-7-9 所示。

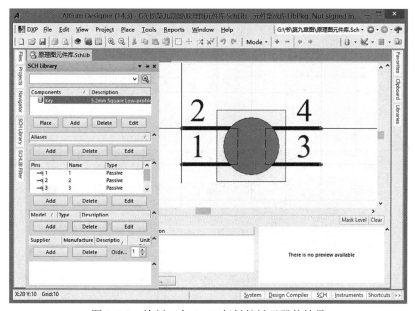

图 9-7-9　绘制一个 6×6 轻触按键元器件符号

③ 在 SCH Library 标签中双击该元器件名 Key，打开 Library Component Properties 对话框，如图 9-7-10（a）所示。在 Default Designator 中输入符号名（如 SW？）；在 Default Comment 处输入对元器件的描述（如 6*6KEY），如图 9-7-10（b）所示。单击【OK】按钮就生成了一个 6×6 轻触按键元器件。

（3）为库文件包添加 PCB 封装库，建立封装并创建 3D 模型。

① 在 Projects 标签中，右击工程文件"元件集成库.LibPkg"，如图 9-7-11 所示，在弹出的快捷菜单中选择 Add New to Project→PCB Library，增加 PCB 封装库，如图 9-7-12 所示，重命名为"元件封装库.PcbLib"并保存，如图 9-7-13 所示。

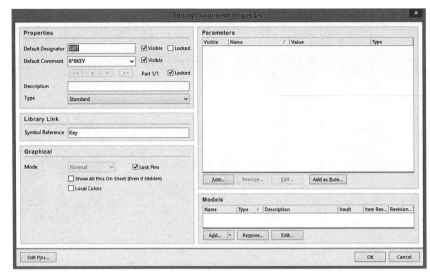

（a）Library Component Properties 对话框

（b）Properties 区域局部放大图

图 9-7-10　元器件属性设置

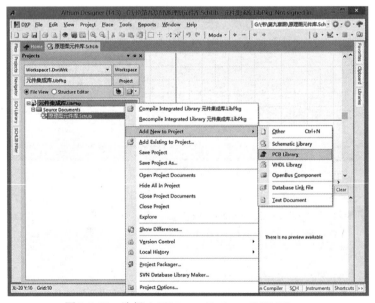

图 9-7-11　选择 Add New to Project→PCB Library

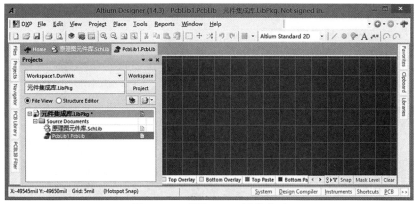

图 9-7-12　添加 PCB 封装库后

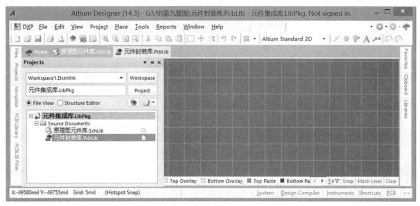

图 9-7-13　保存后的 PCB 封装库

② 在编辑界面中，按照元器件封装制作要求绘制一个 6×6 轻触按键，加载其 3D 模型，将该封装命名为 SW-6*6。如图 9-7-14 所示。

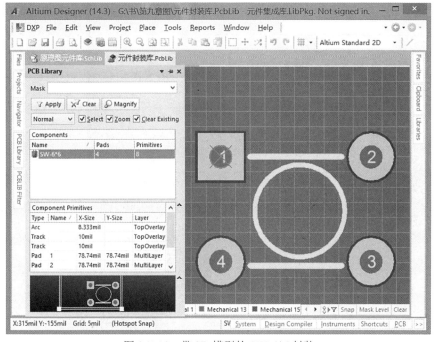

图 9-7-14　带 3D 模型的 SW-6*6 封装

（4）将原理图符号加载封装关联。

① 在 SCH Library 标签下的 Model 区域单击【Add】按钮，会弹出 Add New Model 对话框，在对话框中选择 Footprint，如图 9-7-15 所示，单击【OK】按钮。

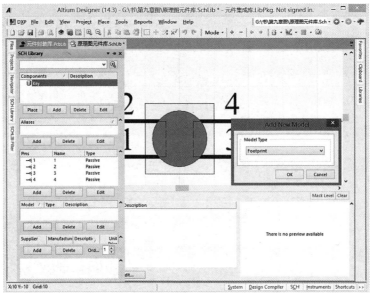

图 9-7-15　SW-6*6 原理图符号封装关联操作

② 如图 9-7-16 所示，在弹出的 PCB Model 对话框中单击【Browse】按钮，弹出如图 9-7-17 所示的 Browse Libraries 对话框，在 Name 下选择 SW-6*6 封装，单击【OK】按钮。

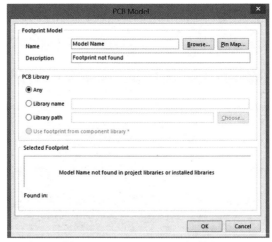

图 9-7-16　PCB Model 对话框

图 9-7-17　选择 SW-6*6 封装

③ 单击【OK】按钮，则在 PCB Model 对话框中显示所添加的封装，如图 9-7-18 所示。

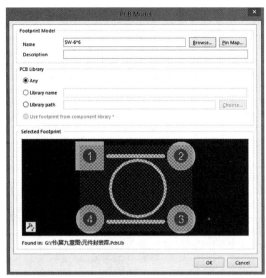

图 9-7-18　加载封装后的 PCB Model 对话框

④ 单击【OK】按钮，则可以在"原理图元件库.SchLib"中显示所添加的封装，如图 9-7-19 所示。

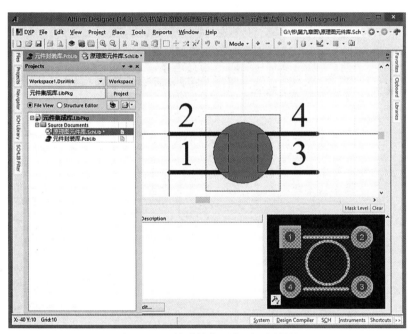

图 9-7-19　关联封装后的原理图符号

⑤ 编译集成库。在 Projects 标签中，右击"元件集成库.LibPkg"，在弹出的快捷菜单中选择 Compile Integrated Library 元件集成库.LibPkg。编译完成后，在目录下名为"Project Outputs for 元件集成库"的文件中就生成了"元件集成库.IntLib"集成库。打开 Libraries 面板，在库列表中所生成的库为当前库，在该列表下面，会看到每个元器件名称都对应一个原理图符号和一个 PCB 封装，如图 9-7-20 所示。

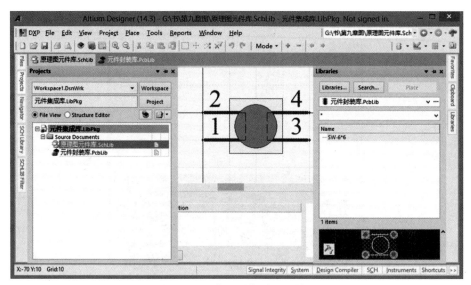

图 9-7-20　编译后的原理图符号

9.7.3　加载和移除集成库

当需要在原理图中摆放元器件或者希望让元器件的封装可见时，应当令元器件所在库被加载到库面板的列表中。将集成库加载到库列表的步骤如下。

（1）单击 Libraries 库标签或执行菜单命令 View→Workspace Panels→System→Libraries，如图 9-7-21 所示，弹出 Libraries 库面板，如图 9-7-22 所示右侧区域。

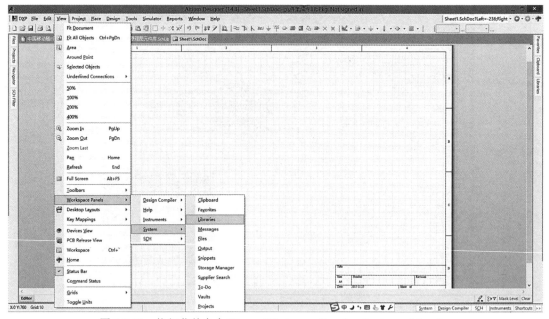

图 9-7-21　执行菜单命令 View→Workspace Panels→System→Libraries

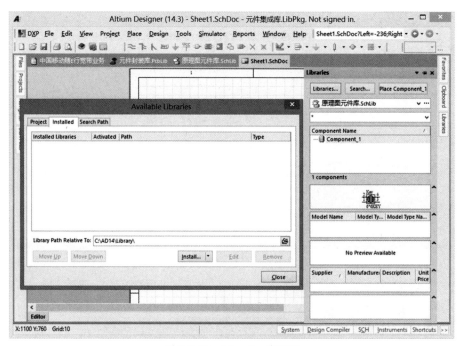

图 9-7-22　Libraries 库面板

（2）单击 Libraries 库面板上方的【Libraries...】按钮，弹出可用库对话框，如图 9-7-23 所示。

（3）单击可用库对话框中 Installed 标签，然后单击【Install...】旁的下拉菜单按钮，在弹出的两个选项中选择 Install from file...加载库，如图 9-7-24 所示。

（4）在弹出的对话框中选择所需要的库（如 Miscellaneous Devices.IntLib 文件），如图 9-7-25 所示。

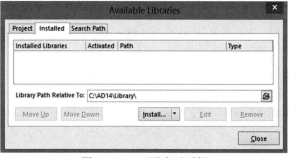

图 9-7-23　可用库对话框

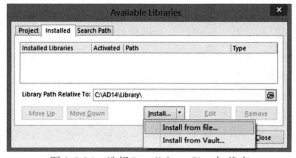

图 9-7-24　选择 Install from file...加载库

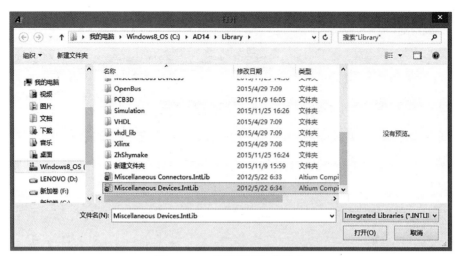

图 9-7-25　选择需要加载的库

（5）单击【打开】按钮，选中的集成库被加载到库面板的库列表中。在库列表中选中该库使之成为当前库，如图 9-7-26 所示。

图 9-7-26　加载库后的当前库文件

（6）如果一个原理图文档或 PCB 文档被打开，就可以从库面板的元器件列表中选择希望摆放的元器件了。

如果想从库列表移除一个库，则操作步骤如下。

① 单击库面板上方的【Libraries...】按钮弹出可用库对话框，单击对话框中的 Installed 标签。

② 单击选择想要移除的库，若要移除多个库时，可按住【Shift】键的同时单击选择多个库，最后单击【Remove】按钮。

③ 此时库的路径和名称从已加载库列表中消失，单击【Close】按钮关闭对话框。若后续需要被移除的库时，可以再次执行加载操作。

9.7.4　集成库的编辑

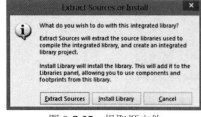

图 9-7-27　提取源文件

直接对集成库编辑是不允许的，需要先把集成库分拆成集成库包。执行菜单命令 File→Open…，选择一个集成库，如 AD14\Library\Miscellaneous Device.IntLib，在弹出的对话框中单击【Extract Sources】按钮，如图 9-7-27 所示，同时在工程项目面板中出现了 Miscellaneous Device.LibPkg 工程项目，至此可以进入元器件编辑界面，对元器件以及对元器件的各种模块连接进行编辑了。

在项目面板的 Miscellaneous Device.LibPkg 中包含了一个原理图元器件库（Miscellaneous Device.SchLib）和一个 PCB 封装库（Miscellaneous Device. PcbLib），在工程项目名称下选择 SCH Library 标签，在 SCH Library 工程栏中出现了元器件名称及关联库的构建关系；接下来选择一个元器件名称即可编辑或修改元器件的原理图属性（如名称、引脚方向属性、关联库等）。在工程栏中的 Model 子窗口下选择 Add 命令，然后在弹出的下拉菜单中选择需要添加的模型属性（如元器件封装、仿真模型、信号分析模型等），如图 9-7-28 所示。

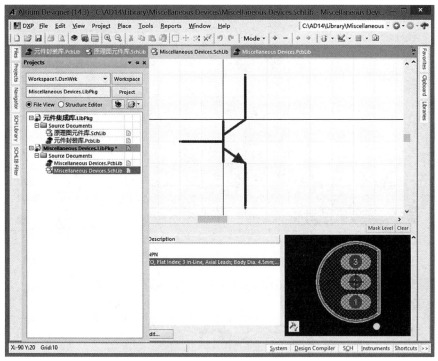

图 9-7-28　原理图符号的关联

9.8　从其他库中复制封装

在 PCB 元器件封装编辑器的 PCB Library 工作面板中，用户可对 PCB 元器件封装库中的 PCB 元器件封装进行管理操作，如复制、粘贴、导入、删除等，本节将通过实例介绍这些常用的 PCB 元器件封装管理操作。

从 PCB 元器件封装库进行复制的过程比较简单，下面以复制名为 AXIAL-0.4 的 PCB 元器件封装到用户自定义的 PCB 元器件封装库中为例，介绍复制 PCB 元器件封装的方法。

（1）打开包含有需要复制的 PCB 元器件封装 AXIAL-0.4 的 PCB 元器件封装库文件 Miscellaneous Device.PcbLib。

（2）单击工作区左侧的 PCB Library 工作面板标签，打开如图 9-8-1 所示的 PCB Library 工作面板。

（3）在 PCB Library 工作面板的 Components 列表中找到 AXIAL-0.4 封装，或在 PCB Library 工作面板上方的 Mask 文本框中输入 AXIAL-0.4（此处不区分大小写字母），将所有名称与 AXIAL-0.4 相关的 PCB 元器件封装筛选出来。筛选结果将在 Components 列表中显示，如图 9-8-2 所示。

（4）在 PCB Library 工作面板中的 Components 列表中选择名为 AXIAL-0.4 的 PCB 元器件封装右击，弹出如图 9-8-3 的快捷菜单。

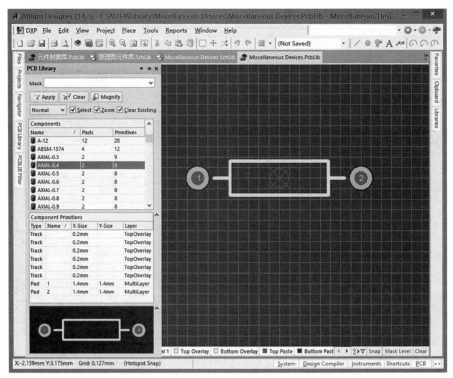

图 9-8-1　元器件封装编辑环境中的 PCB Library 工作面板

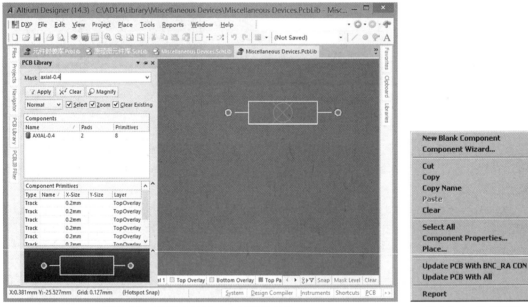

图 9-8-2　查找 AXIAL-0.4 元器件封装　　　　　　图 9-8-3　快捷菜单

（5）在快捷菜单中选择 Copy 命令，复制已选中的名为 AXIAL-0.4 的 PCB 元器件封装。

（6）在主菜单中执行菜单命令 File→New→Library→PCB Library，新建一个新的 PCB 元器件封装库，其默认名称为 PcbLib1.PcbLib。

（7）在新的 PCB 元器件封装库的 PCB Library 工作面板里的 Components 列表中右击，在弹出的菜单中选择 Paste 1 Components 命令，如图 9-8-4 所示，将名为 AXIAL-0.4 的 PCB 元器件封装复制到新的 PCB 元器件封装库中，如图 9-8-5 所示。

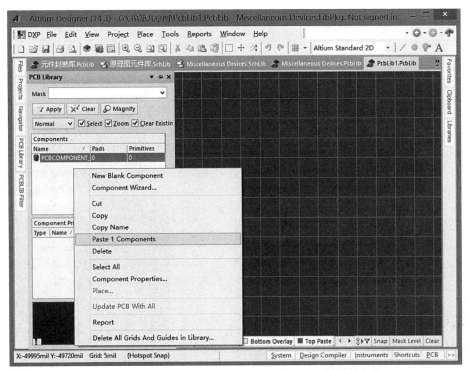

图 9-8-4 将 AXIAL-0.4 复制到新的 PCB 元器件封装库中

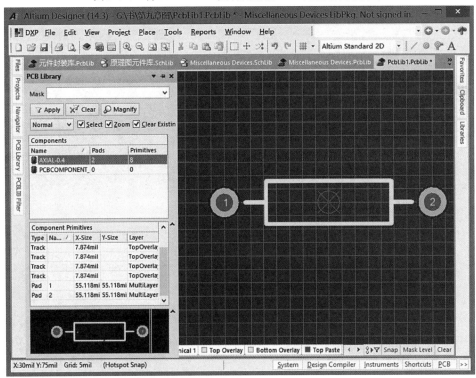

图 9-8-5 复制并粘贴后的元器件封装

（8）单击工具栏中的保存按钮 🔳，在弹出的 Save[PcbLib1.PcbLib]As 对话框中设置文件名称为 Custom_Pcb.PcbLib，保存该 PCB 元器件封装库文件。

9.1　建立封装库并命名为"封装练习1.PcbLib",将下列封装逐一画出并分别命名为1-a、1-b、1-c、1-d、1-e、1-f、1-g和1-h,图中每格的距离为标准100mil。

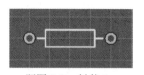

题图9-1　封装1-a

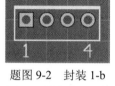

题图9-2　封装1-b

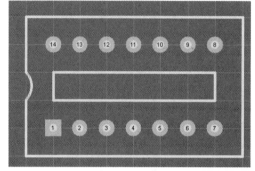

题图9-3　封装1-c

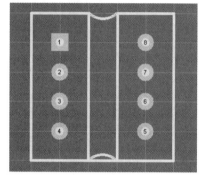

题图9-4　封装1-d

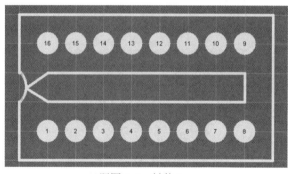

题图9-5　封装1-e

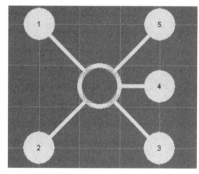

题图9-6　封装1-f

题图9-7　封装1-g

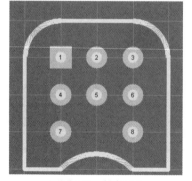

题图9-8　封装1-h

9.2　建立封装库并命名为"封装练习2.PcbLib",将下列封装逐一画出并分别命名为2-a、2-b、2-c、2-d、2-e和2-f,图中每格的距离为标准100mil。

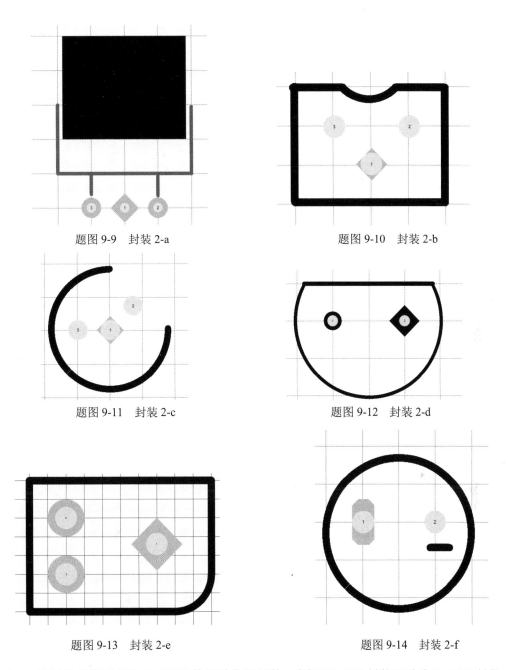

题图 9-9　封装 2-a

题图 9-10　封装 2-b

题图 9-11　封装 2-c

题图 9-12　封装 2-d

题图 9-13　封装 2-e

题图 9-14　封装 2-f

9.3　绘制集成稳压芯片 LM7805 的两种常用封装：直插 TO-220 封装和贴片 D-PAK 封装，两种封装的外形及尺寸如题图 9-15 所示。

TO-220

D-PAK

题图 9-15　直插 TO-220 封装、贴片 D-PAK 封装的外形及尺寸

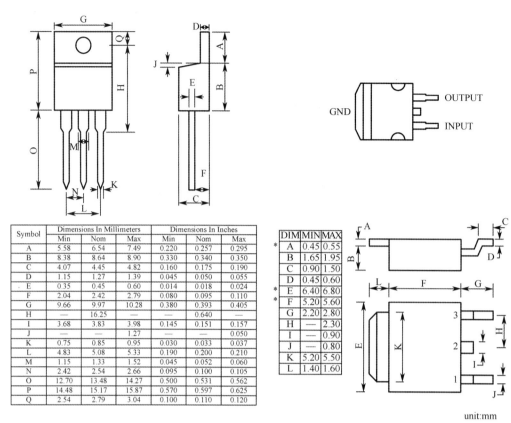

Symbol	Dimensions In Millimeters			Dimensions In Inches		
	Min	Nom	Max	Min	Nom	Max
A	5.58	6.54	7.49	0.220	0.257	0.295
B	8.38	8.64	8.90	0.330	0.340	0.350
C	4.07	4.45	4.82	0.160	0.175	0.190
D	1.15	1.27	1.39	0.045	0.050	0.055
E	0.35	0.45	0.60	0.014	0.018	0.024
F	2.04	2.42	2.79	0.080	0.095	0.110
G	9.66	9.97	10.28	0.380	0.393	0.405
H	—	16.25	—	—	0.640	—
I	3.68	3.83	3.98	0.145	0.151	0.157
J	—	—	1.27	—	—	0.050
K	0.75	0.85	0.95	0.030	0.033	0.037
L	4.83	5.08	5.33	0.190	0.200	0.210
M	1.15	1.33	1.52	0.045	0.052	0.060
N	2.42	2.54	2.66	0.095	0.100	0.105
O	12.70	13.48	14.27	0.500	0.531	0.562
P	14.48	15.17	15.87	0.570	0.597	0.625
Q	2.54	2.79	3.04	0.100	0.110	0.120

DIM	MIN	MAX
*A	0.45	0.55
B	1.65	1.95
C	0.90	1.50
D	0.45	0.60
*E	6.40	6.80
**F	5.20	5.60
G	2.20	2.80
H	—	2.30
I	—	0.90
J	—	0.80
K	5.20	5.50
L	1.40	1.60

unit:mm

题图 9-15　直插 TO-220 封装、贴片 D-PAK 封装的外形及尺寸（续）

9.4　绘制 TQFP-64 封装，其封装尺寸如题图 9-16 所示。

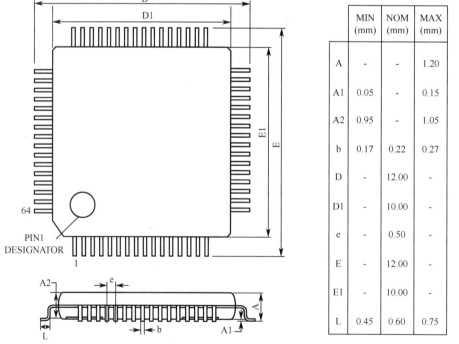

	MIN (mm)	NOM (mm)	MAX (mm)
A	-	-	1.20
A1	0.05	-	0.15
A2	0.95	-	1.05
b	0.17	0.22	0.27
D	-	12.00	-
D1	-	10.00	-
e	-	0.50	-
E	-	12.00	-
E1	-	10.00	-
L	0.45	0.60	0.75

题图 9-16　TQFP-64 封装尺寸

9.5 绘制液晶屏 12864——OCMJ4X8C 的封装，其实物外形如题图 9-17 所示，其封装尺寸如题图 9-18 所示。

题图 9-17　OCMJ4X8C 外形

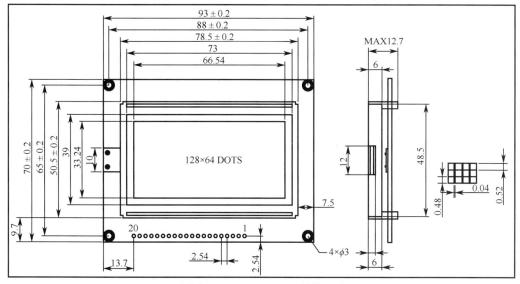

题图 9-18　OCMJ4X8C 封装尺寸

9.6 绘制单列直插 SIP12 的封装，其封装尺寸如题图 9-19 所示。

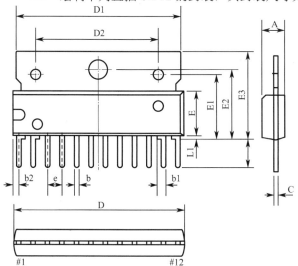

Symbol	Dimensions In Millimeters			Dimensions In Inches		
	Min	Nom	Max	Min	Nom	Max
A	3.80	4.00	4.20	0.150	0.157	0.165
b	0.40	0.50	0.60	0.016	0.020	0.024
b1	0.85	0.95	1.05	0.033	0.037	0.041
b2	—	0.83	—	—	0.033	—
C	0.35	0.40	0.50	0.014	0.016	0.020
D	29.40	29.60	29.80	1.157	1.165	1.173
D1	27.80	28.00	28.20	1.094	1.102	1.110
D2	21.80	22.00	22.20	0.858	0.866	0.874
E	7.80	8.00	8.20	0.307	0.315	0.323
E1	11.30	11.50	11.70	0.445	0.453	0.461
E2	12.30	12.50	12.70	0.484	0.492	0.500
E3	—	—	15.20	—	—	0.598
e	—	2.54	—	—	0.100	—
L	5.20	5.50	5.80	0.205	0.217	0.228
L1	0.30	0.50	0.70	0.012	0.020	0.28

题图 9-19　SIP12 封装尺寸

9.7 绘制专用驱动芯片 L298N 的封装——ZIP15 封装，其芯片管脚定义如题图 9-20 所示，其封装尺寸如题图 9-21 所示。

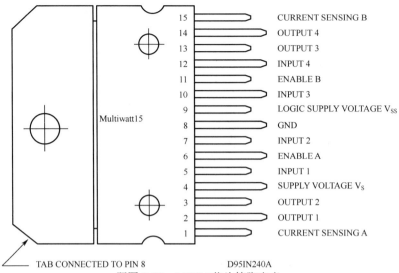

15	CURRENT SENSING B
14	OUTPUT 4
13	OUTPUT 3
12	INPUT 4
11	ENABLE B
10	INPUT 3
9	LOGIC SUPPLY VOLTAGE V_{SS}
8	GND
7	INPUT 2
6	ENABLE A
5	INPUT 1
4	SUPPLY VOLTAGE V_S
3	OUTPUT 2
2	OUTPUT 1
1	CURRENT SENSING A

TAB CONNECTED TO PIN 8   D95IN240A

题图 9-20　L298N 芯片管脚定义

| DIM | mm | | | inch | | | OUTLINE AND MECHANICAL DATA |
	MIN	TYP	MAX	MIN	TYP	MAX	
A			5			0.197	
B			2.65			0.104	
C			1.6			0.063	
D		1			0.039		
E	0.49		0.55	0.019		0.022	
F	0.66		0.75	0.026		0.030	
G	1.02	1.27	1.52	0.040	0.050	0.060	
G1	17.53	17.78	18.03	0.690	0.700	0.710	
H1	19.6			0.772			
H2			20.2			0.795	
L	21.9	22.2	22.5	0.862	0.874	0.886	
L1	21.7	22.1	22.5	0.854	0.870	0.886	
L2	17.65		18.1	0.695		0.713	
L3	17.25	17.5	17.75	0.679	0.689	0.699	
L4	10.3	10.7	10.9	0.406	0.421	0.429	
L7	2.65		2.9	0.104		0.114	
M	4.25	4.55	4.85	0.167	0.179	0.191	
M1	4.63	5.08	5.53	0.182	0.200	0.218	
S	1.9		2.6	0.075		0.102	
S1	1.9		2.6	0.075		0.102	
Dia1	3.65		3.85	0.144		0.152	

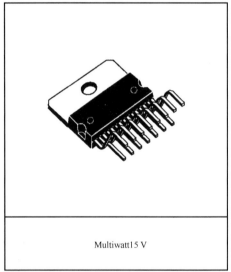

Multiwatt15 V

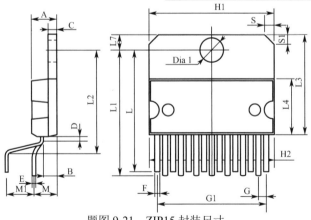

题图 9-21　ZIP15 封装尺寸

9.8　绘制一种常用的 USB-A 型接口母座——USB A Type PCB Female 4PIN，有 90° 弯脚，直插式。其实物外形如题图 9-22 所示，其封装尺寸如题图 9-23 所示。

题图 9-22　USB A Type PCB Female 4PIN 接口母座外形

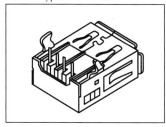

USB A Type PCB Female R/A

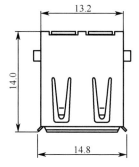

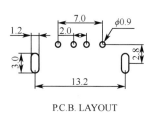

P.C.B. LAYOUT

SPECIFICATIONS:
Current rating:1.0A AC,DC
Voltage rating:50V AC,DC
Contact resistance:30mΩ max
Insulation resistance:500MΩ min
Withstanding voltage:500V AC/minute
Temperature range:−55℃～+125℃
MATERIAL:
Insulator :PBT UL94V-0
Contact:Phosphor Bronze
Finish:Gold Plated
ORDERING INFORMATION:
5075AR-0
└──Right Angle Type

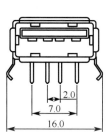

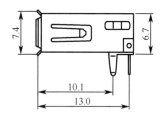

5075AR-04

题图 9-23　USB A Type PCB Female 4PIN 接口母座封装尺寸

9.9　创建新的 PCB 封装库文件，并命名为 Lianxi.PcbLib，将习题 9.3～习题 9.8 的封装放置在该库中。

9.10　制作贴片电容 0805 的三维模型，实物如题图 9-24 所示，其英制封装图尺寸为 0805，公制封装图尺寸为 2012，如题图 9-25 所示。

9.11　设计制作"STC89C52 单片机应用板"印刷电路，其电路如题图 9-26 所示。电路中各元器件的属性如题表 9-1 所示。

设计要求如下。

（1）创建工程项目和原理图文件：工程项目命名为"STC89C52 单片机应用板.PrjPcb"，原理图文件命名为"STC89C52 单片机应用板.SchDoc"。

（2）绘制符合要求的电路原理图。注意题表 9-1 中所给出的元器件属性信息。

（3）创建一个 PCB 文件，命名为"STC89C52 单片机应用板.PcbDoc"。

（4）PCB 尺寸为 100mm×90mm，采用直插式元器件，两层布线。

（5）电路板中焊盘与走线的安全距离为 10mil。

（6）VCC 在顶层走线且线宽为 40mil，GND 在底层走线且线宽为 50mil，其余线宽为 20mil。

（7）要求 PCB 元器件布局合理，符合 PCB 设计规则。

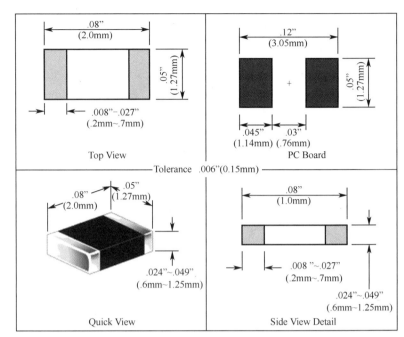

题图 9-25　贴片电容 0805 封装尺寸

题图 9-24　贴片电容 0805
　　　　　实物图

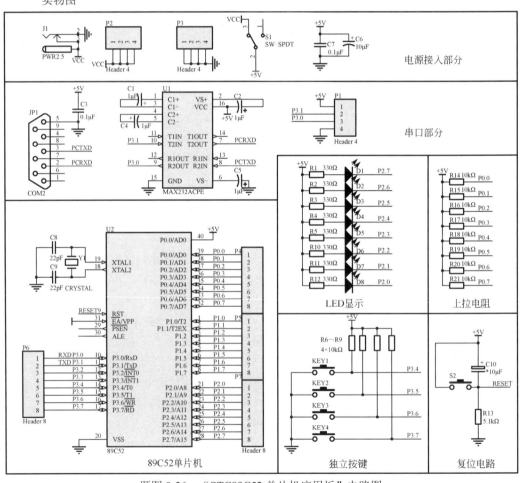

题图 9-26　"STC89C52 单片机应用板"电路图

题表 9-1　题图 9-26 元器件符号属性列表

Design Item ID （元器件名称）	Designator （元器件标号）	Comment （元器件标注）	Footprint （元器件封装）
Cap	C1、C2、C4、C5	1μF	RAD-0.1
Cap	C3、C7	0.1μF	RAD-0.1
Cap Pol2	C6、C10	10μF	CAPR5-4X5
Cap	C8、C9	22pF	RAD-0.1
LED1	D1、D2、D3、D4、D5、D6、D7、D8	LED0	LED-1
PWR2.5	J1	PWR2.5	KLD-0202
DB9	JP1	COM2	9_PIN
Header 4	P1、P2、P3	Header 4	HDR1X4
Header 8	P4、P5、P6、P7	Header 8	HDR1X8
自制	KEY1、KEY2、KEY3、KEY4、S2	隐藏	自制
Res2	R1、R2、R3、R4、R5、R10、R11、R12	330Ω	AXIAL-0.3
Res2	R6、R7、R8、R9、R14、R15、R16、R17、R18、 R19、R20、R21	10kΩ	AXIAL-0.3
Res2	R13	5.1kΩ	AXIAL-0.3
SW-SPDT	S1	SW-SPDT	DPDT-6
MAX232ACPE	U1	MAX232ACPE	DIP-16
自制	U2	89C52	DIP-40
CRYSTAL	Y1	CRYSTAL	Crystal_XO

第10章 PCB 设计实例

知识目标：掌握 PCB 设计规则；熟悉 PCB 设计的操作步骤。

技能目标：能够根据布局和布线原则进行 PCB 设计；能够理解过孔类焊盘孔径与焊盘直径的关系；能够根据项目设计要求制作 PCB。

思政目标：培养学生养成标准化操作的习惯；锻炼学生分析问题、解决问题的能力；培养学生协调统一、敢于创新的精神；培养学生的成本意识、质量意识及环保意识。深入学习贯彻习近平新时代中国特色社会主义思想，弘扬伟大建党精神。做到自信自强、守正创新，踔厉奋发、勇毅前行，争做高素质技术技能人才、能工巧匠、大国工匠。

本章主要介绍实际工程中进行 PCB 设计时需要用到的方法，并通过实例来说明 PCB 的设计原则和步骤以及注意事项。

10.1　PCB 设计原则简介

本节简要介绍 PCB 的设计原则和方法。

10.1.1　布局原则

（1）PCB 设计的基本原则，包括以下五点。

① 电路功能完整。

② 满足电磁兼容性的要求。

③ 便于生产。

④ 便于安装和维护。

⑤ 外观整洁美观。

要想实现上述五条原则，PCB 布局是至关重要的一环。合理的 PCB 布局不仅能节约面积，使布线更加简便容易，还能提高布线的通过率。

PCB 布局没有官方的统一要求，通常根据电路设计经验、实际产品的功能需求以及安装要求归纳总结出一般性的要求。

（2）PCB 布局的一般原则，包括以下几个方面。

① 遵照"先大后小，先难后易"的布置原则，即重要的单元电路、核心元器件应当优先布局。

② 布局中应参考原理框图，根据单板的主信号流向规律安排主要元器件。

③ 在保证电气性能的前提下，元器件应放置在栅格上且相互平行或垂直排列，以求整齐、美观，在一般情况下不允许元器件重叠；元器件排列要紧凑，元器件在整个板面上应分布均匀、疏密一致。

④ 布局应尽量满足以下要求：

a. 总的连线尽可能短，关键信号线最短；

b. 高电压、大电流信号与低电压、小电流的弱信号完全分开；

c. 模拟信号与数字信号分开；

d. 高频信号与低频信号分开；

e. 高频元器件的间隔要充分。

⑤ 按照电路的流程，安排各功能电路单元的位置，使布局便于信号流通，并使信号尽可能保持一致的方向。

⑥ 以每个功能单元的核心元器件为中心，围绕其进行布局。元器件应均匀、紧凑地排列在 PCB 上，尽量减少和缩短各元器件之间的引线和连接。

⑦ 在高频环境下工作的电路，要考虑元器件之间的分布参数。尽可能缩短高频元器件之间的连接，设法减少他们的分布参数及相互间的电磁干扰。易受干扰的元器件不能相距太近，输入和输出应尽量远离。

⑧ 发热元器件一般应均匀分布，有利于单板和整机的散热，除温度检测元器件以外的温度敏感元器件应远离发热量大的元器件。

⑨ 元器件的排列要便于调试和维修，即小元器件周围不能放置大元器件、需调试的元器件周围要有足够的空间。

⑩ 对于电位器、可调电感线圈、可变电容器、微动开关等可调节元器件的布局应考虑整机的结构要求。

⑪ 应留出 PCB 的定位孔和固定支架所占用的位置。

⑫ 元器件的去耦电容一定要靠近元器件的电源端。

10.1.2　布线原则

布线原则是在合理布局的基础上总结出来的。PCB 布线原则与 PCB 布局原则类似，没有统一的官方原则，也是在实际工程中总结出来的。

PCB 布线的一般原则有以下几点。

（1）铜线的宽度应以自己所能承载的电流为基础进行设计，铜线的载流能力取决于以下因素：线宽、线厚（铜箔厚度）、允许温升等。

（2）连线要精简，尽可能短并尽量少拐弯，力求线条简单明了，特别是在高频回路中。但对于高速电路布线，为了阻抗匹配或信号同步的原因而延长走线的情况除外。

（3）双面板两面的导线应互相垂直、斜交或弯曲走线，尽量避免平行走线，减小寄生耦合等。

（4）PCB 板上的信号走线尽量不换层，即尽量不使用非必要的过孔。

（5）石英晶体下面以及对噪声敏感的元器件下面不要走线。

（6）由于制作工艺的局限，如无特殊需要，走线宽度最小不要小于 8mil。

（7）由于制作工艺的局限，如无特殊需要，走线的安全间距不要小于 8mil。

（8）模拟电压输入线、参考电压端要尽量远离数字电路信号线，特别是时钟信号线。

（9）任何信号都不要形成环路，如不可避免，让环路尽量小。

（10）印制板尽量使用 45° 折线而不用 90° 折线布线，以减小高频信号对外发射与耦合。

（11）差分信号线，应该成对走线，尽量使其平行并相互靠近，并且长短相差不大，尽量少打过孔，必须打孔时，应两线一同打孔。

（12）同一网络的布线宽度应保持一致，因为线宽的变化会造成线路的特性阻抗不均匀，当信号传输的速度较高时会产生反射，在设计中应尽量避免这种情况。

10.1.3　接地线布线原则

地线是电路系统最复杂的走线。地线处理不好，将会影响电路板的电气性能甚至会导致设计失败。接地方式必须根据实际电路功能的需要进行选择，具体问题具体分析，有些复杂的情况甚至需要借助软件提供的仿真功能来处理。本文无法给出所有情况的接地原则，只能给出常见的一般性接地原则。

（1）单点接地。工作频率低（<1MHz）宜采用单点接地式，多个电路的单点接地方式又分为串联和并联两种，由于串联接地产生共地阻抗的电路性耦合，所以低频电路最好采用并联的单点接地式。

（2）多点接地。工作频率高（>30MHz）宜采用多点接地式。因为接地引线的感抗、频率与长度成正比，工作频率高时将增加共地阻抗，因此会增大共地阻抗产生的电磁干扰，所以要求地线的长度尽量短。采用多点接地时，尽量找最接近的低阻值接地面接地。

（3）混合接地。工作频率介于 1～30MHz 的电路宜采用混合接地式。当接地线的长度小于工作信号波长的 1/20 时，采用单点接地式，否则采用多点接地式。

（4）数字地（数字电路系统的参考地）和模拟地（模拟电路系统的参考地）需要分开，即直流信号共地，交流信号地分开。

（5）地线尽量粗（减小地阻抗）。

（6）针对复杂电路可以采用内电层的方式处理地线（多层板地平面）。

10.1.4　焊盘尺寸

焊盘设计直接影响着元器件的焊接性、元器件固定时的稳定性和元器件热能传递，焊盘的设计在电子产品设计中起至关重要的作用。焊盘外形设计必须与元器件引脚吸锡处表征外形相一致，以保障焊锡能与焊盘以最大的吸锡面进行良好接触。

不规则形状焊盘要尽量想办法转换成相似的规则形状焊盘。

表面贴装类焊盘应比元器件的吸锡面大 0.1～0.2mm。发热量比较大的元器件，焊盘在散热方向可比吸锡面大 1～1.5mm。重量比较重或者体积比较大的元器件中起固定作用的焊盘，可比吸锡面大 0.5～1mm。

过孔类焊盘，其过孔一般不小于 0.6mm（24mil），因为小于 0.6mm 的孔开模冲孔时不易加工，通常情况下以金属引脚直径值加上 0.2mm 作为焊盘内孔直径，例如，电阻的金属引脚直径为 0.5mm 时，其焊盘内孔直径对应为 0.7mm。焊盘直径取决于内孔直径，表 10-1 给出了孔径和焊盘直径之间的对应关系。

表 10-1　过孔类焊盘孔径与焊盘直径的对应关系

孔径	0.15mm	8mil	12mil	16mil	20mil	24mil	32mil	40mil
焊盘直径	0.45mm	24mil	30mil	32mil	40mil	48mil	60mil	62mil

对于超出上表范围的焊盘直径可用下列公式选取。

（1）直径小于 0.4mm 的孔：D/d＝0.5～3。

（2）直径大于 2mm 的孔：D/d＝1.5～2。

式中 D 为焊盘直径，d 为内孔直径。

10.2　设计实例

本节通过一个具体实例说明如何规划电路原理图，如何进行 PCB 准备，如何合理布局、布线以及如何生成一系列制作 PCB 的相关文件。

本节所给出的电路实例为一个双路直流伺服电机的驱动器。该电路所用的元器件名称及封装信息见表 10-2。

表 10-2　双路直流伺服电机驱动器元器件列表

元器件名称	原理图中的序号	所属原理图库	元器件参数	PCB 封装形式
HIP4081	UCL、UCR	原理图符号由用户绘制	——	SOIC20（绘制）
MBRAF1100T3G 肖特基二极管	DL1、DL2、DR1、DR2	MiscellaneousDevices.IntLib 中 D Schottky	——	403AA（绘制）
IRLR7843 N 沟道增强型场效应管	QL1、QL2、QL3、QL4、QR1、QR2、QR3、QR4	Miscellaneous Devices.IntLib 中 MOSFET-N	——	TO-252AA （绘制）
多圈电位器	RL7、RL8、RR7、RR8	Miscellaneous Devices.IntLib 中 RPot	250kΩ	3224pot（绘制）
钽电解电容	CL2、CR2	Miscellaneous Devices.IntLib 中 Cap Pol2	10μF/25V	3528
钽电解电容	CL1、CR1	Miscellaneous Devices.IntLib 中 Cap Pol2	220μF/25V	3528

元器件名称	原理图中的序号	所属原理图库	元器件参数	PCB 封装形式
普通贴片电容	C1、C2、C3、C4、C5、C6、C8、C10	Miscellaneous Devices.IntLib 中 Cap	0.1μF	0603
普通贴片电阻	RL9、RL10、RL15、RL16、RR9、RR10、RR15、RR16	Miscellaneous Devices.IntLib 中 Res1	10Ω	0603
普通贴片电阻	RL2、RL4、RL6、RR2、RR4、RR6、RL11、RL12、RL13、RL14、RR11、RR12、RR13、RR14	Miscellaneous Devices.IntLib 中 Res1	10kΩ	0603
普通贴片电阻	RL1、RL3、RL5、RR1、RR3、RR5	Miscellaneous Devices.IntLib 中 Res1	390Ω	0603
REG1117-5 电源芯片	VR1	BB Power Mgt Voltage Regulator. IntLib 中 REG1117-5	——	SOT-223/ZZ311
钽电解电容	C7、C9	Miscellaneous Devices.IntLib 中 Cap Pol2	47μF/16V	3528
6N137 光耦	UL1、UL2、UL3、UR1、UR2、UR3	原理图符号由用户绘制	——	DIP8
接插件 Header 4	PCL、PCR	Miscellaneous Connectors.IntLib 中 Header 4	4Pin	SIP4
接插件 Header 2	P1、P2、PL、PR	Miscellaneous Connectors.IntLib 中 Header 2	2Pin	SIP2

1. 新建工程和相关文件

新建一个工程，工程名称为 Motor_Control.PrjPcb。在工程文件中新建一个空白的原理图文件，命名为 Motor_C.SchDoc；新建一个空白的原理图库文件，命名为 Motor_C.SchLib；新建一个空白的 PCB 文件，命名为 Motor_C.PcbDoc；新建一个空白的 PCB 库文件，命名为 Motor_C.PcbLib。

工程文件的组织形式如图 10-2-1 所示。

2. 按照元器件手册绘制原理图符号

本例中元器件 HIP4081 和元器件 6N137 的原理图符号需

图 10-2-1　新建工程的文件组织形式

要用户进行绘制。手册给出的 HIP4081 和 6N137 的原理图符号如图 10-2-2 和图 10-2-3 所示。为了便于绘制原理图，根据 HIP4081 的原理将其原理图符号绘制为如图 10-2-4 所示的样式，绘制出的 6N137 的原理图符号如图 10-2-5 所示。

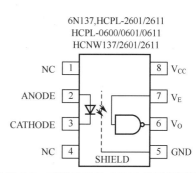

图 10-2-2　手册给出的 HIP4081 的原理图符号　　　图 10-2-3　手册给出的 6N137 的原理图符号

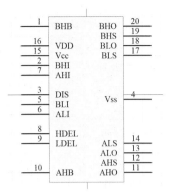

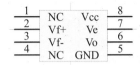

图 10-2-4　绘制的 HIP4081 的原理图符号　　　　　图 10-2-5　绘制的 6N137 的原理图符号

3．绘制原理图

本例中，原理图的图纸大小默认为 A4。该原理图为典型的自左至右型电路，电路图的信号走向为从左至右，如图 10-2-6 所示。下面就本例中原理图设计的相关内容进行简要介绍。

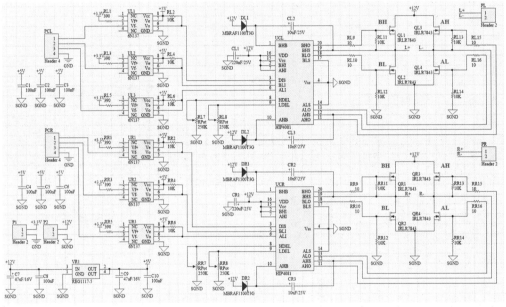

图 10-2-6　双路直流伺服电机控制电路原理图

本电路的功能为利用 MCU 输出控制信号（主要是 PWM 信号）控制 H 桥电路来驱动两个电机进行转动。整个电路分为四大模块，分别为光耦隔离电路、H 桥驱动电路、H 桥电路和电源电路。

光耦隔离电路由 6 片光耦芯片 6N137 和外围电路构成，其功能是将 MCU 控制电路和电机驱动电路隔离，因为在绘制模数混合电路时，一般要将模拟地和数字地隔离，要将小功率信号和大功率信号隔离，其目的是减小数字信号和模拟信号之间的干扰，减小大功率信号对小功率信号的干扰。本例采取隔离的目的一方面是将数字地和模拟地分开，另一方面主要考虑将大功率的电机驱动信号和 MCU 产生的小功率信号隔离。

H 桥驱动电路由两片 HIP4081 芯片和外围电路构成，功能是产生 H 桥正常工作所需的信号。

H 桥电路由四个 N 沟道增强型 MOSFET 和外围电路构成，功能是产生直流电机正向和反向旋转所需的信号。

电源电路由 REG1117-5 芯片和外围电路构成，功能是构成光耦芯片工作时所需的+5V 电源。

电路中插针 PCL 和 PCR 为连接 MCU 的插接元器件，插针 PL 和 PR 为连接直流电机的插接元器件，插针 P1 是连接+3.3V 电源的插接元器件，插针 P2 是连接+12V 电源的插接元器件。

参照第 2 章 2.2 节所述的内容绘制电路原理图。

4．为原理图元器件设置序号

由于本例设计的电路是驱动一台行走机器人的直流电机，所以本例中出现的元器件序号里的 L 代表左方，R 代表右方，凡是驱动左方电机的电路标号统一加入 L，驱动右方电机的电路标号统一加入 R，这样便于读懂电路的具体结构。另外，本例电路中元器件数量相对适中，建议对元器件进行手动编号。

5．为原理图元器件设置 PCB 封装

参照第 3 章 3.6.2 节所述的内容添加 Protel 99 SE 的 PCB Footprints.lib 封装库。将文件 PCB Footprints.lib 复制到用户所建的工程目录下。添加该文件到工程，如图 10-2-7 所示。打开文件 PCB Footprints.lib，通过标签 PCB Library 可以浏览库文件中的 PCB 封装类型。通过浏览库文件，可以看到库文件中包含了本例所用到的大部分 PCB 封装类型。电源器件的 PCB 封装属于集成元器件库，在 BB Power Mgt Voltage Regulator.IntLib 集成库中可以查到 SOT-223/ZZ311 封装。参照第 3 章 3.6 节所述的方法为表 10-3 中的元器件添加对应的封装。

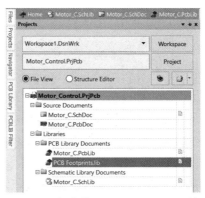

图 10-2-7　添加文件 PCB Footprints.lib 到工程

表 10-3　封装类型和图序号对照表

封 装 名 称	对应图序号
3528	图 10-2-8
0603	图 10-2-9
DIP8	图 10-2-10
SIP4	图 10-2-11
SIP2	图 10-2-12
SOT-223/ZZ311	图 10-2-13

手册中给出了 HIP4081 的 PCB 封装参数，如图 10-2-14 所示；IRLR7843 的 PCB 封装参数如图 10-2-15 所示；MBRAF1100T3G 的 PCB 封装参数如图 10-2-16 所示；多圈电位器的 PCB 封装参数如图 10-2-17 所示。参照第 9 章的相关内容，并按照上述元器件的封装参数绘制 PCB 封装。绘制完毕的封装如图 10-2-18～图 10-2-21 所示。

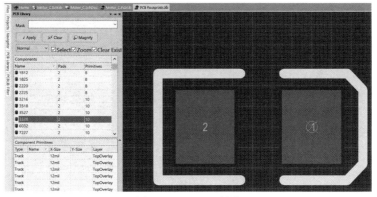

图 10-2-8　3528 封装

扫码看原图

图 10-2-8

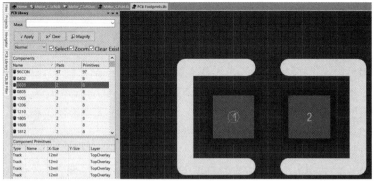

扫码看原图

图 10-2-9

图 10-2-9　0603 封装

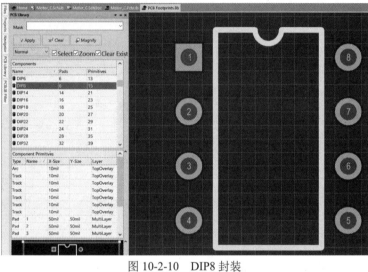

扫码看原图

图 10-2-10

图 10-2-10　DIP8 封装

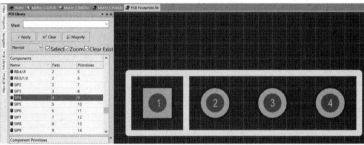

扫码看原图

图 10-2-11

图 10-2-11　SIP4 封装

扫码看原图

图 10-2-12

图 10-2-12　SIP2 封装

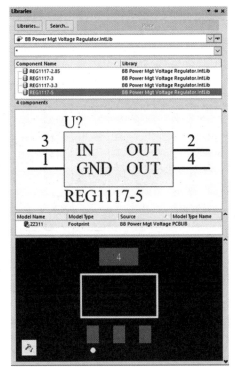

扫码看原图

图 10-2-13

图 10-2-13　SOT-223/ZZ311 封装

Small Outline Plastic Packages(SOIC)

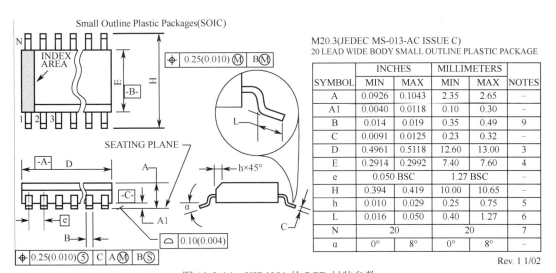

M20.3(JEDEC MS-013-AC ISSUE C)
20 LEAD WIDE BODY SMALL OUTLINE PLASTIC PACKAGE

SYMBOL	INCHES		MILLIMETERS		NOTES
	MIN	MAX	MIN	MAX	
A	0.0926	0.1043	2.35	2.65	–
A1	0.0040	0.0118	0.10	0.30	–
B	0.014	0.019	0.35	0.49	9
C	0.0091	0.0125	0.23	0.32	–
D	0.4961	0.5118	12.60	13.00	3
E	0.2914	0.2992	7.40	7.60	4
e	0.050 BSC		1.27 BSC		–
H	0.394	0.419	10.00	10.65	–
h	0.010	0.029	0.25	0.75	5
L	0.016	0.050	0.40	1.27	6
N	20		20		7
α	0°	8°	0°	8°	–

Rev. 1 1/02

图 10-2-14　HIP4081 的 PCB 封装参数

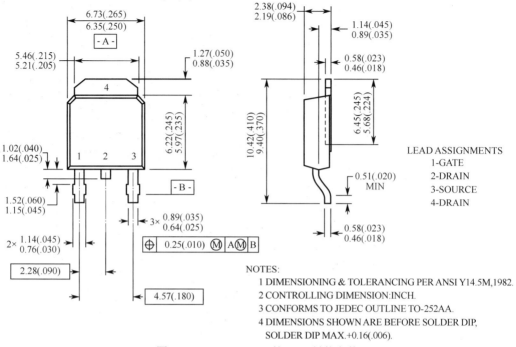

D-Pak(TO-252AA)Package Outline
Dimensions are shown in millimeters(inches)

LEAD ASSIGNMENTS
1-GATE
2-DRAIN
3-SOURCE
4-DRAIN

NOTES:
1 DIMENSIONING & TOLERANCING PER ANSI Y14.5M,1982.
2 CONTROLLING DIMENSION:INCH.
3 CONFORMS TO JEDEC OUTLINE TO-252AA.
4 DIMENSIONS SHOWN ARE BEFORE SOLDER DIP,
  SOLDER DIP MAX.+0.16(.006).

图 10-2-15　IRLR7843 的 PCB 封装参数

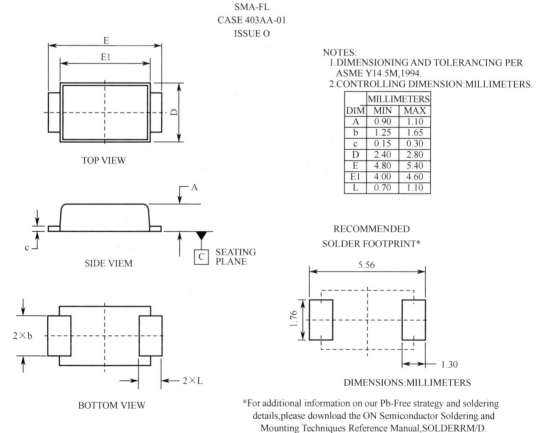

SMA-FL
CASE 403AA-01
ISSUE O

TOP VIEW

SIDE VIEM

BOTTOM VIEW

NOTES:
1.DIMENSIONING AND TOLERANCING PER
  ASME Y14.5M,1994.
2.CONTROLLING DIMENSION:MILLIMETERS.

DIM	MILLIMETERS	
	MIN	MAX
A	0.90	1.10
b	1.25	1.65
c	0.15	0.30
D	2.40	2.80
E	4.80	5.40
E1	4.00	4.60
L	0.70	1.10

RECOMMENDED
SOLDER FOOTPRINT*

DIMENSIONS:MILLIMETERS

*For additional information on our Pb-Free strategy and soldering
details,please download the ON Semiconductor Soldering and
Mounting Techniques Reference Manual,SOLDERRM/D.

图 10-2-16　MBRAF1100T3G 的 PCB 封装参数

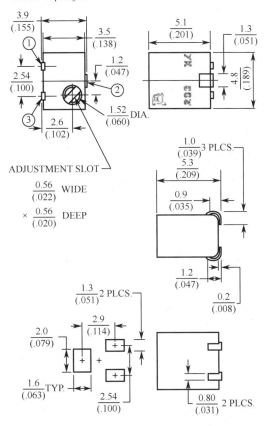

3224W Top Adjust

ADJUSTMENT SLOT

图 10-2-17　多圈电位器的 PCB 封装

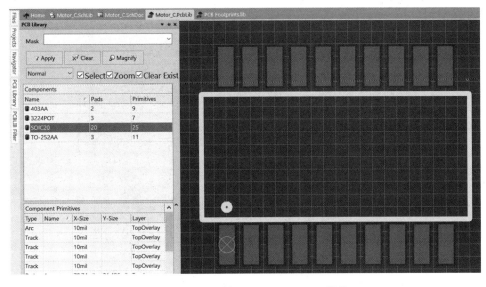

扫码看原图

图 10-2-18

图 10-2-18　SOIC20 封装

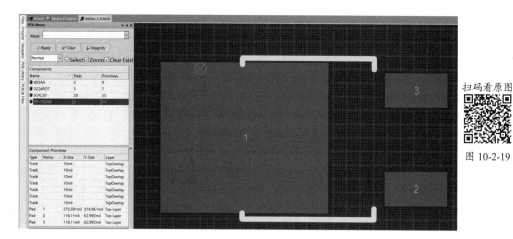

扫码看原图

图 10-2-19

图 10-2-19　TO-252AA 封装

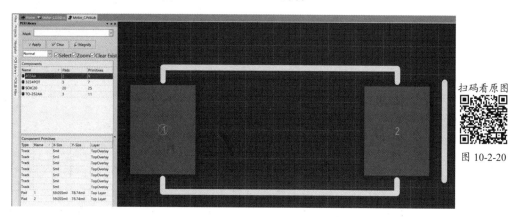

扫码看原图

图 10-2-20

图 10-2-20　403AA 封装

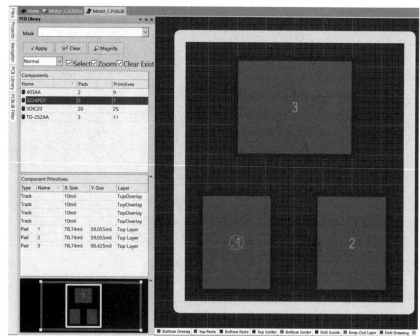

扫码看原图

图 10-2-21

图 10-2-21　3224POT 封装

6. 将 PCB 文件变为点视图

打开工程中的 PCB 文件 Motor_C.PcbDoc，按【Page Up】键放大 PCB 文件，如图 10-2-22 所示。

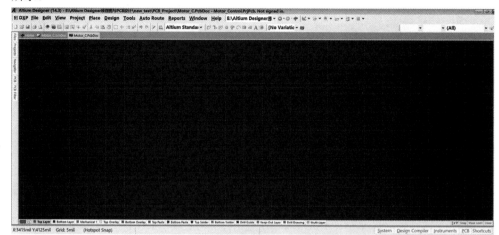

扫码看原图

图 10-2-22

图 10-2-22　默认 PCB 文件的网格

默认 PCB 文件是网格视图。一般情况下，当网格与 PCB 文件的背景色对比度太大，且长时间进行绘图操作时，这种强烈的对比度会使人的眼睛感到不适。在这里笔者建议用户将网格视图改为点视图。

执行菜单命令 Design→Board Options，弹出如图 10-2-23 所示的 Board Options 对话框。单击【Grids...】按钮，弹出如图 10-2-24 所示的 Grid Manager 对话框。在对话框中单击【Menu】按钮。

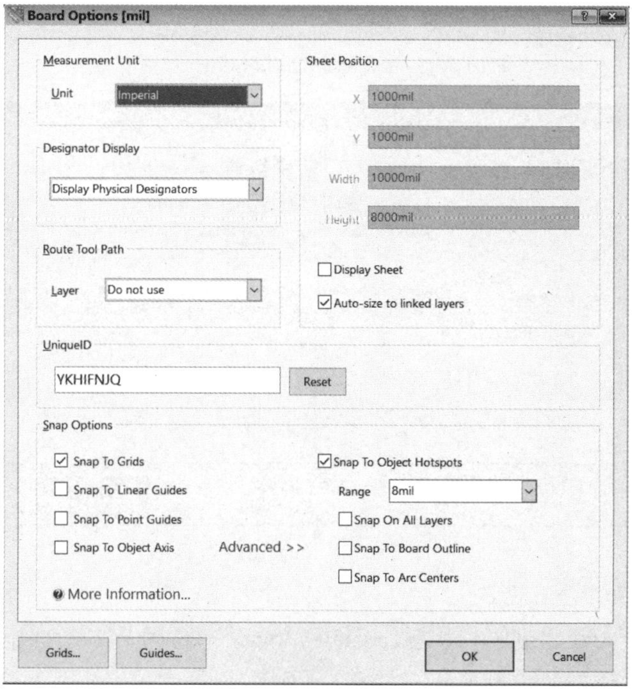

图 10-2-23　Board Options 对话框

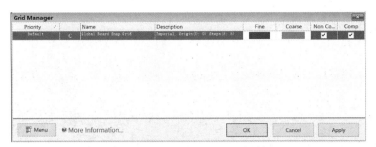

图 10-2-24　Grid Manager 对话框

在弹出的菜单中选择 Properties...，弹出如图 10-2-25 所示的 Cartesian Grid Editor 对话框。在 Display 区域内，将 Fine 和 Coarse 两个下拉菜单中的选项由当前的 Lines 修改为 Dots，如图 10-2-26 所示。单击【OK】按钮，界面返回 Grid Manager 对话框，单击【OK】按钮，界面返回 Board Options 对话框，单击【OK】按钮，完成将网格视图改为点视图的操作，如图 10-2-27 所示。

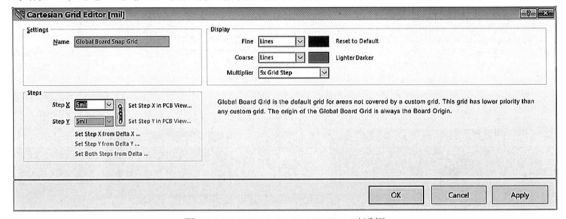

图 10-2-25　Cartesian Grid Editor 对话框

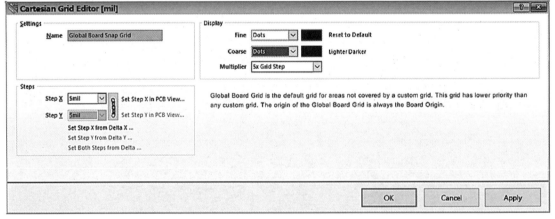

图 10-2-26　将 Lines 修改为 Dots

7. PCB 的尺寸和定位孔设定

本例要求 PCB 为矩形，尺寸大小为 100mm×93mm。本例的 PCB 有四个圆形定位孔，其位置坐标分别为（5,5）、（95,5）、（5,88）和（95,88），单位为 mm。定位孔直径为 3.2mm。

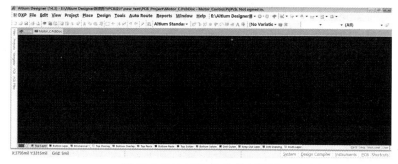

图 10-2-27

图 10-2-27　PCB 文件的点视图

　　PCB 外形的绘制需要在两个工作层上进行，分别是机械层 1（Mechanical 1）和禁止布线层（Keep-Out Layer）。在绘制外形之前需要设定坐标原点。执行菜单命令 Edit→Origin→Set，此时鼠标指针变为十字形，在 PCB 的左下角单击即可设定坐标原点，原点设定后，PCB 上出现一个原点标记，如图 10-2-28 所示。

　　在机械层 1 和禁止布线层上从坐标原点处按给定的 PCB 尺寸绘制一个矩形的外形边界，如图 10-2-29 所示。Altium Designer 软件默认机械层 1 的颜色和禁止布线层的颜色相同，故从颜色上不能分辨外形边界线所处的工作层。

图 10-2-28

图 10-2-29

图 10-2-28　带有坐标原点标记的 PCB

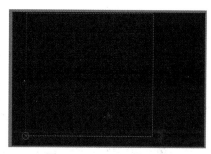

图 10-2-29　PCB 外形边界

　　按照定位孔的坐标在 PCB 上放置定位孔。执行菜单命令 Place→Via，在 PCB 左下角放置一个过孔，双击过孔弹出 Via 对话框，如图 10-2-30 所示，并对其中的部分参数进行修改。由于是定位孔，过孔的孔径和直径应当相同，即定位孔一般没有焊盘。定位孔中需要穿过直径为 3mm 的螺丝，所以定位孔的孔径一般要比 3mm 大一些，这里取孔径为 3.2mm。在 Via 对话框中将 Hole Size（孔径）和 Diameter（直径）均设置为 3.2mm；将 Location 中的坐标设置为（5,5），单击【OK】按钮，即按照当前位置放置一个定位孔。按照上述方法依次按坐标位置放置其他三个定位孔。图 10-2-31 为放置四个定位孔后的 PCB。

　　在固定 PCB 时，除了要上螺丝和螺母外，为了增加固定的强度，一般还需要上平垫和弹垫。平垫的尺寸一般比螺丝帽大一些。M3 的平垫外径为 7mm，为了避免布线过程中导线距离定位孔过近而导致平垫压在导线上造成短路，需要在定位孔外绘制一个圆形的禁止布线区，本例需要在四个定位孔外绘制四个圆形的直径为 5mm 的禁止布线区，如图 10-2-32 所示。

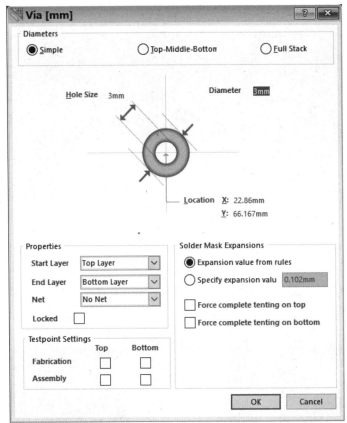

图 10-2-30　Via 对话框

图 10-2-31

图 10-2-32

图 10-2-31　放置有四个定位孔的 PCB

图 10-2-32　定位孔外绘制禁止布线区

8．PCB 布局布线规则设定

本例中的线宽规则：最小线宽为 10mil、最佳线宽为 10mil、最大线宽为 50mil。线宽规则如图 10-2-33 所示。

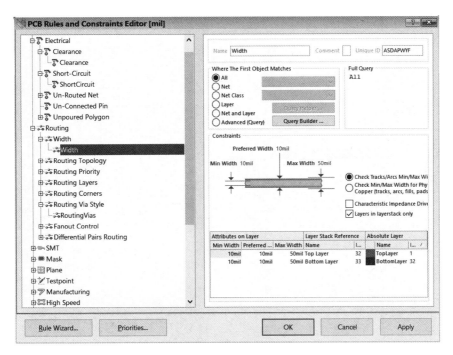

图 10-2-33　线宽规则

本例中安全间距为 10mil，如图 10-2-34 所示。

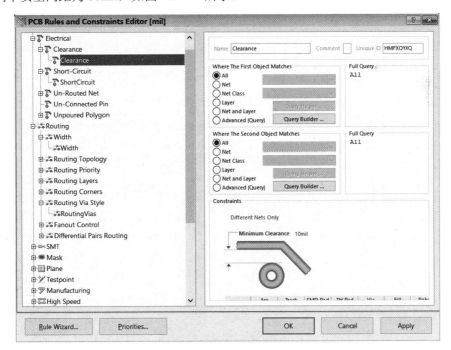

图 10-2-34　安全间距规则

本例中过孔的尺寸为外径 1mm，内径 0.6mm，如图 10-2-35 所示。

本例中其他规则采用软件的默认值。

图 10-2-35　过孔尺寸规则

9. 元器件导入 PCB

在原理图界面中执行菜单命令 Design→Update PCB Document Motor_C.PcbDoc，弹出如图 10-2-36 所示的 Engineering Change Order 对话框。单击【Validate Changes】按钮进行验证。选中 Only Show Errors 复选框则只显示错误项，如果没有错误项，则不选中该复选框，单击【Execute Changes】按钮执行更改，执行完毕后，再次选中 Only Show Errors 复选框只显示错误项，若没有错误，关闭 Engineering Change Order 对话框。此时元器件已经导入 PCB 中，如图 10-2-37 所示。将名称为 Motor_C 的 Room 框删除。

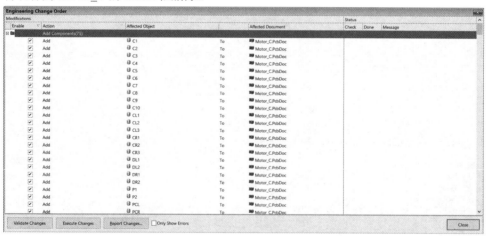

图 10-2-36

图 10-2-36　Engineering Change Order 对话框

图 10-2-37

图 10-2-37　元器件已经导入 PCB 中

10．布局

本例采用手动布局。

首先进行电源部分的布局。如图 10-2-38 所示，电源可位于电路板的四个角落中的任意位置。考虑到本例的电路是自左至右的形式，电源电路应位于电路板的左上角。参照电路原理图，电源电路的布局如图 10-2-39 所示。接下来按照原理图分别进行光耦电路的布局、H 桥驱动电路的布局和 H 桥电路的布局。图 10-2-40 给出了电路的整体参考布局。

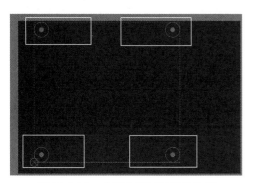

扫码看原图

图 10-2-38

扫码看原图

图 10-2-39

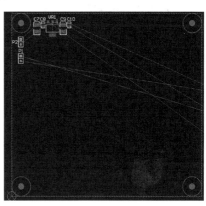

图 10-2-38　电源电路可选择的位置

图 10-2-39　电源电路布局

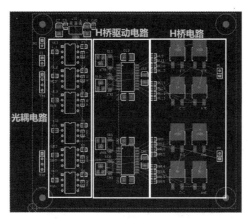

扫码看原图

图 10-2-40

图 10-2-40　电路的整体参考布局

电路的布局是十分灵活的，不同的工程师会设计出不同的电路布局。布局的大原则是元器件就近，另外，布局一定要以走线最简便为原则。在布局过程中，时刻观察电路预布线的走向，布局时应尽量减少预布线的交叉，这样会提高电路的布通率。如果在布线的过程中遇到走线十分困难的情况，一定要停止布线，观察布局是否合理，若不合理，需要对布局进行微调甚至大幅度的调整，尽管调整会使先前的布线前功尽弃，但也要以布局合理为重。PCB 布局布线就是考验耐性的工作，要相对完美地完成一块电路板的布局布线任务，有时会进行多次修改。

从电路的整体布局中可以观察到电路是自左至右的结构，和电路的原理图结构完全一致。

11．布线

本例采用手动布线。

布线首先应当考虑电源的走线。本例先对 +12V 电源线进行布线操作。由于电机是靠 +12V 电源来驱动的，驱动电流较大（本例中，电机正常工作时电流为 500mA 左右，两个电机一起工作时电流为 1A 左右），故和电机相连的 +12V 电源线其线宽设置为 40mil；H 桥驱动电路虽然也是 +12V 供电，但是工作电流并不大（mA 级别），所以这部分供电线路其线宽设置为 25mil，+12V 电源网络走线如图 10-2-41 所示的高亮部分。

　　由于+5V 电源电流不大，所以相关线路的线宽设置为 30mil，+5V 电源网络走线如图 10-2-42 所示的高亮部分。注意，电源线应当先进入去耦电容，再进入芯片，否则去耦电容就会失去意义。

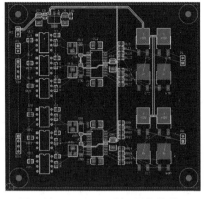

扫码看原图

图 10-2-41

扫码看原图

图 10-2-42

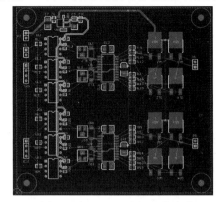

图 10-2-41　+12V 电源网络走线

图 10-2-42　+5V 电源网络走线

　　+3.3V 电源与+5V 电源类似，电流不大，所以相关线路的线宽设置为 30mil，如图 10-2-43 所示的高亮部分。

　　接下来按照电路原理图开始自左至右分模块进行布线。光耦电路模块的布线如图 10-2-44 所示，线宽设置为 20mil。H 桥驱动电路模块的布线如图 10-2-45 所示，线宽设置为 20mil。H 桥电路模块的布线如图 10-2-46 所示。由于驱动电机电流相对较大，MOSFET 布线时需要将线宽设置为 40mil，其他部分将线宽设置为 20mil。

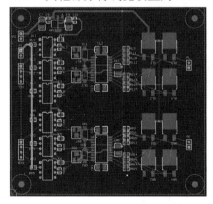

扫码看原图

图 10-2-43

扫码看原图

图 10-2-44

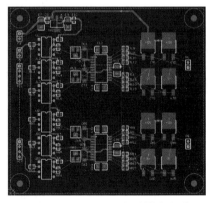

图 10-2-43　+3.3V 电源网络走线

图 10-2-44　光耦电路模块布线

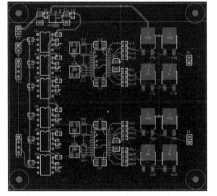

扫码看原图

图 10-2-45

图 10-2-45　H 桥驱动电路模块布线

信号线布线完毕后，要进行最后一步，即地线的绘制。本例的电路基本属于数字电路，数字信号的边沿存在丰富的频率成分；电机驱动采用 PWM 信号，也属于数字信号，故本例采用多点接地的方式。+3.3V 系统的地线（GND）比较短，可以直接连接，电机驱动电路的地线（SGND）采用铺铜的方式连接。+3.3V 系统的地线线宽与电源线相同，即同为 30mil，如图 10-2-47 所示的高亮部分。

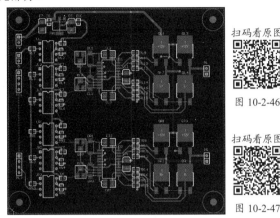

扫码看原图

图 10-2-46

扫码看原图

图 10-2-47

图 10-2-46　H 桥电路模块布线

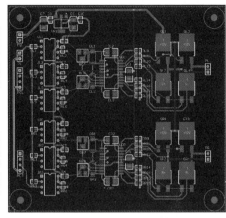

图 10-2-47　+3.3V 系统的地线

电机驱动电路的地线在底层铺设铜皮，顶层贴片元器件需要打过孔与底层的地线相连（多点接地），SGND 网络的线宽为 30mil，地线铺设的参数如图 10-2-48 所示。电机驱动电路的地线铺设后效果如图 10-2-49 所示。

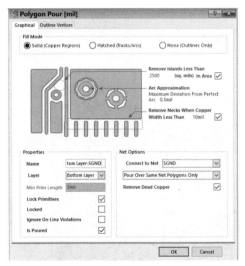

图 10-2-48　SGND 铺设的参数

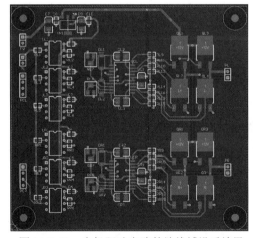

扫码看原图

图 10-2-49

图 10-2-49　电机驱动电路的地线铺设后效果

至此完成 PCB 的绘制。

12. 丝印层调整

丝印层调整的目的是为了防止布线过程中将过孔放置到丝印上，以及检查丝印摆放是否合理，从而避免丝印不清晰。按【Shift】+【S】组合键将视图转化为单层视图，并将当前层设置为顶层丝印层，如图 10-2-50 所示，观察丝印摆放是否合理，如不合理则需要进行调整。

本例电路中的所有芯片都处于竖向摆放，故丝印应该水平摆放在元器件顶端或底端，若顶端或底端无法放置，则应水平摆放在元器件的左侧或右侧。这样摆放便于焊接和调试人员快速定位相关的元器件。

本例丝印的摆放参见图 10-2-50。

13．PCB 布线后的简单检查

通过软件提供的工具来统计 PCB 上的各项信息。在 PCB 界面中执行菜单命令 Reports→Board Information…，弹出如图 10-2-51 所示的 PCB Information 对话框。

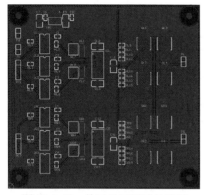

扫码看原图

图 10-2-50

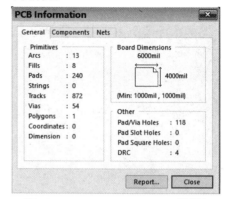

图 10-2-50　单层显示顶层丝印层

图 10-2-51　PCB Information 对话框

从对话框中可以观察到本例 PCB 中共有走线（Tracks）872 条，过孔（Vias）54 个，铺设铜皮（Polygons）1 个。可见本例 PCB 的走线数目并不算多。另外，本例的 PCB 结构也相对简单。尽管如此，用户应当养成布线后对 PCB 进行检查的习惯，主要检查的项目为：

（1）有无漏布的网络；

（2）整体布局和局部布局是否合理；

（3）部分有特殊要求的布线是否合理。

按【Shift】+【S】组合键将视图转化为单层视图，通过观察每层的走线来判断是否存在漏布的线（或预布线），还可以观察走线是否美观、合理。

顶层布线和底层布线分别如图 10-2-52 和 10-2-53 所示。

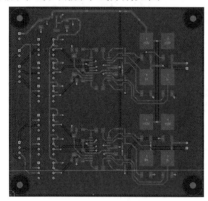

扫码看原图

图 10-2-52

扫码看原图

图 10-2-53

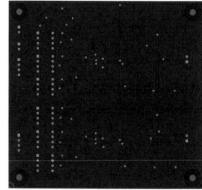

图 10-2-52　PCB 顶层布线　　　图 10-2-53　　　图 10-2-53　PCB 底层布线

想要更好地完成 PCB 布局布线不仅要利用好 Altium Designer 软件，而且还要对所涉及的电路知识和电磁兼容性知识能综合运用。通过不断积累 PCB 布局布线的经验，用户最终应做到对自己所设计的 PCB 的正确性有充分信心，并且不会过度依赖软件工具。这样，即使更换 PCB 布局布线的软件，用户通过熟悉新软件的功能，也能够实现快速上手。

第 11 章　Protel 99 SE 与 Altium Designer 文件转换

知识目标：掌握 Protel 99 SE 与 Altium Designer 文件转换方法。

技能目标：能够在 Altium Designer 中导入 Protel 99 SE 元器件库；能够将 Protel 99 SE 文件加入到 Altium Designer 项目中；能够将 Altium Designer 中的文件转化为 Protel 99 SE 格式。

思政目标：培养学生灵活运用的思维；强化效率意识提升学习效能。当前，世界百年未有之大变局加速演进、新一轮科技革命和产业变革深入发展、国际力量对比深刻调整，我国发展面临新的战略机遇。要深刻领会教育事业的重要意义，在加快建设教育强国的道路上奉献力量。

Protel 99 SE 作为老牌的原理图和 PCB 设计软件仍有庞大的用户群体，考虑到新软件与旧软件之间的兼容性，在 Altium Designer 中可以打开 Protel 99 SE 的设计数据库文件，同时 Altium Designer 也可生成 Protel 99 SE 格式的原理图和 PCB 文件。

本章主要介绍如何在 Altium Designer 中打开 Protel 99 SE 的设计数据库文件以及如何生成 Protel 99 SE 格式的原理图、PCB 文件和元器件库文件。

11.1　将 Protel 99 SE 元器件库导入 Altium Designer

1. 安装兼容 Protel 99 SE 的组件

由于 Altium Designer 14.3.15 版本软件中默认没有安装兼容 Protel 99 SE 的组件，因此，在导入 Protel 99 SE 数据库之前需要安装兼容 Protel 99 SE 的组件。安装组件之前必须保证计算机的硬盘上有 Altium Designer 14.3.15 版本的安装文件。

打开 Altium Designer 程序，执行菜单命令 File→Import Wizard，弹出如图 11-1-1 所示的 Import Wizard 导入向导对话框。单击【Next】按钮，弹出如图 11-1-2 所示的界面，该界面是让用户选择需要导入的文件类型，由于软件默认只安装了三种支持的导入文件类型，分别是 DXF-DWG 文件（CAD 类型文件）、IDF 文件（中间数据类型文件）和 STEP 文件（PCB 3D 视图类型文件），所以文件列表中为空。

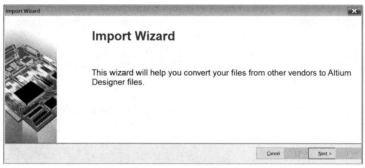

图 11-1-1　Import Wizard 导入向导对话框

单击界面左下角的"Get More Importers…"链接，弹出如图 11-1-3 所示的 Extensions 扩展界面。该界面是让用户自行安装需要的扩展功能。在该界面上单击"Configure…"链接，弹出如图 11-1-4 所示的扩展组件配置界面，该界面显示了用户已经安装的扩展功能。在该界面的下方页面中（可拖曳滚动条查看）找到并选中"Importers\Exporters"列表中的"Protel"复选框，如图 11-1-5

所示。单击图 11-1-4 右上角的【Apply】按钮加以应用，弹出如图 11-1-6 所示的确认对话框。单击【OK】按钮进行确认，此时软件会重新启动。软件重新启动后，再次执行菜单命令 File→Import Wizard，在弹出的对话框中单击【Next】按钮后，弹出如图 11-1-7 所示的界面。此时界面的文件类型列表中就会出现"99SE DDB Files"。至此，导入 Protel 99 SE 类型的文件组件安装完毕。

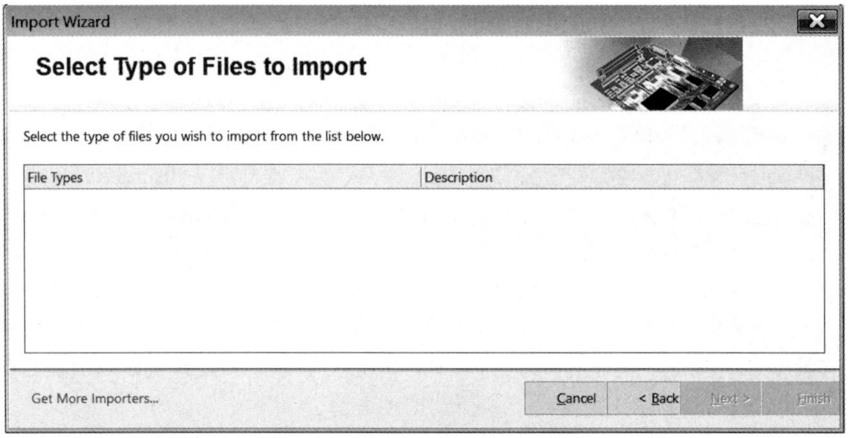

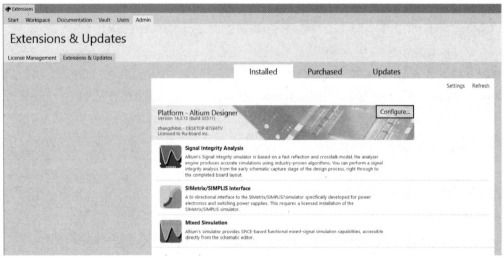

图 11-1-2　选择需要导入的文件

图 11-1-3　Extensions 扩展界面

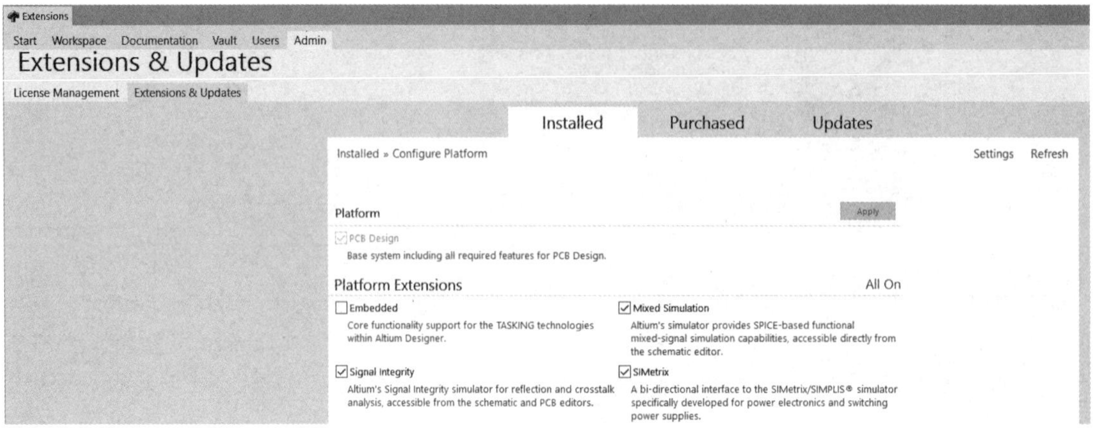

图 11-1-4　扩展组件配置界面

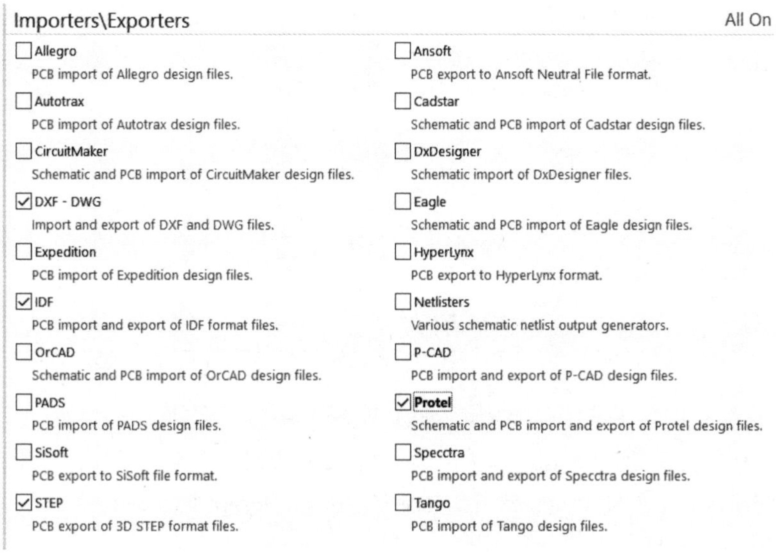

Importers\Exporters   All On

- ☐ Allegro
  PCB import of Allegro design files.
- ☐ Autotrax
  PCB import of Autotrax design files.
- ☐ CircuitMaker
  Schematic and PCB import of CircuitMaker design files.
- ☑ DXF - DWG
  Import and export of DXF and DWG files.
- ☐ Expedition
  PCB import of Expedition design files.
- ☑ IDF
  PCB import and export of IDF format files.
- ☐ OrCAD
  Schematic and PCB import of OrCAD design files.
- ☐ PADS
  PCB import of PADS design files.
- ☐ SiSoft
  PCB export to SiSoft file format.
- ☑ STEP
  PCB export of 3D STEP format files.

- ☐ Ansoft
  PCB export to Ansoft Neutral File format.
- ☐ Cadstar
  Schematic and PCB import of Cadstar design files.
- ☐ DxDesigner
  Schematic import of DxDesigner files.
- ☐ Eagle
  Schematic and PCB import of Eagle design files.
- ☐ HyperLynx
  PCB export to HyperLynx format.
- ☐ Netlisters
  Various schematic netlist output generators.
- ☐ P-CAD
  PCB import and export of P-CAD design files.
- ☑ **Protel**
  Schematic and PCB import and export of Protel design files.
- ☐ Specctra
  PCB import and export of Specctra design files.
- ☐ Tango
  PCB import of Tango design files.

图 11-1-5　在 Importers\Exporters 列表中选中 Protel 复选框

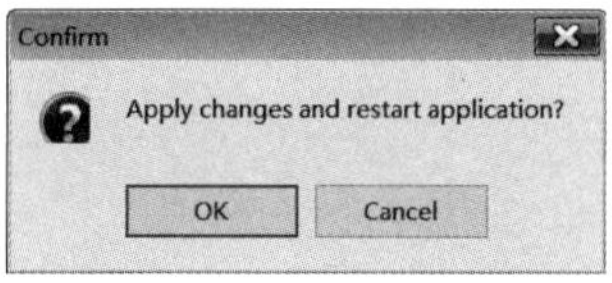

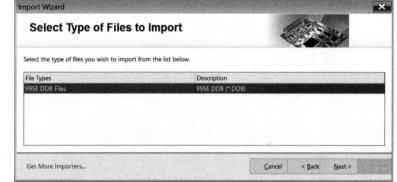

图 11-1-6　确认对话框　　　　图 11-1-7　导入文件列表中出现"99SE DDB Files"

2. 将 Protel 99 SE 元器件库导入 Altium Designer

Protel 99 SE 的元器件库都是以数据库的形式存储在计算机上的。Protel 99 SE 的元器件库主要包含原理图元器件库和 PCB 元器件封装库，元器件库的具体存储位置在 Protel 99 SE 软件安装目录下的 Library 文件夹中，该文件目录中包含"Sch"和"Pcb"文件夹，如图 11-1-8 所示。文件夹"Sch"和"Pcb"分别包含了原理图元器件库和 PCB 元器件封装库。

图 11-1-8　Protel 99 SE 软件元器件库的存储位置

本节以 Protel 99 SE 软件中原理图元器件库里的 TI Logic.ddb 为例说明如何将 Protel 99 SE 软件中的元器件库导入 Altium Designer 中。

在 Altium Designer 中执行菜单命令 File→Import Wizard，弹出如图 11-1-7 所示的界面，单击【Next】按钮，弹出如图 11-1-9 所示的界面。

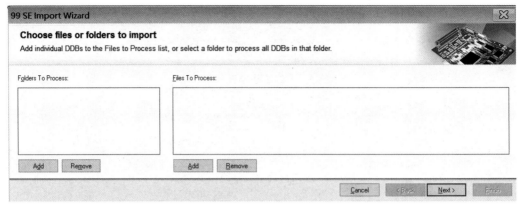

图 11-1-9 99 SE Import Wizard 导入向导界面

在界面中单击 Folders To Process 区域下方的【Add】按钮，在弹出的对话框中定位库文件 TI Logic.ddb 的存储路径。笔者的 Protel 99 SE 软件安装在 D:\Design Explorer 99 SE 路径下，故路径选择如图 11-1-10 所示，单击【确定】按钮。

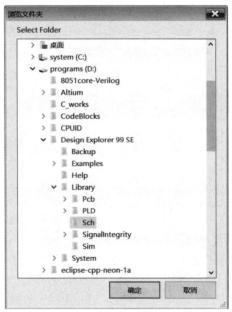

图 11-1-10 定位库文件所在的位置

此时在 Folders To Process 区域中出现库文件 TI Logic.ddb 所在的路径，如图 11-1-11 所示。

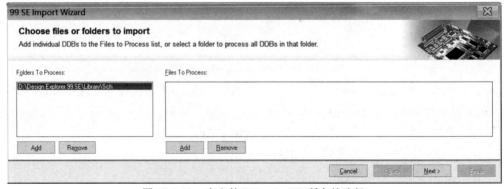

图 11-1-11 库文件 TI Logic.ddb 所在的路径

在图 11-1-11 所示的界面中，单击 Files To Process 区域下方的【Add】按钮，此时弹出的对话框自动定位到库文件 TI Logic.ddb 所在的路径中，在对话框中选择库文件 TI Logic.ddb，如图 11-1-12 所示。

图 11-1-12   选择库文件 TI Logic.ddb

单击【打开】按钮，此时 Files To Process 区域中出现 TI Logic.ddb 的绝对路径信息，如图 11-1-13 所示。

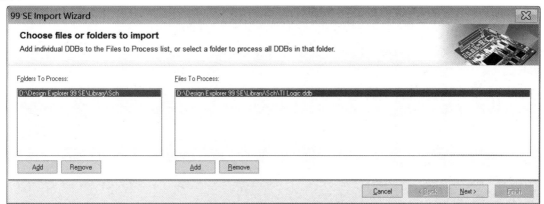

图 11-1-13   库文件 TI Logic.ddb 的绝对路径信息

单击【Next】按钮，弹出如图 11-1-14 所示的配置文件提取选项界面。

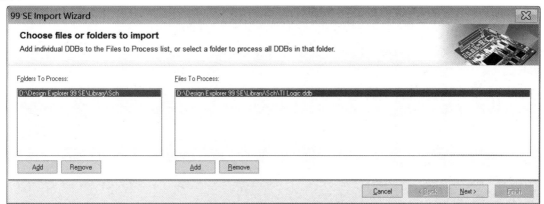

图 11-1-14   配置文件提取选项界面

在 Output Folder 编辑框中输入提取文件的存储地址或者单击图 11-1-14 中带有黑框的按钮选择存储提取文件的地址。本例将提取文件存储在 D 盘根目录下的 convert_lib 文件夹中，即在 Output Folder 编辑框中输入"D:\convert_lib"，单击【Next】按钮，弹出如图 11-1-15 所示的配置原理图转换选项界面。

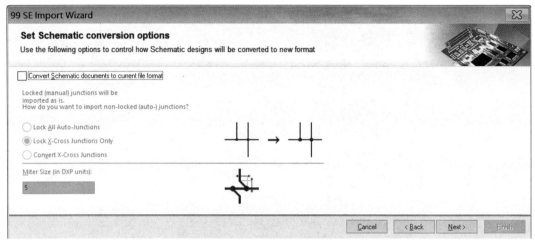

图 11-1-15　配置原理图转换选项界面

在界面中有一个名为 Convert Schematic documents to current file format 复选框，该复选框的功能是转换原理图文档到当前的文件格式。相关的配置一共有三种，分别是 Lock All Auto-Junctions（锁定所有自动节点）、Lock X-Cross Junctions Only（仅锁定十字交叉节点）和 Convert X-Cross Junctions（转换十字交叉节点）。此处可以采用系统默认的配置，即不选择 Convert Schematic documents to current file format 复选框，单击【Next】按钮，弹出如图 11-1-16 所示的配置导入选项界面。

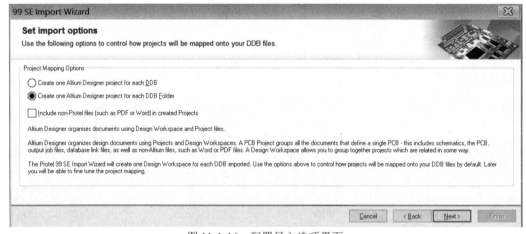

图 11-1-16　配置导入选项界面

此界面中包含一个名为 Project Mapping Options（工程映射选项）的区域，在该区域中包含两个单选框和一个复选框，按顺序分别是：为每个 DDB 创建一个 Altium Designer 工程；为每个 DDB 文件夹创建一个 Altium Designer 工程；在所创建的工程中包含非 Protel 格式的文件（如 PDF 或 Word 文件）。一般采用系统的默认配置即为每个 DDB 文件夹创建一个 Altium Designer 工程，单击【Next】按钮，这时系统开始分析元器件库中的 DDB 文件。当分析结束后，弹出如图 11-1-17 所示的选择需要导入的设计文件界面。

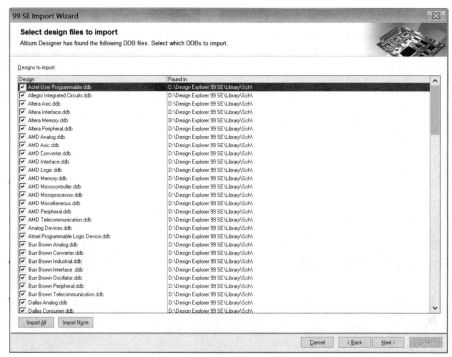

图 11-1-17　选择需要导入的设计文件界面

此时界面中所有 Protel 99 SE 库文件夹下的 DDB 文件均处于被选中状态。由于本例只导入 TI Logic.ddb 文件，故单击【Import None】按钮取消所有复选框的选中状态，然后在 Design to import（设计导入）区域里选中 TI Logic.ddb 文件，单击【Next】按钮，弹出如图 11-1-18 所示的生成工程参数一览界面。

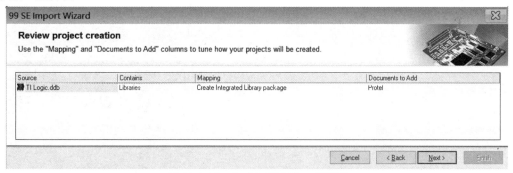

图 11-1-18　生成工程参数一览界面

该界面用来提示用户查看所有导入配置是否正确。如果相关参数正确，则单击【Next】按钮，弹出如图 11-1-19 所示的导入简报界面。该界面可以显示 Altium Designer 共发现了多少 DDB 文件可以导入，而实际的输出文件有几个。例如，图 11-1-19 显示了 Altium Designer 共发现了 119 个 DDB 文件可以导入，而实际输出文件只有 1 个工作区文件和 1 个集成库文件。

再次单击【Next】按钮，开始导入所选择的 DDB 文件，导入结束后弹出如图 11-1-20 所示的导入结束界面。

该界面有两个单选框，询问用户是否需要打开所导入的库文件。这里我们选中第二个单选框，打开所选择的工作区，单击【Next】按钮，弹出导入成功提示界面，如图 11-1-21 所示。该界面提示用户导入操作完成，单击【Finish】按钮。导入操作完成后，将自动打开生成的集成库，图 11-1-22 显示了集成库中包含的原理图库文件。

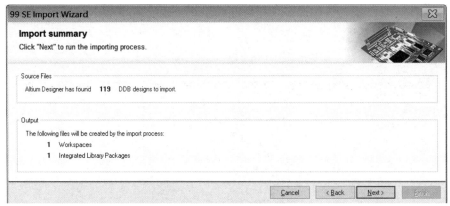

图 11-1-19 导入简报界面

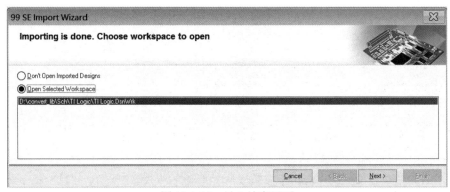

图 11-1-20 导入结束界面

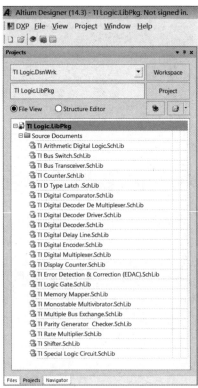

图 11-1-21 导入成功提示界面   图 11-1-22 查看集成库中的原理图库文件

11.2　将 Altium Designer 元器件库转换为 Protel 99 SE 格式

Altium Designer 的库文件是以集成库的形式提供的，在将 Altium Designer 的库文件转换为 Protel 99 SE 格式之前需要对其进行分包操作。

本节以 Altium Designer 的集成库 Miscellaneous Connectors.IntLib 为例，说明将 Altium Designer 元器件库转换为 Protel 99 SE 格式的过程。

由于笔者的库文件安装在 D:\Users\Public\Documents\Altium\AD14\Library 目录下，在该目录下找到集成库文件 Miscellaneous Connectors.IntLib，双击 Miscellaneous Connectors.IntLib，Altium Designer 软件启动后出现了如图 11-2-1 所示的对话框。

单击【Extract Sources】按钮，生成库文件包 Miscellaneous Connectors.LibPkg，如图 11-2-2 所示。

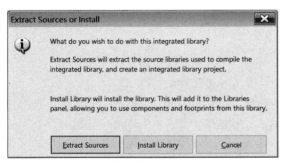

图 11-2-1　提取或安装源文件对话框

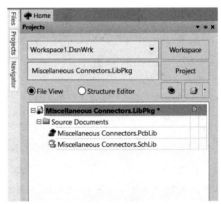

图 11-2-2　生成库文件包 Miscellaneous Connectors.LibPkg

在该库文件包中包含了原理图库文件和 PCB 库文件，选择需要转换的库文件，本例选择原理图库文件。双击原理图库文件名 Miscellaneous Connectors.SchLib 打开库文件，执行菜单命令 File→Save As…，弹出如图 11-2-3 所示的库文件另存为对话框。

图 11-2-3　库文件另存为对话框

在对话框保存类型下拉菜单中选择 Schematic binary 4.0 library（*.lib）选项，单击【保存】按钮，即可将 Altium Designer 原理图库文件转换为 Protel 99 SE 格式的原理图库文件。转换后的原理图库文件名为 Miscellaneous Connectors.lib。

11.3　在 Altium Designer 中打开 Protel 99 SE 格式的设计数据库文件

Altium Designer 软件除了能够导入 Protel 99 SE 格式的库文件外，还能导入 Protel 99 SE 格式的设计数据库文件，导入方法和 11.1 节所述方法完全相同，本节只给出部分与 11.1 节不同的步骤，用于说明在 Altium Designer 中打开 Protel 99 SE 格式的设计数据库文件的过程。

本节需要导入一个名为 building_lamp 的设计数据库文件，文件全称为 building_lamp.ddb，存储路径为 D:\protelDXPwork，数据库中包含了两个文件，一个是原理图文件，名为 pic_1.Sch；另一个是 PCB 文件，名为 PCB2.Pcb，如图 11-3-1 所示。输出文件存放在 D:\protelDXPwork\ building_lamp 中。

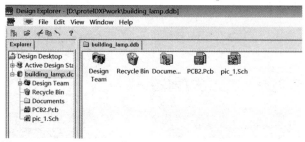

图 11-3-1　Protel 99 SE 格式的设计数据库文件中包含的文件

按照 11.1 节所述的方法打开图 11-1-9 所示的界面，在 Folders To Process 区域下单击【Add】按钮，在弹出的对话框中选择路径 D:\protelDXPwork，然后单击【确定】按钮，Folders To Process 区域中出现刚才所选的路径，如图 11-3-2 所示。

图 11-3-2　定位设计数据库文件的位置

在 Files To Process 区域下单击【Add】按钮，在弹出的对话框中选择设计数据库文件 building_lamp.ddb，如图 11-3-3 所示。

图 11-3-3　选择需要打开的设计数据库文件 building_lamp.ddb

单击【打开】按钮，打开设计数据库文件，如图 11-3-4 所示，设计数据库文件 building_lamp.ddb
的绝对路径出现在 Files To Process 区域中。

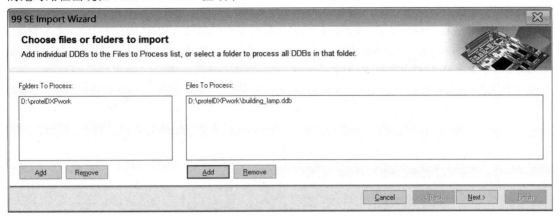

图 11-3-4　设计数据库文件 building_lamp.ddb 的绝对路径

继续按照 11.1 节所述的方法操作，打开图 11-1-14 所示的界面，在 Output Folder 编辑框中输
入路径 D:\protelDXPwork\building_lamp。继续按照 11.1 节所述的方法进行操作，打开图 11-1-17
所示的界面，在 Designs to import 区域内选中 building_lamp.ddb 文件，如图 11-3-5 所示。

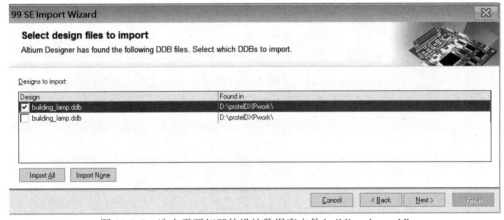

图 11-3-5　选中需要打开的设计数据库文件 building_lamp.ddb

继续按照 11.1 节所述的方法完成文件的导入操作。导入后的 Altium Designer 工程如图 11-3-6
所示。

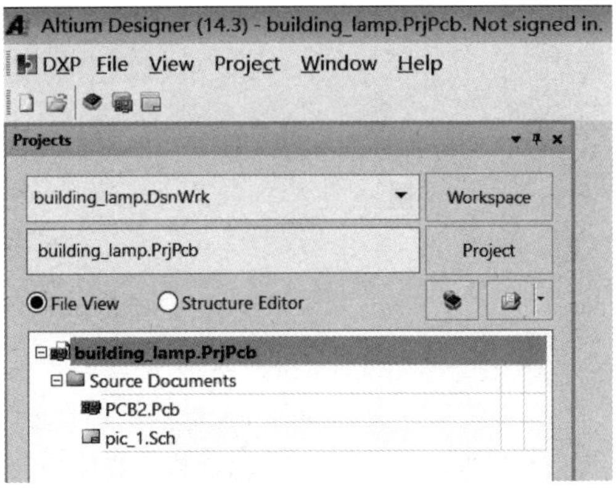

图 11-3-6　导入设计数据库文件后的 Altium Designer 工程

11.4　将 Protel 99 SE 文件加入工程项目中

由于 Protel 99 SE 是以设计数据库的形式管理文件的，所以要将 Protel 99 SE 中的文件加入 Altium Designer 工程中，首先应将相关文件从设计数据库中导出后再加入 Altium Designer 工程中。

本节还以 D:\protelDXPwork 路径中的 building_lamp.ddb 为例，说明将 Protel 99 SE 文件加入 Altium Designer 工程中的操作步骤。

（1）在 Protel 99 SE 界面中打开 building_lamp.ddb 设计数据库文件，如图 11-4-1 所示。

（2）按住【Ctrl】键不放，单击文件 pic_1.Sch 和 PCB2.Pcb，选中两个文件。

（3）选中文件后，在任意所选的文件上右击，在弹出的菜单中选择 Export...命令，如图 11-4-2 所示。

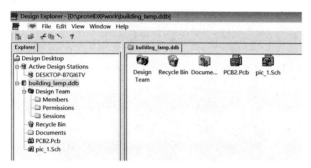
图 11-4-1　打开设计数据库文件 building_lamp.ddb

图 11-4-2　执行导出文件命令

（4）在弹出的对话框中选择导出文件的存储路径。本例存储路径为 D:\protelDXPwork。

（5）打开一个 Altium Designer 工程，如图 11-4-3 所示。单击【Project】按钮，弹出菜单，选择 Add Existing to Project...命令，如图 11-4-4 所示。

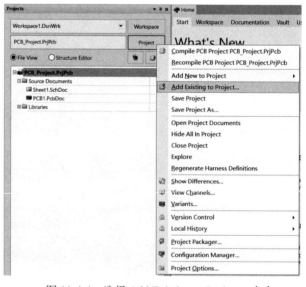

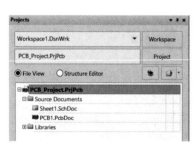
图 11-4-3　打开 Altium Designer 工程

图 11-4-4　选择 Add Existing to Project...命令

（6）在弹出的对话框中选择 D:\protelDXPwork 路径下的文件 pic_1.Sch 和 PCB2.Pcb，如图 11-4-5 所示。

（7）单击【打开】按钮。此时文件 pic_1.Sch 和 PCB2.Pcb 就被加入 Altium Designer 工程中了，如图 11-4-6 所示。

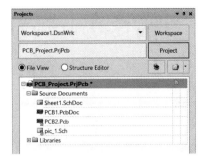

图 11-4-5　选择文件 pic_1.Sch 和 PCB2.Pcb　　图 11-4-6　加入文件 pic_1.Sch 和 PCB2.Pcb 后的工程组织形式

11.5　将 Altium Designer 文件保存为 Protel 99 SE 格式

打开一个 Altium Designer 工程，如图 11-5-1 所示。在工程中打开文件 pic_1.SchDoc，执行菜单命令 File→Save As…，在弹出的对话框中，单击保存类型右侧的下拉菜单按钮，在弹出的下拉菜单中选择 Schematic binary 4.0（*.sch），然后单击【保存】按钮，如图 11-5-2 所示。此时，文件 pic_1.SchDoc 就被另存为 Protel 99 SE 格式了，文件名为 pic_1.sch。

PCB 文件的保存方法与原理图文件类似，只是在选择保存类型时需要选择 PCB 4.0 binary File（*.pcb），如图 11-5-3 所示。

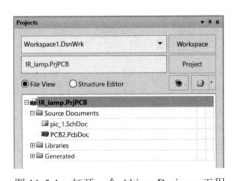

图 11-5-1　打开一个 Altium Designer 工程　　　图 11-5-2　选择 Protel 99 SE 格式的文件类型

图 11-5-3　PCB 文件保存类型为 PCB 4.0 binary File（*.pcb）

附录 A 常用元器件符号名称与 所在元器件库

名　　称	元器件符号	元器件名称	元 器 件 库
NPN 三极管		2N3904	Miscellaneous Devices. IntLib
PNP 三极管		2N3906	Miscellaneous Devices. IntLib
蜂鸣器		Bell	Miscellaneous Devices. IntLib
二极管桥		Bridge	Miscellaneous Devices. IntLib
无极性电容		Cap	Miscellaneous Devices. IntLib
电解电容		Cap Pol1	Miscellaneous Devices. IntLib
肖特基二极管		Schottky Diode	Miscellaneous Devices. IntLib
稳压二极管		Zener Diode	Miscellaneous Devices. IntLib
二极管		Diode	Miscellaneous Devices. IntLib
一位数码管		Digital Tube	Miscellaneous Devices. IntLib
保险丝		Fuse	Miscellaneous Devices. IntLib
电感		Inductor	Miscellaneous Devices. IntLib
发光二极管		LED	Miscellaneous Devices. IntLib
光敏二极管		Photosensitive Diode	Miscellaneous Devices. IntLib
扬声器		Loudspeaker	Miscellaneous Devices. IntLib

名　称	元器件符号	元器件名称	元器件库
继电器		Single-Throw Relay	Miscellaneous Devices. IntLib
电阻		Resistor	Miscellaneous Devices. IntLib
可调电阻		Variable Resistor	Miscellaneous Devices. IntLib
电位器		Potentiometer	Miscellaneous Devices. IntLib
可控硅		Silicon Controlled Rectifier	Miscellaneous Devices. IntLib
开关		Switch	Miscellaneous Devices. IntLib
变压器		Transformer	Miscellaneous Devices. IntLib
三端稳压器		Voltage Regulator	Miscellaneous Devices. IntLib
晶振		Crystal Oscillator	Miscellaneous Devices. IntLib
九针连接器		D Connector 9	Miscellaneous Connectors. IntLib
UA741 运算放大器		LM741CN	NSC Amplifier. IntLib
LM324 运算放大器		LM324AD	Motorola Amplifier Operational Amplifier .IntLib
D/A 转换器		DAC0832LCJ	NSC Converter Digital to Analog. IntLib
A/D 转换器		ADC0809CCN	NSC Converter Analog to Digital. IntLib

附录 B　快捷键

按　　键	作　　用
Y	放置物体时垂直翻转
X	放置物体时水平翻转
Esc	退出当前操作
End	刷新屏幕
Home	以光标为中心刷新屏幕
Ctrl+Home	跳转到绝对原点（工作区左下角）
Ctrl+ Mouse-wheel down（or Page Down）	缩小
Ctrl+ Mouse-wheel up（or Page Up）	围绕光标放大
Mouse-wheel	向上或向下平移
Shift + Mouse-wheel	向左或向右平移
Ctrl+Z	复原
Ctrl+Y	重做
Ctrl+A	全选
Ctrl+C	复制
Ctrl+X	剪切
Ctrl+V	粘贴
Ctrl+Q	打开选择性存储对话框
Delete	删除对象
V，D	显示整个文档
V，F	显示文档中放置的所有对象
X，A	取消全选
Shift + Left-click	选择对象或从已选择对象中取消选中状态
Tab	放置对象时编辑属性
Shift+F	单击对象显示查找相似对话框
Alt+F5	切换全屏模式
Shift +Ctrl+ T	沿上边缘排列选择对象
Shift +Ctrl+ L	沿左边缘排列选择对象
Shift +Ctrl+ R	沿右边缘排列选择对象
Shift +Ctrl+ B	沿底边缘排列选择对象
Shift +Ctrl+ H	在水平面上均匀分布
Shift +Ctrl+ V	在垂直面上均匀分布
Shift +Ctrl+ D	选择的对象与网格对齐

参 考 文 献

［1］谷树忠，姜航，李钰．Altium Designer 简明教程[M]．北京：电子工业出版社．2014.8.

［2］胡文华，胡仁喜．Altium Designer 13 电路设计入门与提高[M]．北京：化学工业出版社．2013.9.

［3］徐向民．Altium Designer 快速入门[M]．北京：北京航空航天大学出版社．2008.11.

［4］李珩．Altium Designer6 电路设计实例与技巧[M]．北京：国防工业出版社．2008.1.

［5］石磊．Altium Designer 8.0 中文版电路设计标准教程[M]．北京：清华大学出版社．2009.11.

［6］张睿．Altium Designer 6.0 原理图与 PCB 设计[M]．北京：电子工业出版社．2007.6.

［7］闫胜利．Altium Designer 实用宝典：原理图与 PCB 设计[M]．北京：电子工业出版社．2007.8.

［8］王静．Altium Designer Winter 09 电路设计案例教程[M]．北京：中国水利水电出版社．2010.2.

［9］李瑞，耿立明．Altium Designer 14 电路设计与仿真从入门到精通[M]．北京：人民邮电出版社．2014.11.

［10］叶林朋．Altium Designer 14 原理图与 PCB 设计[M]．西安：西安电子科技大学出版社．2015.05.

［11］杨晓琦．完全掌握 Altium Designer14 超级手册[M]．北京：机械工业出版社．2015.01.